JN169553

XBeeによる Arduino 無線ロボット工作

鈴木 美朗志［著］

東京電機大学出版局

まえがき

日本はロボット大国ともいわれる。自動車工場をはじめ，ものづくりの現場で各種の産業用ロボットが配備されており，ロボットが溶接や塗装，組み立てなどを行っている。

一方，人口減と高齢化が加速する日本で，人手不足の介護を支えるロボット技術が独自の進化を遂げはじめた。ホンダが開発した歩行訓練の支援ロボット「歩行アシスト」や筑波大発のベンチャー企業が開発した「ロボットスーツ HAL」などがある。

最近話題になったロボットにソフトバンクの「Pepper」がある。「Pepper」はパーソナルロボットで，人工知能を備え，人とのコミュニケーションに特化した機能をもつ。このように，昨今のロボットはメカトロニクスのみならず，ソフトウェアやセンサ技術そして人工知能を備えるように進化してきている。

このような高度に商品化されたロボットを，個人ではなかなか作ることはできない。本書では，できるところから「自分の手」でロボット作りをしていきたいと考え，無線モジュール XBee とマイコンボード Arduino を使ってワイヤレス（無線）で操縦するロボットを製作する。送信機の押しボタンスイッチや可変抵抗器（ボリューム）の操作によって，自在に操縦することができる。また，ロボットではないが，単相誘導モータやリバーシブルモータの無線制御も取り上げる。

製作するロボットや単相誘導モータ制御の概要を以下に述べる。どのロボットにも制御回路基板の製作が必要になる。

■ インセクト（虫型ロボット）

タミヤの有線「リモコン・インセクト」を改造し，無線インセクトにする。

■ アームクローラ

タミヤの「アームクローラ」は4つのクローラをもち，でこぼこ道や段差を乗り越えて前に進む。付属のモータギヤボックスをタミヤの「ツインモータギヤボックス」に取り替え，前進，後進，右旋回，左旋回ができる。

■ 2軸ロボット

圧電振動モジュールの動きに同期して，ロボットが動作する。RC サーボを2つ使い，フレームのアルミ板加工がある。

■ 3つ脚ロボット

1つの脚の関節にRCサーボを2つ使い，計6個のRCサーボでロボットが動作する。ロボット本体は正三角形で，その頂点のどの方向にも移動することができる。アルミ板を使ったフレームの加工がある。

■ 空き缶搬送ロボット

ロボット本体はタミヤの「ユニバーサルプレート」や「ツインモータギヤボックス」，「スポーツタイヤセット」などで構成され，前進，後進，右旋回，左旋回ができる。RCサーボを3つ使い，空き缶をつかんだり持ち上げたりすることができる。アルミ板の加工がある。

■ 単相誘導モータ制御

リレーを2つ，SSRを2つ使った単相誘導モータの正転・逆転回路を作る。単相誘導モータの実用的な無線制御ができる。

Arduinoによるロボット制御は，ほかのマイコン制御回路を構築したことのある人にとって，制御がより簡単になる。また，マイコンや電子回路とは異分野の技術者がロボットを制御したいとき，Arduinoは，必要最小限の勉強で自分のものにすることができる。

都市部では小中学生向けのロボット教室やロボットを扱うサイエンス教室が多く開設されている。小中学生やその保護者もロボットに親しみや興味をもつ人が増えてきていると思われる。また，高校，専門学校，工業高等学校，大学などでもロボットを学ぶ若い人たちが大勢いる。

本書が，学校でのArduino無線ロボット工作や工作好きな方々の無線ロボット作りに貢献できれば幸いである。

刊行にあたり，終始多大なご尽力をいただいた東京電機大学出版局の石沢岳彦氏，石井理紗子氏をはじめ，関係各位に心から御礼申し上げる次第である。

2016年1月

著者しるす

目次

第1章　XBee 無線モジュールとその使い方

第2章　XBee によるインセクト（虫型ロボット）の制御

第3章　XBeeによるアームクローラの制御

第4章　圧電振動ジャイロモジュールを使用したRCサーボ2軸ロボットの製作

第5章　XBeeによる3つ脚ロボットの制御

第6章　XBeeによる空き缶搬送ロボットの制御

第7章　XBeeによる単相誘導モータの正転・逆転回路

第1章

XBee無線モジュールとその使い方

ロボットを自らの手で製作し，製作したロボットをワイヤレス（無線）で自在に制御することができたら，きっと楽しいことだと思う。しかし，ロボットを自作するのは難しく，無線制御なんてもっと難しいと思っている人もいるかもしれない。

本書は，最初に㈱タミヤの工作セットである「リモコン・インセクト(虫型ロボット)」や「アームクローラ」を使い，ワイヤレス・ロボットに改造する。このため，ロボット本体の入手や製作は容易である。そのほか，RCサーボ2軸ロボットや3つ脚ロボット，空き缶搬送ロボットなど，ワイヤレスで制御するロボットを多数紹介している。

製作するロボットは，初心者でも簡単に利用できるXBee（エックスビー）無線モジュールを使う。自作したロボットを，自作した送信機の押しボタンスイッチの操作によって，前進，後進，左旋回，右旋回など，ロボットを自在に操縦することができる。また，インセクト，アームクローラおよび3つ脚ロボットは，障害物を見つけることができる距離センサを搭載しているので，自律ロボットとして自走することもできる。

無線の近距離通信規格には，ZigBee（ジグビー）やBluetooth（ブルートゥース）などがある。どちらも使用周波数は2.4 GHzで，通信距離は数十メートル程度である。本書で使用するXBeeは，ZigBee規格にもとづいた無線モジュールである。XBeeはBluetoothと比較して，省エネ，低コスト，そして，マイコンボードArduino（アルドゥイーノ）との接続が容易である。また，XBeeは参考書籍も多く学びやすい。

XBeeは，通信を行うため，送信機と受信側のロボットに1つずつ，計2台必要になる。Arduinoは送信機に1つ，受信側のロボットに1つという使い方もあるが，本書では，送信機にはArduinoは使わず，XBeeをダイレクトに使う方法を紹介している。このため，低コストでワイヤレス・ロボットを作ることができる。

Arduinoは，イタリアで開発・製作されたマイコンシステムで，1枚のマイコンボードと，プログラムを開発するための統合開発環境「Arduino IDE」で構成されている。Arduinoのプログラム言語は「C/C++言語」をもとに作られており，初心者でもわかりやすく，容易に使うことができる。Arduinoの詳しい使い方はほかの入門書などを参照していただきたい。

1.1 XBeeによる無線通信の概要

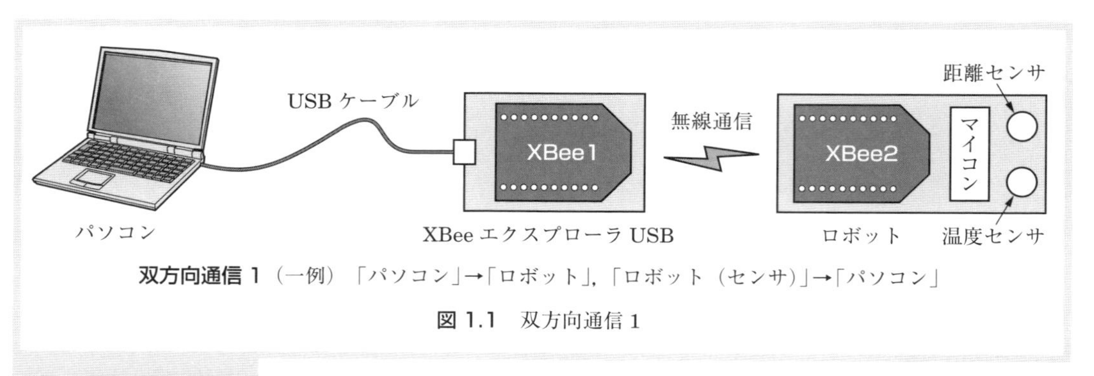

図 1.1 双方向通信 1

※ 赤外LEDと赤外線受光素子を使ったものや超音波センサを使ったものなどがある。

パソコンの画面を見ながら，キーボード操作でロボットを操縦する。ロボットの距離センサ※で障害物を見つけたら，障害物までの距離をパソコンの画面に表示する。同様に，温度センサでロボットの周囲の温度を検知し，そのデータをパソコンの画面に表示する。

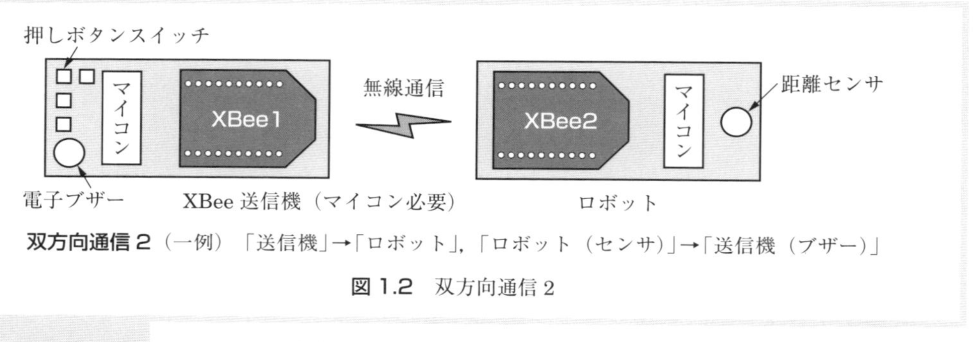

図 1.2 双方向通信 2

XBee送信機の押しボタンスイッチの操作でロボットを操縦する。ロボットの距離センサで障害物を見つけたら，送信機にある電子ブザーを鳴らす。

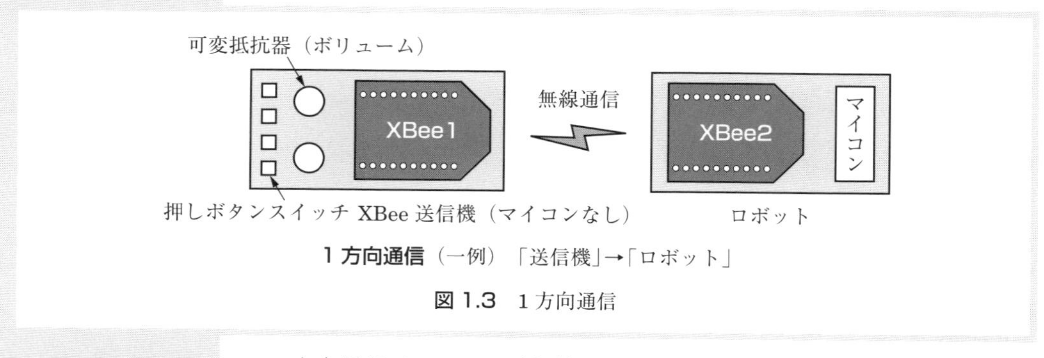

図 1.3 1 方向通信

1方向通信は，XBee送信機にマイコンを使わなくてもできる。XBee本体はマイコンを搭載し，A-Dコンバータも入っている。送信機の押しボタンスイッチの操作でロボットを操縦する。本書で紹介する空き缶搬送ロボットの場合，可変抵抗器（ボリューム）出力のアナログ電圧をA-D変換し，押しボタンスイッチと可変抵抗器の操作によって空き缶をつかんだり，持ち上げたりすることができる。

1.2 XBee無線モジュール

図1.4は，本書で使うXBee無線モジュール，XBee ZB 2mW PCBアンテナ[※1]「シリーズ2」[※2]である。この本でのXBeeの使い方は，「シリアル無線モデムモード」といって，1対1のシリアル通信を無線で行う。XBee ZB 2mW PCBアンテナ「シリーズ2」は，XBeeのプリント基板に直接印刷されたPCBアンテナで無線通信ができる。XBee[※3]という呼称は，XBeeのメーカであるDigi社の製品名で，登録商標である。図1.5に，XBeeのピン配置を示す。

※1　PCB（Printed Circuit Board）はプリント基板の意味で，基板上に印刷された銅箔がPCBアンテナを形成する。PCBアンテナは外からは見ることができない。
※2　XBeeには「シリーズ1」と「シリーズ2」がある。これらは仕様が異なるため，相互に通信はできない。「シリーズ2」の方が新しく，消費電力が少なく，通信距離も長い。
※3　エックス・ビーまたは，ジグビーとも読む

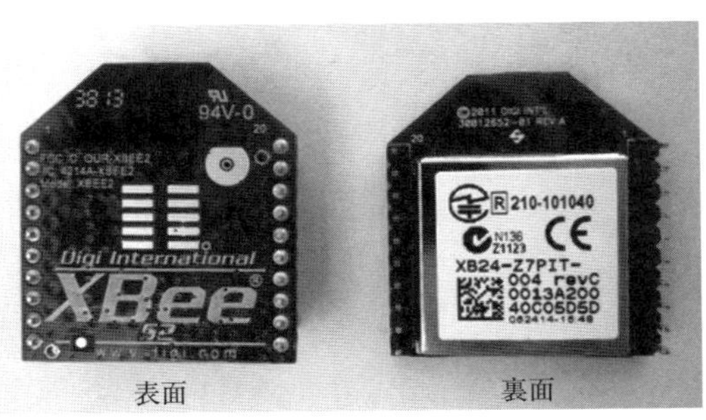

周波数帯域	2.4 GHz
電源電圧	DC 2.1 V～3.6 V
通信距離	室内 40 m
屋外	120 m
送信出力	1.25 mW（+1 dBm）/ 2 mW（+3 dBm）ブーストモード*1
送信時電流	35 mA/45 mA　ブーストモード
受信時電流	38 mA/40 mA　ブーストモード

*1　送信や受信時のパワーを上げるモードで，その分，消費電力も大きくなる。

図1.4　XBee ZB 2mW PCBアンテナ「シリーズ2」

信号	ピン	ピン	信号
V_{CC}	1	20	AD0/DIO0
DOUT	2	19	AD1/DIO1
DIN	3	18	AD2/DIO2
DIO12	4	17	AD3/DIO3
RESET	5	16	RTS/DIO6
PWM0/RSSI/DIO10	6	15	ASSOCIATE/DIO5
DIO11	7	14	V_{REF}
Reserved	8	13	ON/SLEEP
DTR/SLEEP_RQ/DIO8	9	12	CTS/DIO7
GND	10	11	DIO4

図1.5　XBeeのピン配置

XBeeのピンのピッチは2 mmで，一般的なユニバーサル基板やブレッドボードのピッチは0.1インチ（2.54 mm）になっている。このため，XBee送信回路および受信回路でXBee 2.54mmピッチ変換基板を使う。XBeeピッチ変換基板には，図1.6 (a) のように3.3 V電圧レギュレータ内蔵※のものと，図1.6 (b) のように電圧レギュレータを内蔵していないものがある。本書ではこのどちらも使う。

※ XBeeは2.1 V～3.6 Vで動作する。

（a）3.3 V電圧レギュレータ内蔵　（b）電圧レギュレータ内蔵なし

図1.6 XBeeピッチ変換基板

1.3 XBeeエクスプローラUSB

XBeeの動作設定はパソコンからUSB経由で行う。このときに使うXBee-USBインターフェース基板がXBeeエクスプローラUSBである。本書で使うXBeeエクスプローラUSB※は，SparkFun社のXBee Explorer USBの互換品で，USBケーブル（タイプA - ミニB）が付属している。図1.7はXBeeエクスプローラUSBで，図1.8にXBeeエクスプローラUSBとXBeeの差し込みを示す。

※ ストロベリー・リナックス型番XBEE-BB

図1.7 XBeeエクスプローラUSB

図 1.8　XBee エクスプローラ USB と XBee の差し込み

1.4　XBee エクスプローラ USB のドライバのインストール

XBee エクスプローラ USB のドライバ※をパソコンにインストールする。本書のパソコンの開発環境は Windows 7 である。次のアドレスにある「VCP Drivers-FTDI」をクリックする。

http://www.ftdichip.com/Drivers/VCP.htm

図 1.9 の FTDI 社ホームページがあらわれる。スクロールしていくと，図 1.10 の「Currently Supported VCP Drivers:」の画面がある。

Windows の場合，「x64（64-bit）2.12.10」など使用するパソコンに応じて選択する。するとダウンロードが始まる。

※　XBee エクスプローラ USB は様々なメーカから発売されている。ドライバのインストールが自動的になされるものもある。

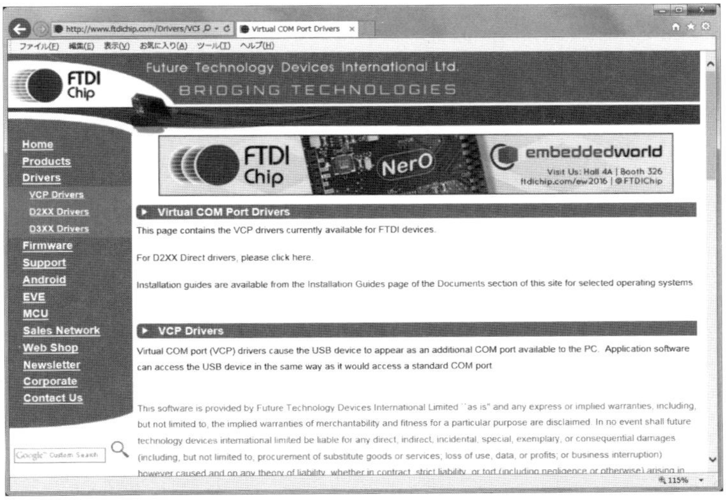

図 1.9　FTDI 社のホームページ

図 1.11 の「Internet Explorer」の画面で「保存 (S)」をクリックする。

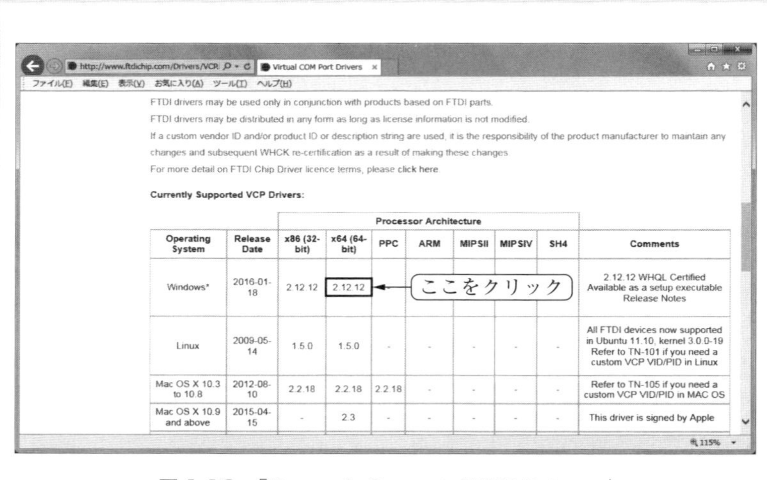

図 1.10　「Currently Supported VCP Drivers:」

図 1.11　「Internet Explorer」

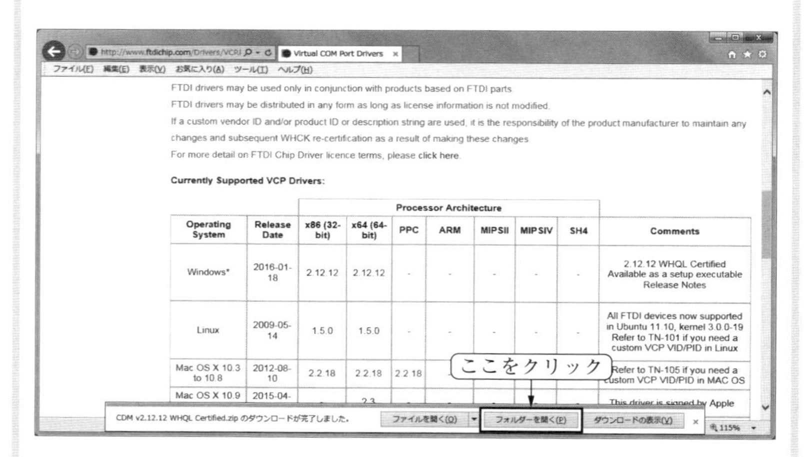

図 1.12　ダウンロード完了画面

図 1.12 のダウンロード完了画面で，「フォルダーを開く（P)」をクリックする。

ダウンロードされた図 1.13 の「圧縮フォルダー CDMv2.12.10 WHQL Certified」をダブルクリックする。

図 1.14 のように，ファイルが展開され，インストールが完了する。

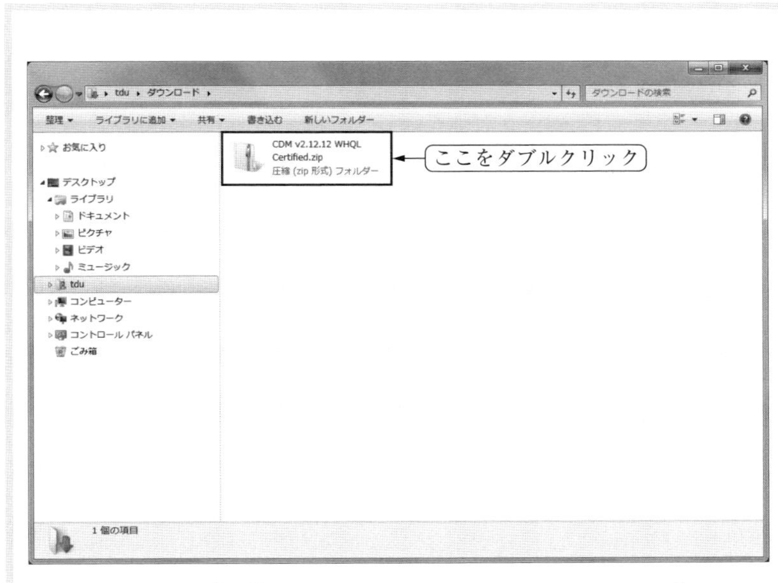

図 1.13 「圧縮フォルダー CDMv2.12.04 WHQL Certified」

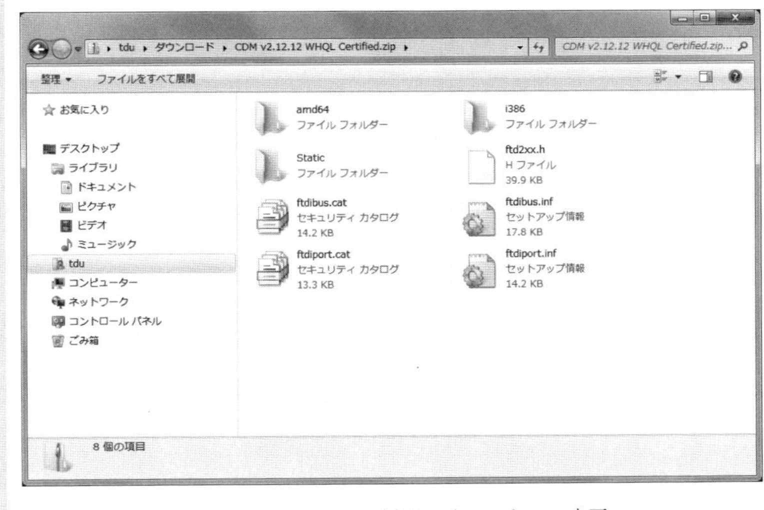

図 1.14 ファイルの展開，インストール完了

1.5 XBee設定用ソフトウェアXCTUのインストール

XBeeの動作モードを細かく設定するには，XBee設定用ソフトウェアXCTUのインストールが必要である。次のアドレスにあるDigi社ホームページからダウンロード，インストールをする。本書では，新バージョンのXCTU v.6.30をインストールする。

http://www.digi.com/

Digi International: Connect with Confidenceをクリックすると，図1.15のDigi社ホームページがあらわれる。画面の右上にある「SUPPORT」にカーソルを合わせる。

図1.15 Digi社のホームページ画面

図1.16 Download XCTUの指定

図 1.16 の「SELECT YOUR PRODUCT FOR SUPPORT」の中から「Download XCTU」を指定する。あらわれた図 1.17 の「DOWNLOAD XCTU」をクリックする。

次に，Windows の場合，図 1.18 の「XCTU v.6.30, Windows x86/x64」※をクリックする。

すると，REGISTRATION※の画面が出てくる。REGISTRATION を行わない場合は，画面下の「No thanks, register later」をクリックする。

※ OSに合わせたバージョンをダウンロードする。

※登録

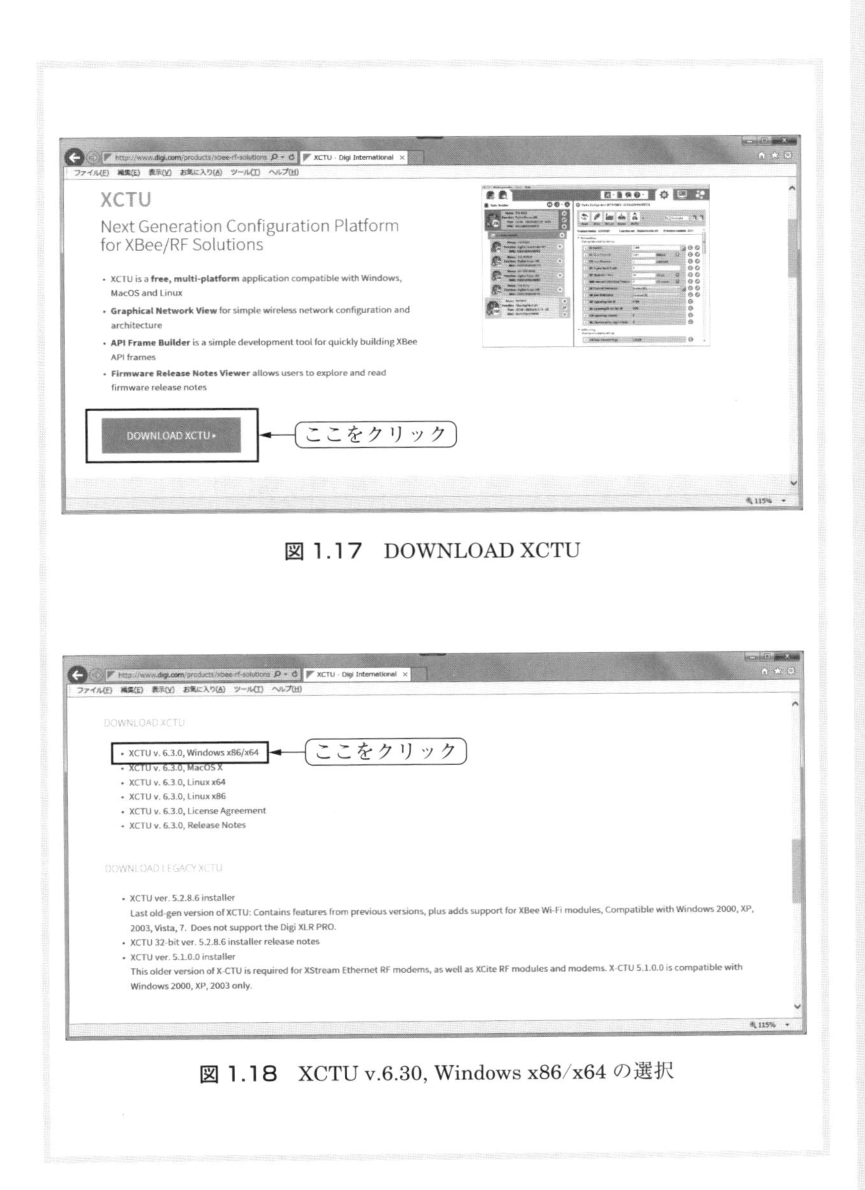

図 1.17　DOWNLOAD XCTU

図 1.18　XCTU v.6.30, Windows x86/x64 の選択

図 1.19 の「保存 (S)」をクリックする。

図 1.20 の「フォルダーを開く (P)」をクリックする。

図 1.21 の「40003026_D」をダブルクリックする。

図 1.22 のセキュリティの警告が出たら「実行 (R)」をクリックする。

図 1.23 の XCTU Setup Wizard は，インストーラの始まりの画面で，

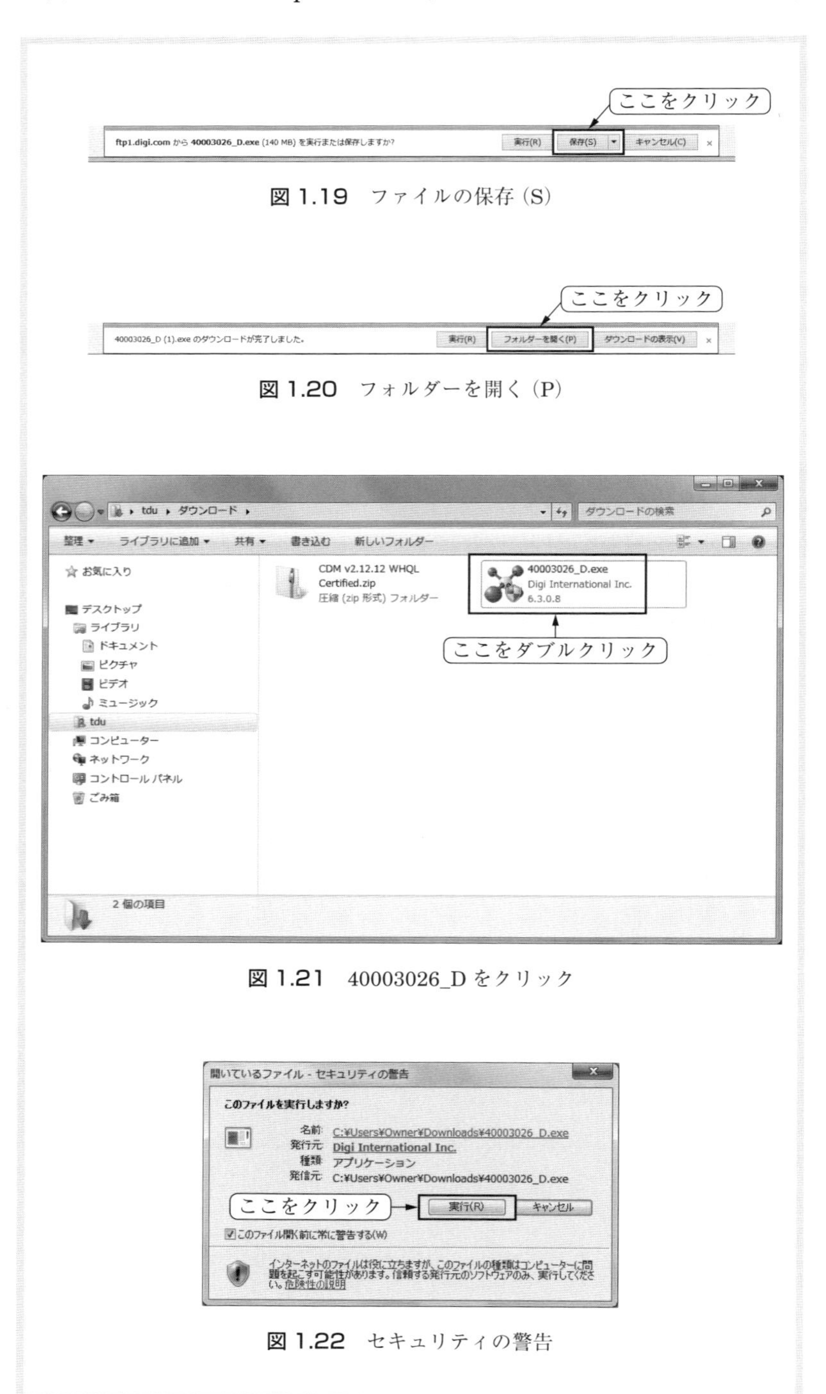

図 1.19　ファイルの保存 (S)

図 1.20　フォルダーを開く (P)

図 1.21　40003026_D をクリック

図 1.22　セキュリティの警告

「Next」をクリックする。

図 1.24 の License Agreement は内容を確認して，「I accept the agreement」にチェックを入れ，「Next」をクリックする。

図 1.25 の Windows selection path info は「Next」をクリックする。

図 1.26 の Installation Directory は，XCTU の保存場所を確認し，「Next」をクリックする。

図 1.27 の Ready to Install は，「Next」をクリックする。

すると，図 1.28 の XCTU のインストール画面になる。

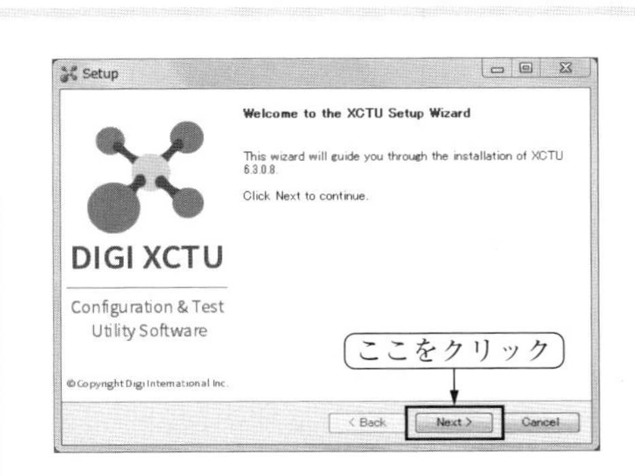

図 1.23　XCTU Setup Wizard

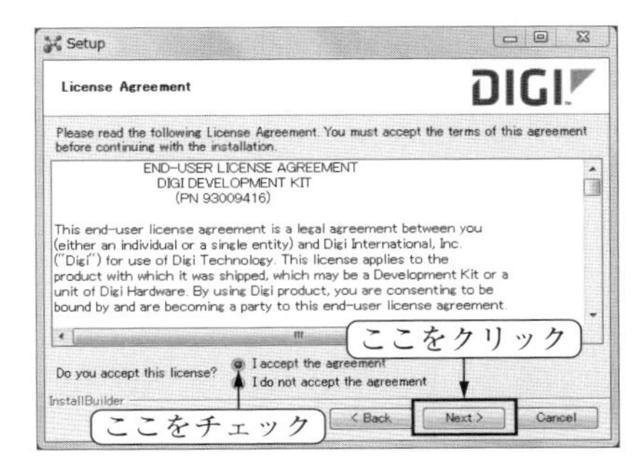

図 1.24　License Agreement

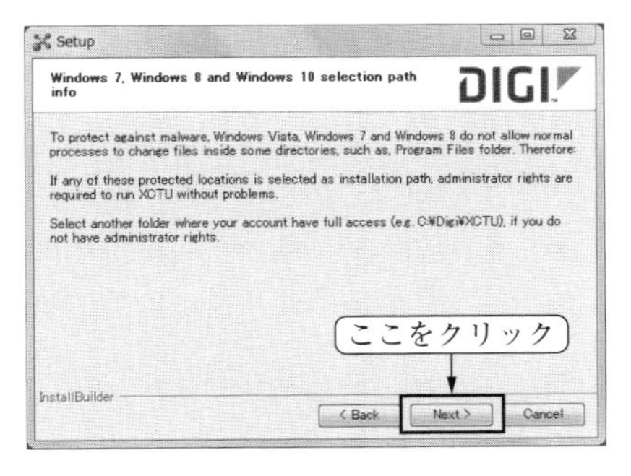

図 1.25　Windows selection path info

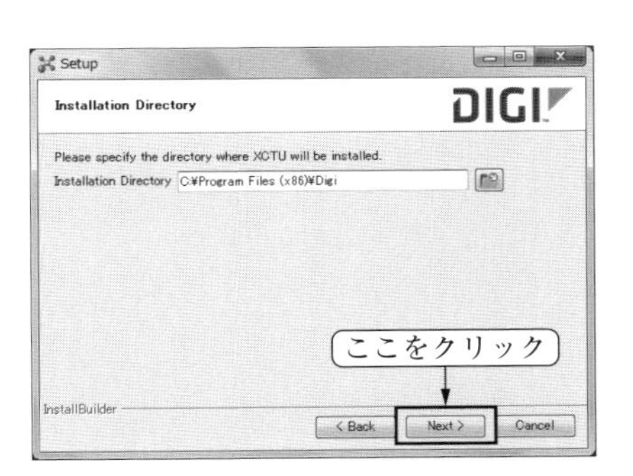

図 1.26　XCTU の保存場所の確認

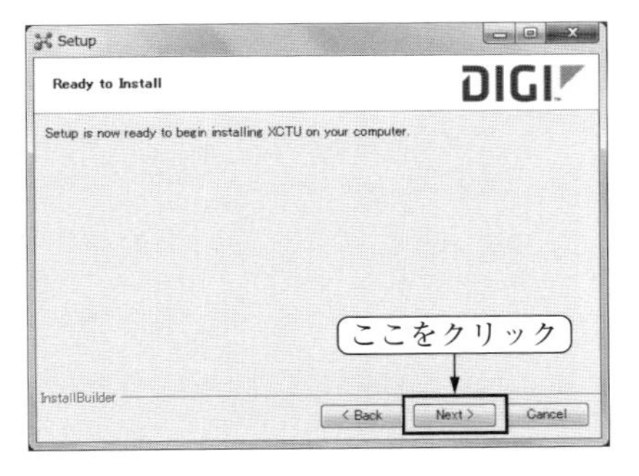

図 1.27　Ready to Install

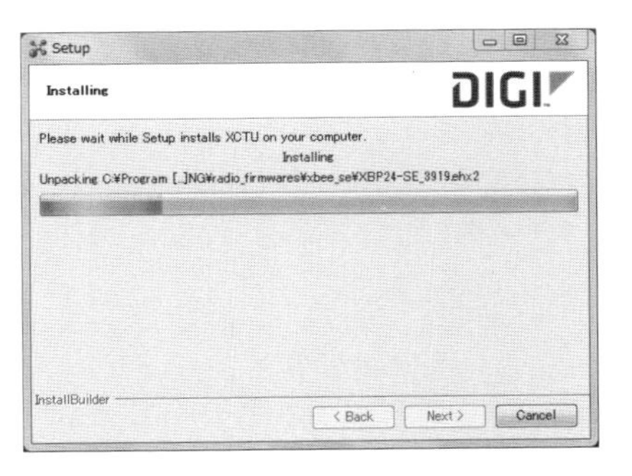

図 1.28　XCTU のインストール画面

図 1.29 の画面で，「Finish」をクリックするとインストール完了になる。

図 1.30 の README 画面が出たら「OK」をクリックする。

図 1.31 のように，デスクトップに XCTU のアイコンができている。

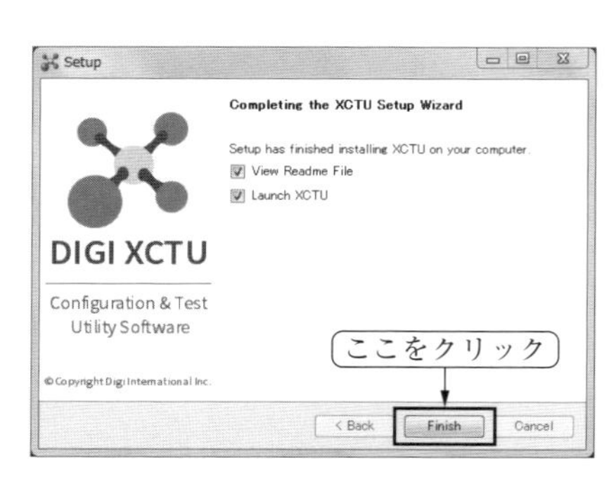

図 1.29　インストール完了

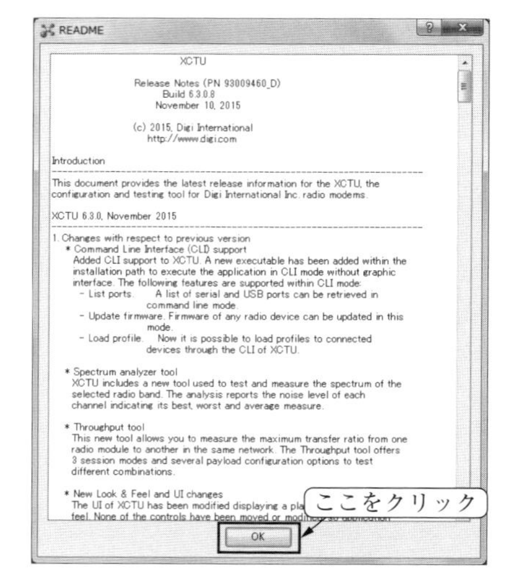

図 1.30　README 画面

図 1.31　XCTU のアイコン

1.6 XCTU による XBee モジュールの動作設定

[1] 2つの XBee をコーディネータとルータに分ける

ここでは，送信側 XBee をコーディネータ C とし，受信側 XBee をルータ R にする。XBee の裏面にシリアル番号のアドレスが書かれているので，コーディネータ C とルータ R のアドレスを書きとめておく※。

※ 図 1.4 の写真参照

例えば，コーディネータ C のアドレス「高位」は 0013A200，「下位」は 40B33F46。ルータ R のアドレス「高位」は 0013A200，「下位」は 40BBB67E などである。「高位」は 0013A200 でどれも同じになっている。

表 1.1 XBee のアドレス

XBee	高位アドレス	下位アドレス
コーディネータ C	0013A200	40B33F46
ルータ R	0013A200	40BBB67E

[2] XBee エクスプローラ USB（XBee）とパソコンの接続

図 1.32 のように XBee エクスプローラ USB にルータ XBee R を差し込み，USB ケーブル（タイプ A-ミニ B）を使って XBee エクスプローラ USB とパソコンをつなぐ。XBee エクスプローラ USB に XBee を差し込む際には，XBee の差し込む向きに気をつける。

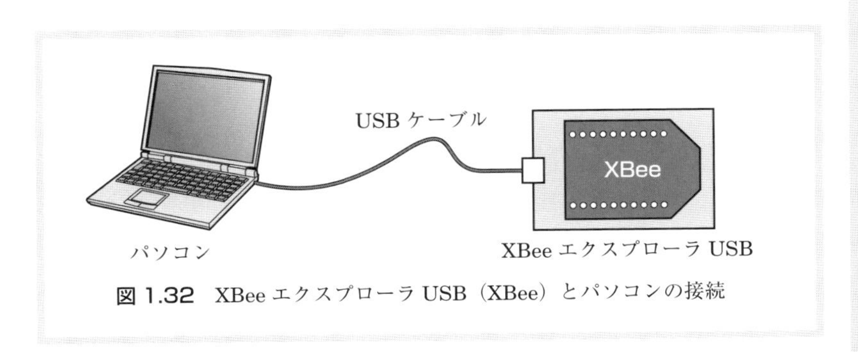

図 1.32 XBee エクスプローラ USB（XBee）とパソコンの接続

[3] デバイスマネージャーによる COM ポート番号の確認

パソコンのデバイスマネージャーの画面で COM ポート番号を確認する。Windows 7 の場合，「スタートボタン」→「コントロールパネル」→「システムとセキュリティ」の順にクリックし，「システム」欄の「デバイスマネージャー」をクリックする。図 1.33 の COM ポート番号の確認で，「ポート（COM と LPT）」の下に USB Serial Port（COM12※）が表示される。

※ COM12 は一例

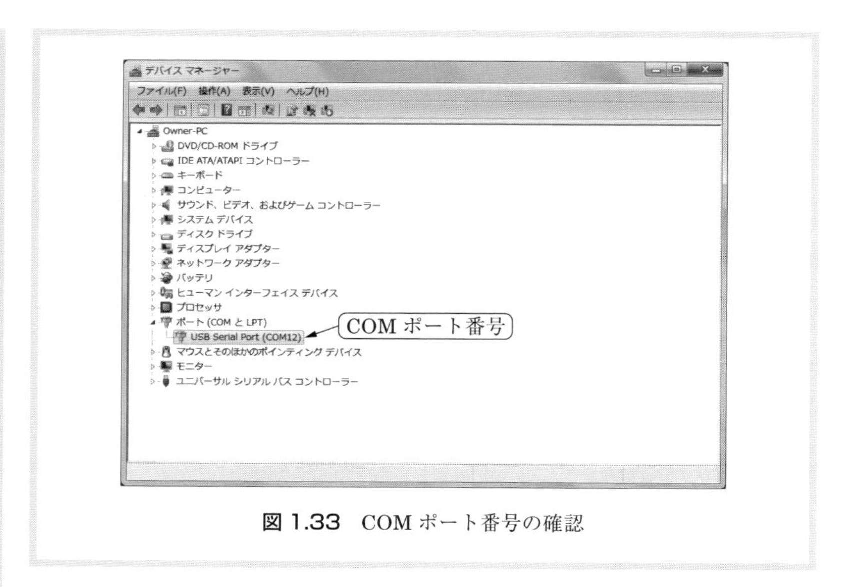

図 1.33　COM ポート番号の確認

[4] XCTU の起動

デスクトップにある XCTU のアイコンをダブルクリックする。すると，図 1.34 のような XCTU の最初の画面があらわれる。画面の構成は，上部が Toolbar，左側に Device list，右側に Working area がある。Toolbar の左端に，XBee に＋マークと XBee に虫めがねのマークが付いたボタンがある。XBee（＋）は Add devices，XBee（虫めがね）は Discover devices と記されている。どちらも COM ポートの設定を行うのに使う。ここでは，XBee（＋）を使うことにする。

図 1.34 において，XBee（＋）をクリックする。図 1.35 の Add a radio module（1）の画面で You must select one Serial/USB port と出たら，

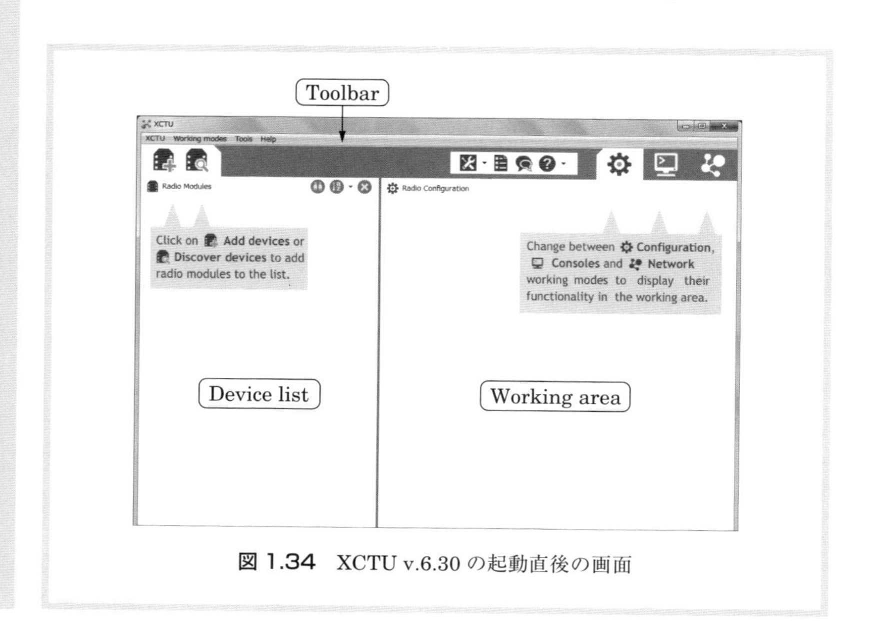

図 1.34　XCTU v.6.30 の起動直後の画面

COM ポートを選択する。

図 1.36 の Add a radio module (2) の画面であれば，「Finish」をクリックする。図 1.35 と図 1.36 の Baud Rate や Data Bits などは，デフォルトの値でこのまま使う。

XBee が見つかれば，図 1.37 のように，画面左側の Device list に XBee の情報が表示される。

カーソルを XBee の情報表示に移動させると，XBee の情報表示は色が変わるので，クリックする。

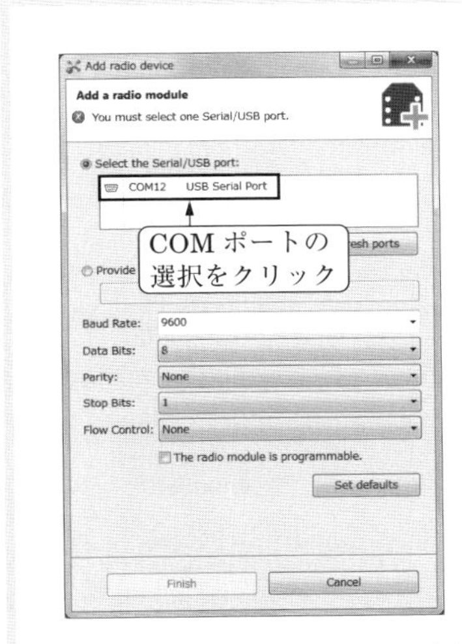

図 1.35　Add a radio module (1)

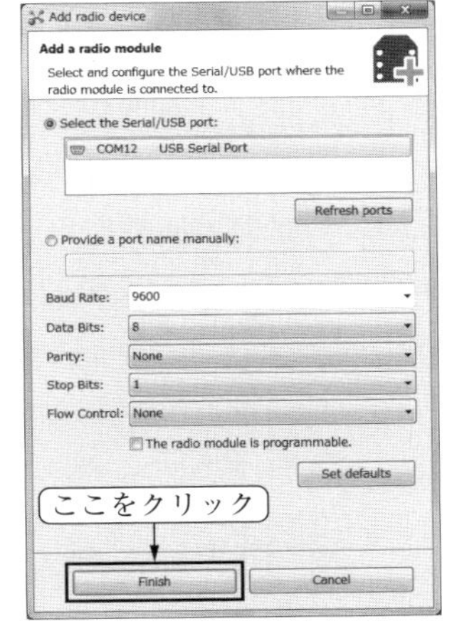

図 1.36　Add a radio module (2)

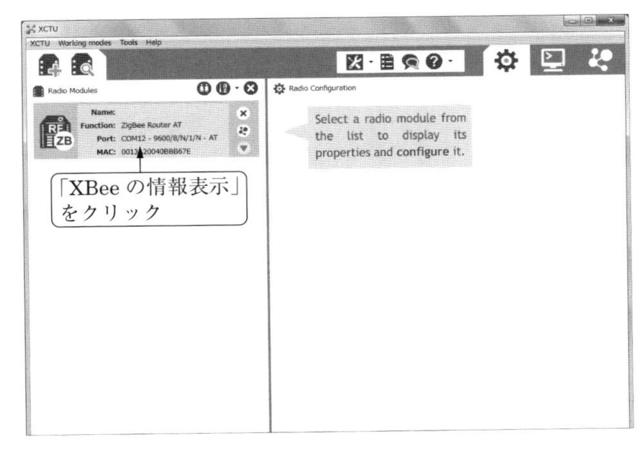

図 1.37　XBee の情報表示

[5] ルータ側（XBee Ⓡ）の設定

設定モードのボタンの説明を図 1.38 に，設定モードの切り替え方法を以下に記す。

Switch to Configuration working mode：設定モードの切り替え

Read radio settings：設定の読み出し

Write radio settings：設定の書き込み

Load default※ firmware settings：ファームウェアの初期設定

Update firmware：ファームウェアの更新

Configuration profiles：プロファイルの設定

図 1.38　設定モードのボタン

※　Working Area では Default と表示。

① あらわれた XBee 設定画面で，Working area にある「ファームウェアの初期設定（Default)」ボタンをクリックすると，図 1.39 の初期

図 1.39　初期設定画面

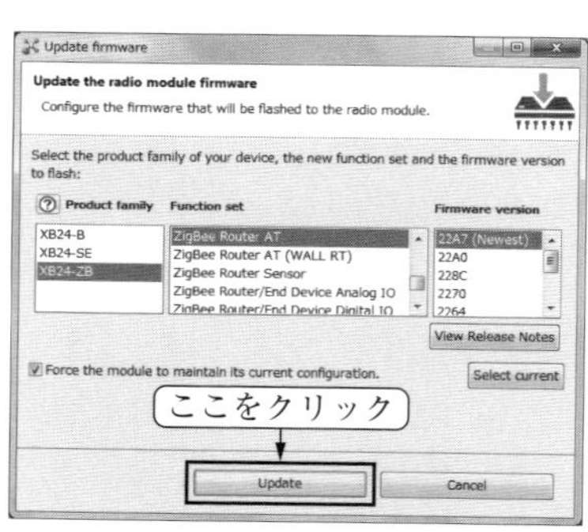

図 1.40　ファームウェアの更新

設定画面になる。続いて「設定の書き込み（Write）」ボタンをクリックすることで，初期設定が完了する。

② XBee のファームウェアの更新をする。「ファームウェアの更新（Update）」ボタンをクリックし，図 1.40 のように，「Product family」は「XB24-ZB」，「Function set」は「ZigBee Router AT」，「Firmware version」は「22A7」を選択し，「Update」をクリックする。

③ 図 1.41 のルータの書き込み画面（1）で，「Networking」の項目の ID に任意の値を入力する。ここでは 329 にする。

④ Working area の右端に，「設定の読み出し」と「設定の書き込み」ボタンがあるが，各項目ごとに設定の読み出しや書き込みができるようになっている。

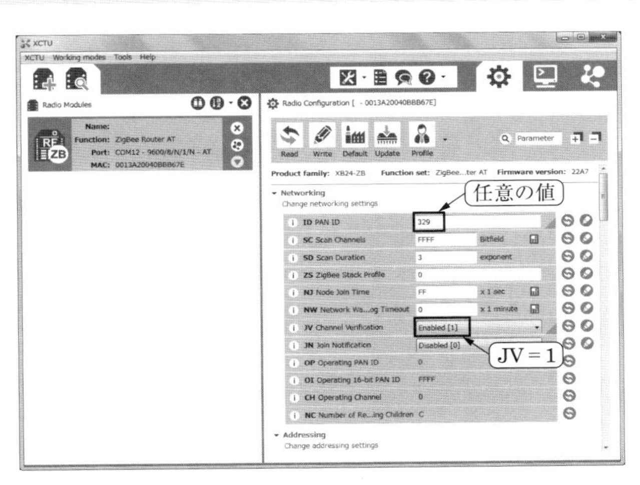

図 1.41　ルータの書き込み画面（1）

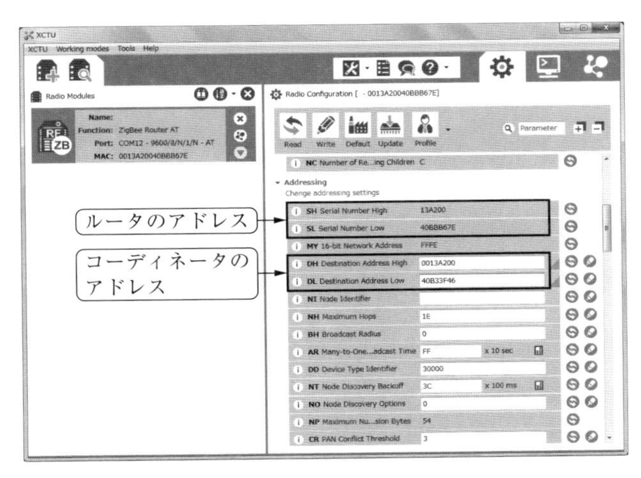

図 1.42　ルータの書き込み画面（2）

⑤　「Networking」の項目のJVはJV＝1としておく。

⑥　書き込み画面をスクロールしていくと，図1.42のルータの書き込み画面（2）になる。「Addressing」の項目のSHは13A200，SLは40BBB67Eのように，ルータのアドレスになっている。

⑦　「Addressing」の項目のDHとDLはコーディネータのアドレスを入力する。［1］で書きとめておいた「高位」，「下位」のアドレス0013A200，40B33F46を入力する。

⑧　設定をXBeeモジュールに一括して書き込むために，Working areaの上部にある「設定の書き込み（Write）」ボタンをクリックする。

［6］コーディネータ側（XBee Ⓒ）の設定

［2］と同様に，XBeeエクスプローラUSBにコーディネータXBee Ⓒを差し込む。

①　ルータ側（XBee Ⓡ）の設定と同様にして，図1.43のXBee設定画面にする。

②　Working areaにある「ファームウェアの初期設定（Default）」ボタンをクリックする。続いて「設定の書き込み（Write）」ボタンをクリックすることで，初期設定が完了する。

③　XBeeのファームウェアの更新をする。「ファームウェアの更新（Update）」ボタンをクリックし，図1.44のように，「Product family」は「XB24-ZB」，「Function set」は「ZigBee Coordinator AT」，「Firmware version」は「20A7」を選択し，「Update」をクリックする。

④　図1.45のコーディネータの書き込み画面（1）で，「Networking」の項目のIDにルータの設定と同じ値を入力する。ここでは329にする。

図1.43　XBee設定画面

⑤ 書き込み画面をスクロールしていくと，図1.46のコーディネータの書き込み画面（2）になる。「Addressing」の項目のSHは13A200，SLは40B33F46のように，コーディネータのアドレスになっている。

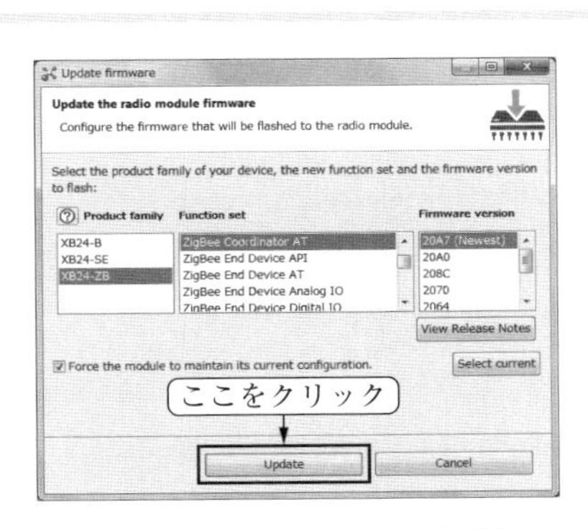

図1.44　ファームウェアの更新

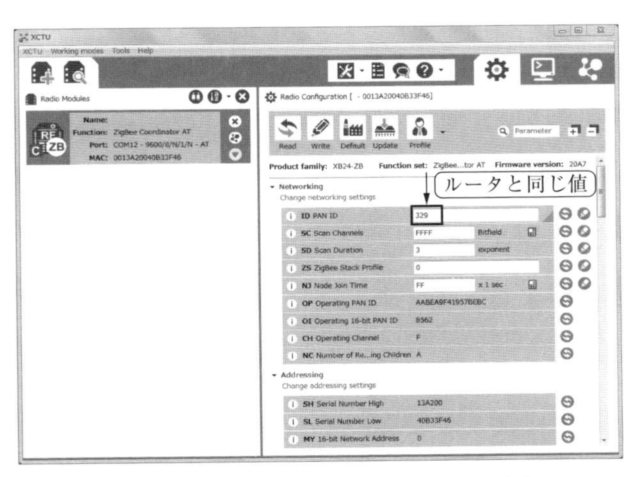

図1.45　コーディネータの書き込み画面（1）

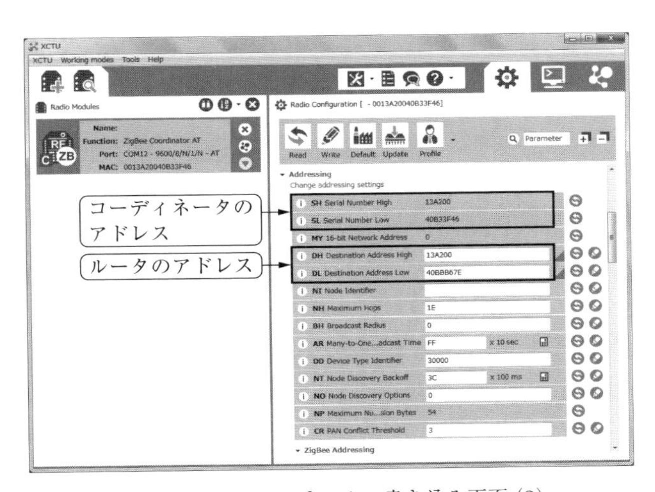

図1.46　コーディネータの書き込み画面（2）

⑥ 「Addressing」の項目の DH と DL はルータのアドレスを入力する。[1] で書きとめておいた「高位」,「下位」のアドレス 0013A200, 40BBB67E を入力する。

⑦ 設定を XBee モジュールに一括して書き込むために，Working area の上部にある「設定の書き込み (Write)」ボタンをクリックする。

1.7 AT モード（透過モード時）と API モード

XBee の動作モードには「AT モード」と「API モード」がある。AT モードは，通常，「透過モード」になっているが，「コマンド・モード」にもできる。

(a) AT モード

※1 2.5 節の■透過モード参照

■ 透過モード※1

XBee モジュールのデフォルトは透過モードになっている。透過モードは，XBee を介して，送信したデータがあて先の XBee モジュールへそのまま届く。1 対 1 の通信が簡単にできる。

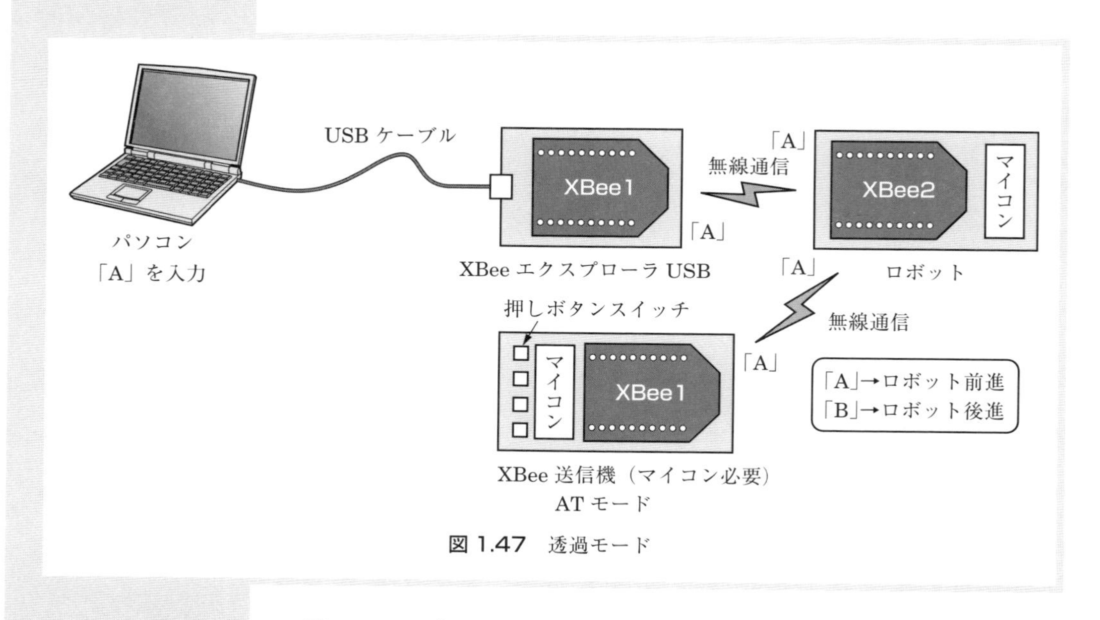

図 1.47 透過モード

図 1.47 のように，XBee エクスプローラ USB や XBee 送信機の XBee1 から送信データ「A」が送信されると，ロボット側の XBee2 は「A」を受信する。例えば「A」ならばロボットは前進し，「B」ならば後進する。

※2 2.5 節の■コマンド・モード参照

■ コマンド・モード※2

パソコンのシリアル・インターフェースを介して，つながっている

XBee モジュールと直接通信を行い，設定を確認したり動作を変更したりする。このモードでは AT コマンドに対してのみ応答する。

表 1.2　AT コマンドの例

AT コマンド	意味
atdh	ルータの高位アドレス表示
atdl	ルータの下位アドレス表示
atsh	コーディネータの高位アドレス表示
atsl	コーディネータの下位アドレス表示
atcn	透過モードに戻る

(b) API モード

API フレームというフレーム・データ※1 を使う。送信側（ルータⓇ）から受信側（コーディネータⒸ）に API フレームを送る。API フレームは，送りたいデータの前にフレーム開始コード，フレーム長があり，フレームタイプ，送信元アドレス，送りたいデータ，フレーム・チェックコード（チェックサム※2）が続く。このように，1 つの固まりとして送受信する。

※1　フレーム開始コードから始まり，チェックサムで終わる。一連の送受信するデータがブロック化されたもの。

※2　フレーム・データの最後のバイトはチェックサムになっている。チェックサムは，それに先立つすべてのバイトにもとづいて自動的に計算される。送信エラーのチェックに使われる。

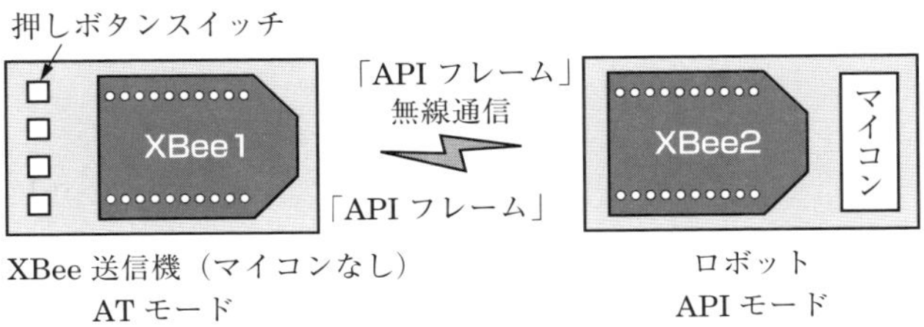

図 1.48 「API フレーム」の送受信

図 1.48 のように，XBee 送信機の XBee1 はマイコンなしのダイレクトで使う。XBee1 は AT モードにし，「API フレーム」を送信する。ロボット側の XBee2 は API モードにして，「API フレーム」を受信する。受信側で「API フレーム」のデータを抽出し，ロボットは前進や後進をする。

送信側に Arduino のようなマイコンを使わず，XBee をダイレクトに使うことができる。このようなとき，送信側（ルータⓇ）は AT モード，受信側（コーディネータⒸ）は API モードにする。本書では，おもにこの方式を使う。

■ 動作設定

XBee は，同じグループ ID※3 内のコーディネータとルータで通信を

※3　このグループ ID は，PAN ID より設定する。図 1.41 および図 1.44 参照

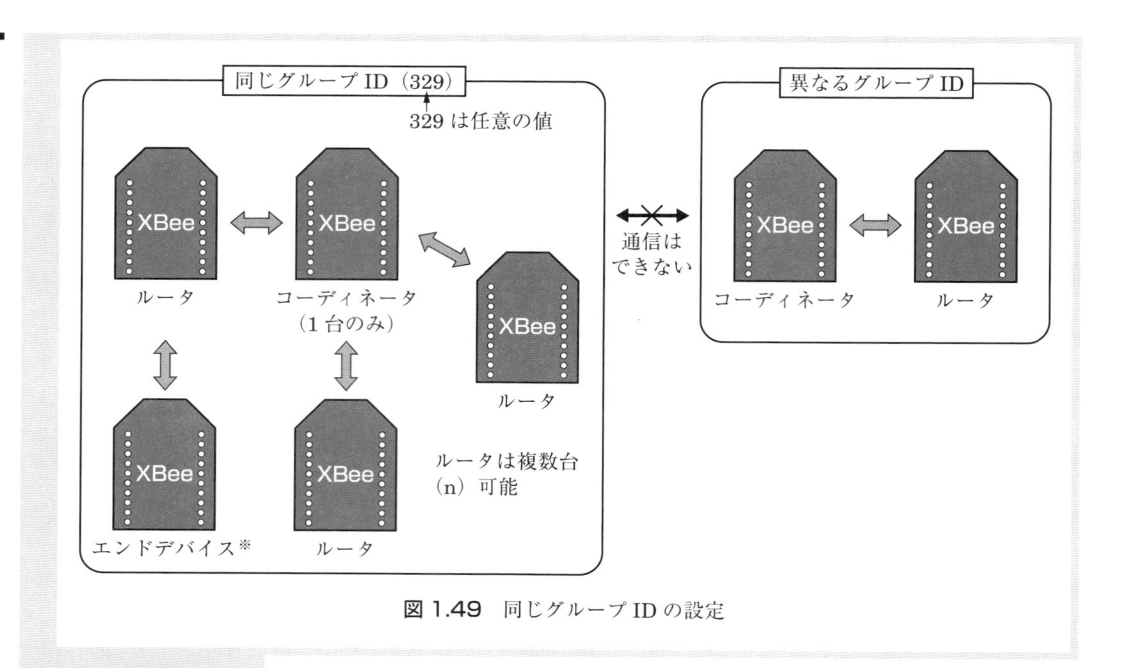

図 1.49　同じグループ ID の設定

※　エンドデバイスという設定も可能であるが，本書では扱わない。

行う。動作設定は，1.6 節の XCTU により設定する。コーディネータは同じグループ内に 1 台しか設定できないが，ルータは複数台（n）を設定することができる。AT モード（透過モード）で動く XBee は送信元が複数（n）あると送信元を特定できない。このようなときは，API モードにするとよい。API モードは 1：n で通信を行うのに向いている。異なるグループ ID とは通信を行うことができない。

第2章 XBeeによるインセクト（虫型ロボット）の制御

2.1 インセクトとインセクト制御の概要

図2.1は，タミヤの「リモコン・インセクト」※1を改造したインセクト（虫型ロボット）の外観である。インセクトの制御回路基板には，Arduino UNO，XBee，DCモータドライブIC，測距モジュール（距離センサ）※2などを搭載している。Arduinoと測距モジュールおよびDCモータドライブICのロジック側電源は5Vである。積層アルカリ乾電池006P（9V）からDCプラグを通して，ArduinoのDCジャックに接続し，安定化電源5Vを得る。

※1　付属のリモコンボックスの2本のスティックにより，有線で制御する虫型ロボット。

※2　一般的なセンサは，光，熱，圧力，磁気などの物理量を電圧として検出する。

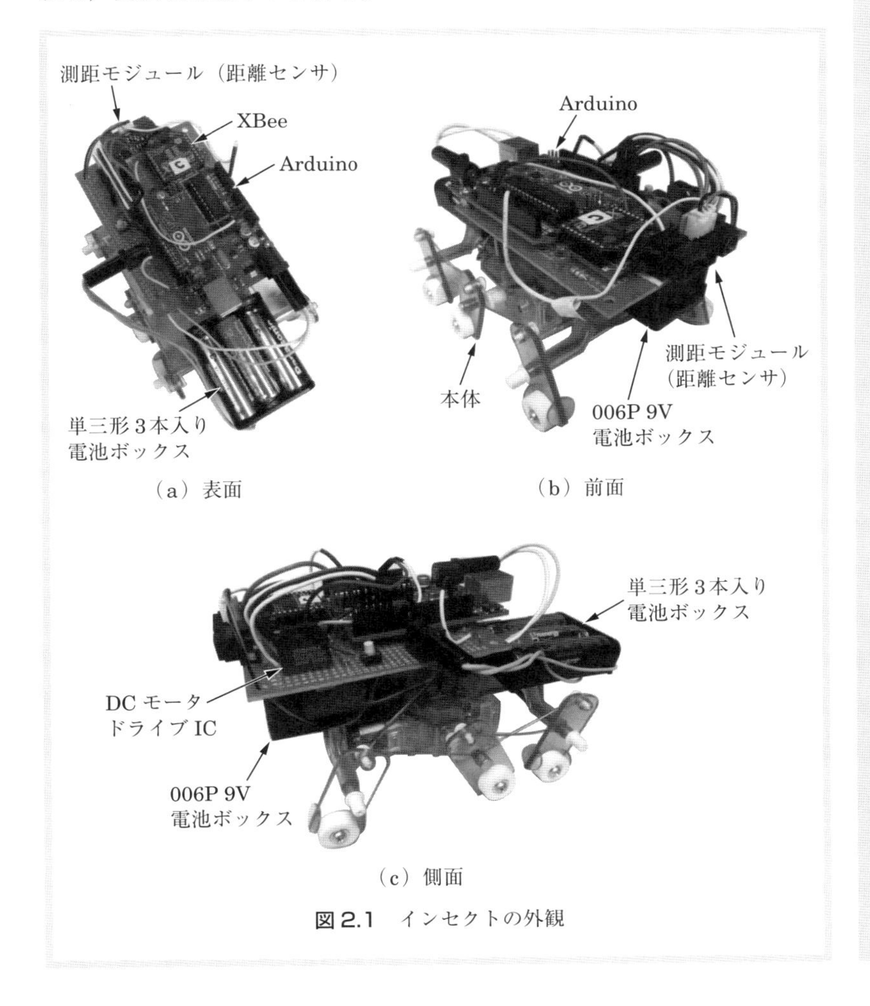

図2.1　インセクトの外観

DCモータドライブICのモータ側電源は制御回路部とは別電源にする。これは，DCモータからのノイズによるArduinoの誤作動を防ぐためと，2つのDCモータに比較的大きな電流が流れるためである。この別電源は，単三形3本入りタイプの電池ボックスを使用し，電池はアルカリ乾電池を用いる。

図2.2は，Arduino UNOの外観である。

図2.3は，パソコンとXBeeエクスプローラUSBによるインセクトの制御である。パソコンとXBeeエクスプローラUSBはUSBケーブル※1でつながれ，XBeeによる無線通信でインセクトを制御する。

※1　タイプA-ミニB

XBeeエクスプローラUSBにはXBee Ⓒがあり，インセクトの制御回路基板にはXBee Ⓡ やArduinoがある。Arduinoには，あらかじめ［プログラム2-1］を書き込んでおく。パソコンのキーボードの操作により，インセクトは前進，後進，左旋回，右旋回ができる。また，インセクトの先端に設置した測距モジュール（距離センサ）で前方の障害物を見つけ，障害物までの距離をパソコンの画面に表示する。

図2.4はXBeeエクスプローラUSBで，図2.5に，XBeeエクスプローラUSBにXBeeを差し込んだようすを示す。

インセクトの制御回路基板には押しボタンスイッチPBS_1※2がある（2.2節，図2.6参照）。XBeeによる無線通信から放れ，PBS_1を押すとインセクトは前進する。測距モジュール（距離センサ）で前方の障害物を見つけると，障害物を避けるように後進，左折，そして前進を繰り返す。このような自律移動ロボットになる。

※2　Push Botton Switch
本書でおもに使用する小型の押しボタンスイッチのことをタクトスイッチという。

図2.2　Arduino UNOの外観

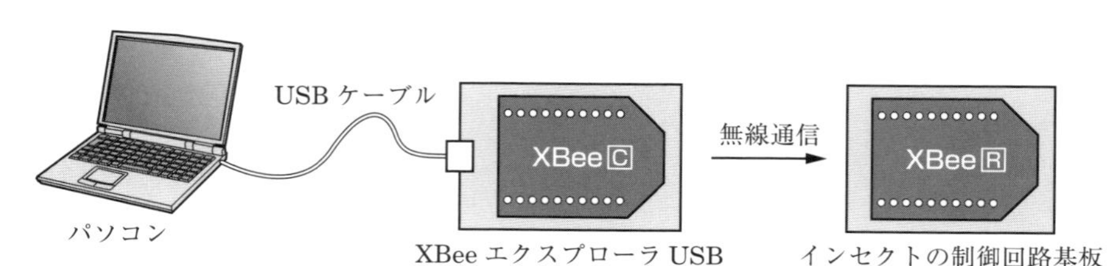

図2.3　パソコンとXBeeエクスプローラUSBによるインセクトの制御

図 2.4　XBee エクスプローラ USB

図 2.5　XBee エクスプローラ USB と XBee の差し込み

2.2 インセクトの制御回路

図 2.6 は，インセクトの制御回路である。XBee エクスプローラ USB の XBee からの無線通信データを，制御回路基板にある XBee が受け取り，プログラムにしたがって DC モータドライブ IC を制御し，DC モータを駆動させる。

測距モジュール GP2Y0A21YK は，赤外 LED と光位置センサ PSD※1 および信号処理回路で構成されている。赤外 LED から発射した赤外線が物体で反射され，その反射光を PSD でとらえ，距離に応じた出力電圧を発生する。図 2.7 の中に，GP2Y0A21YK の距離 L- 出力電圧 V_o 特性を示す。物体までの検出距離は 8～80 cm 程度である。ここで，物体までの検出距離を 20 cm に設定する。L-V_o 特性から，20 cm のときの V_o は約 1.3 V になる。このアナログ電圧 1.3 V を Arduino のアナログ入力とし，A-D コンバータ※2 でデジタル値に変換する。

※1　Position Sensitive Detector

※2　A-D コンバータ（Analogue/Digital Con verter）は，センサからのアナログ電圧をマイコンが判断することができるデジタル値に変換する回路である。Arduino の A-D コンバータは，0～5 V のアナログ電圧を 0～1023 のデジタル値に変換する。

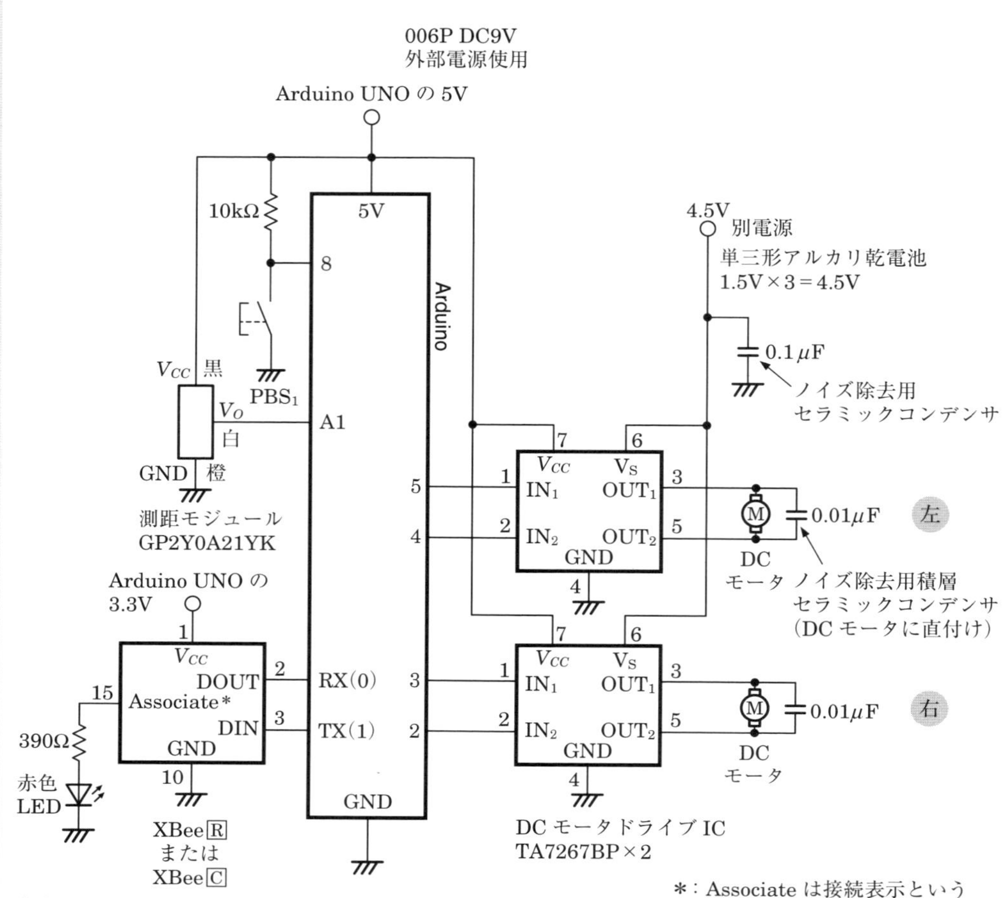

図 2.6 インセクトの制御回路

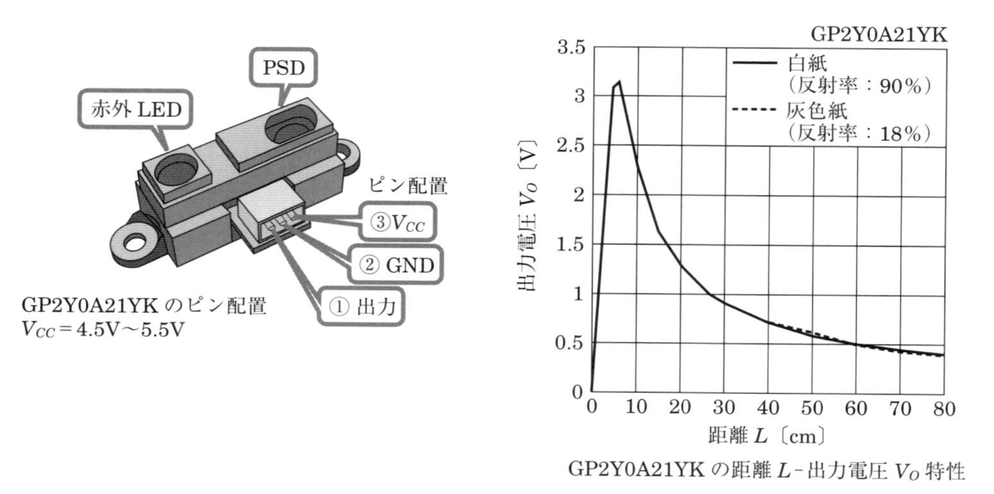

図 2.7 GP2Y0A21YK のピン配置と距離 L-出力電圧 V_O 特性

図 2.8 に，DC モータドライブ IC TA7267BP による DC モータ回路を示す。表 2.1 は TA7267BP の真理値表※である。

※　論理回路において，すべての入出力の結果を表にしたもの。

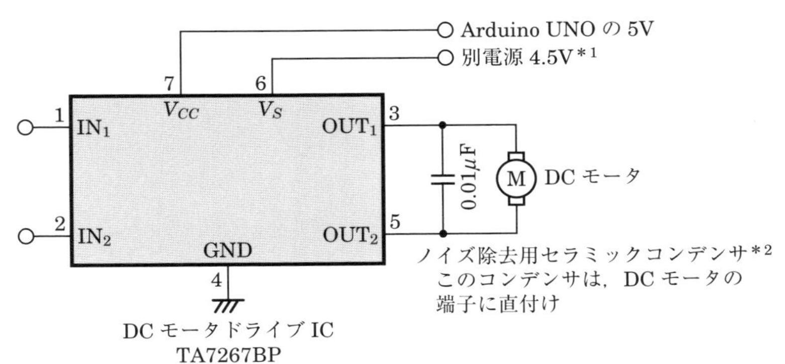

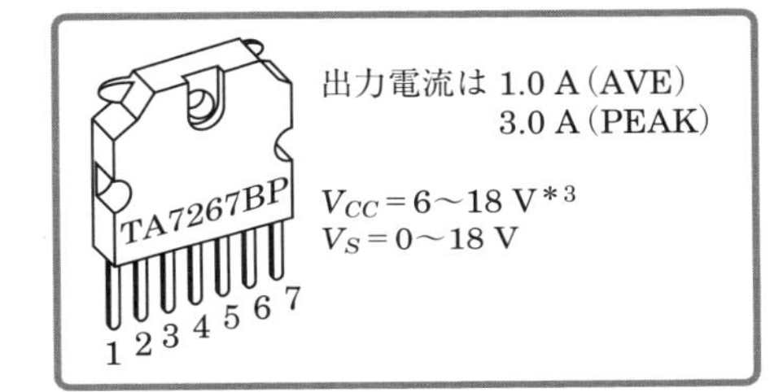

端子番号	端子記号	端子説明
1	IN_1	入力端子
2	IN_2	入力端子
3	OUT_1	出力端子
4	GND	GND
5	OUT_2	出力端子
6	V_S	モータ側電源電圧端子
7	V_{CC}	ロジック側電源電圧端子

*1：マイコンを使ったロボット回路では，DC モータに比較的大きな電流が流れるので，V_S は別電源にする。
*2：このコンデンサがないと，ロボットの動きがふらついたりすることがある。
*3：V_{CC} = 6〜18 V になっているが，5 V でも動く。

図 2.8　DC モータドライブ IC　TA7267BP による DC モータ回路

表 2.1　TA7267BP の真理値表

入力		出力		モード モータの回転
IN_1	IN_2	OUT_1	OUT_2	
0	1	L	H	正／逆転*4
1	0	H	L	逆／正転
0	0	ハイインピーダンス		ストップ*5
1	1	L	L	ブレーキ*5

*4　右まわりを正転と決めれば，左まわりが逆転になる。
*5　モータの回転で，イメージとしてストップは停止で，ブレーキは急停止である。しかし，ほとんど同じように停止する。

※ Light Emitting Diode

9Vの角形乾電池で，内部は1つ1.5Vの乾電池が6個直列になっている。このような構造の乾電池を積層乾電池という。JISでは006Pというが，正式名称は各国で違う。006P，6F22，1604が一般的で，6LR61はアルカリタイプの9Vである。
写真は6LR61

図2.9　006P（9V）

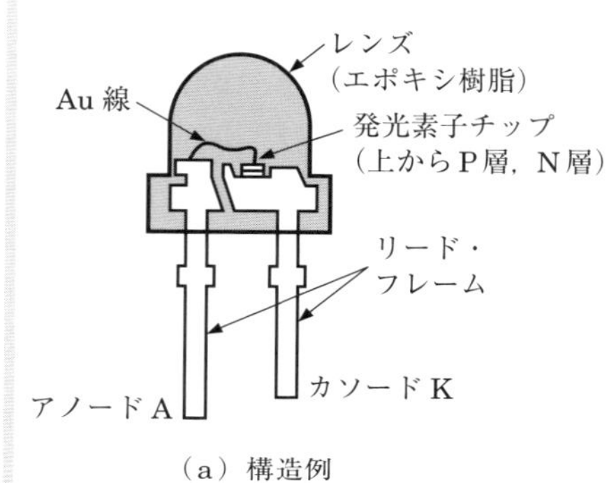

発光ダイオード（LED※）は，PN接合半導体に順方向電流を流すことによって，電気を光に変換する素子である。図は，可視光発光ダイオードの構造例と図記号をあらわしている。

図2.10　発光ダイオード（LED）

2.3 制御回路基板の製作

図 2.11 は，Arduino と XBee，DC モータドライブ IC，測距モジュールなどを搭載した制御回路基板の実体配線図である。

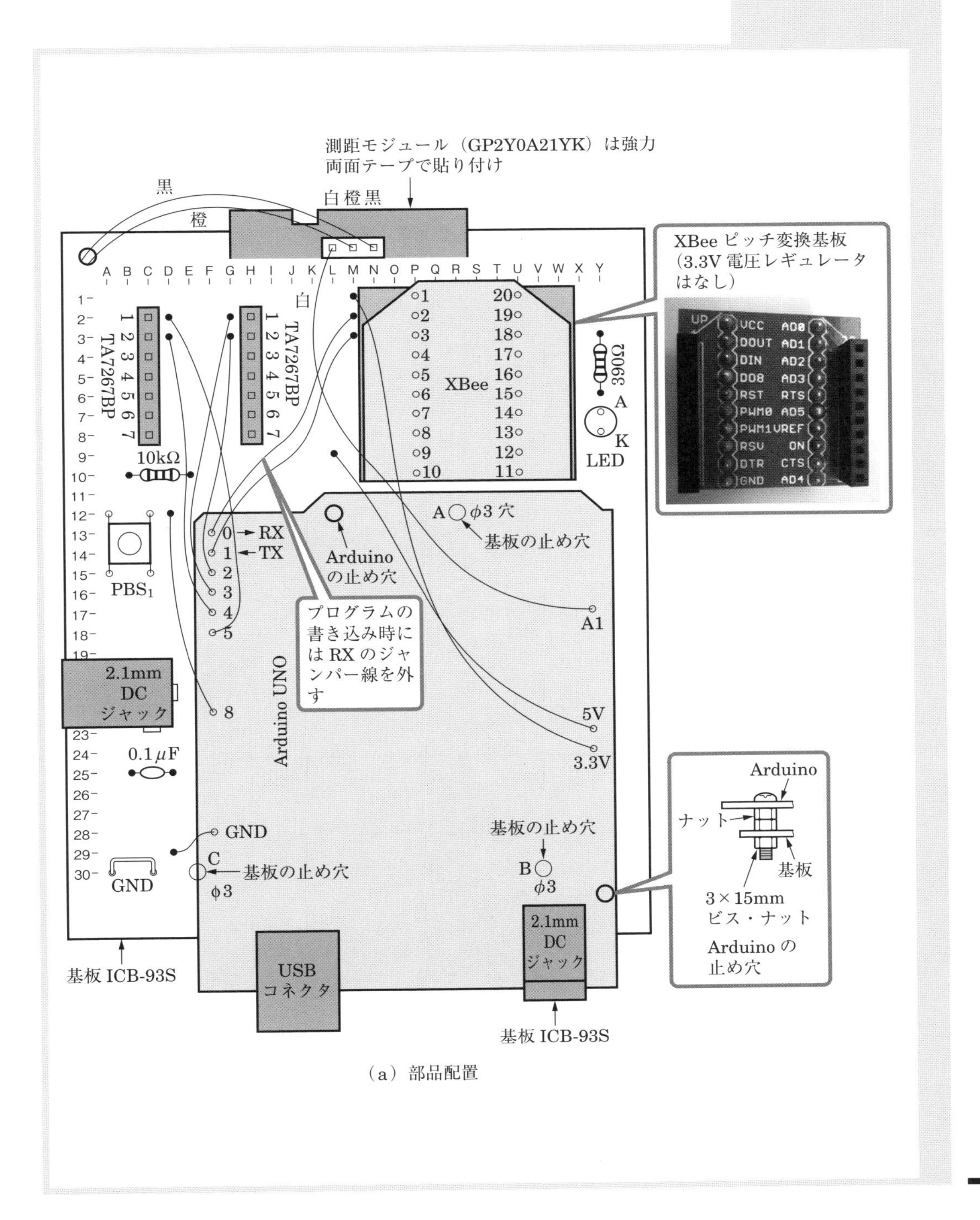

（a）部品配置

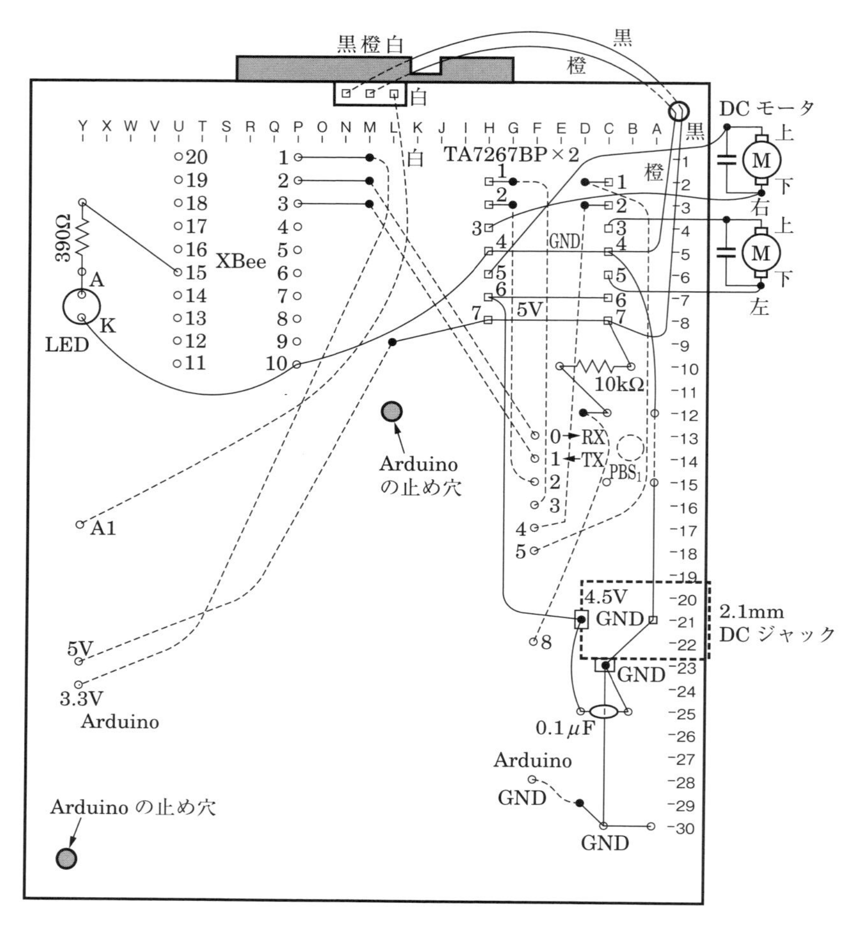

（b）裏面配線図

図 2.11 制御回路基板の実体配線図

2.4 インセクトの組み立て

インセクト本体の組み立てはタミヤの組み立て説明書に従う。図2.12はインセクトの組み立てで，プレートの穴あけ位置を示す。図の位置に3ミリのドリルで直径3 mmの穴A，B，Cを開ける※1。このA，B，Cの位置は，制御回路基板の穴A，B，Cと一致させる。プレート，基板，Arduinoの固定は，3 × 35 mmビス・ナットや3 × 15 mmビス・ナットを使う。2つの電池ボックスは，強力両面テープ※2でプレートに貼り付ける。

※1 小型電動ドリルを使用。

※2 電池ボックスは，強力両面テープでかなりしっかり固定することができる。このような工作では，強力両面テープは利用価値がある。

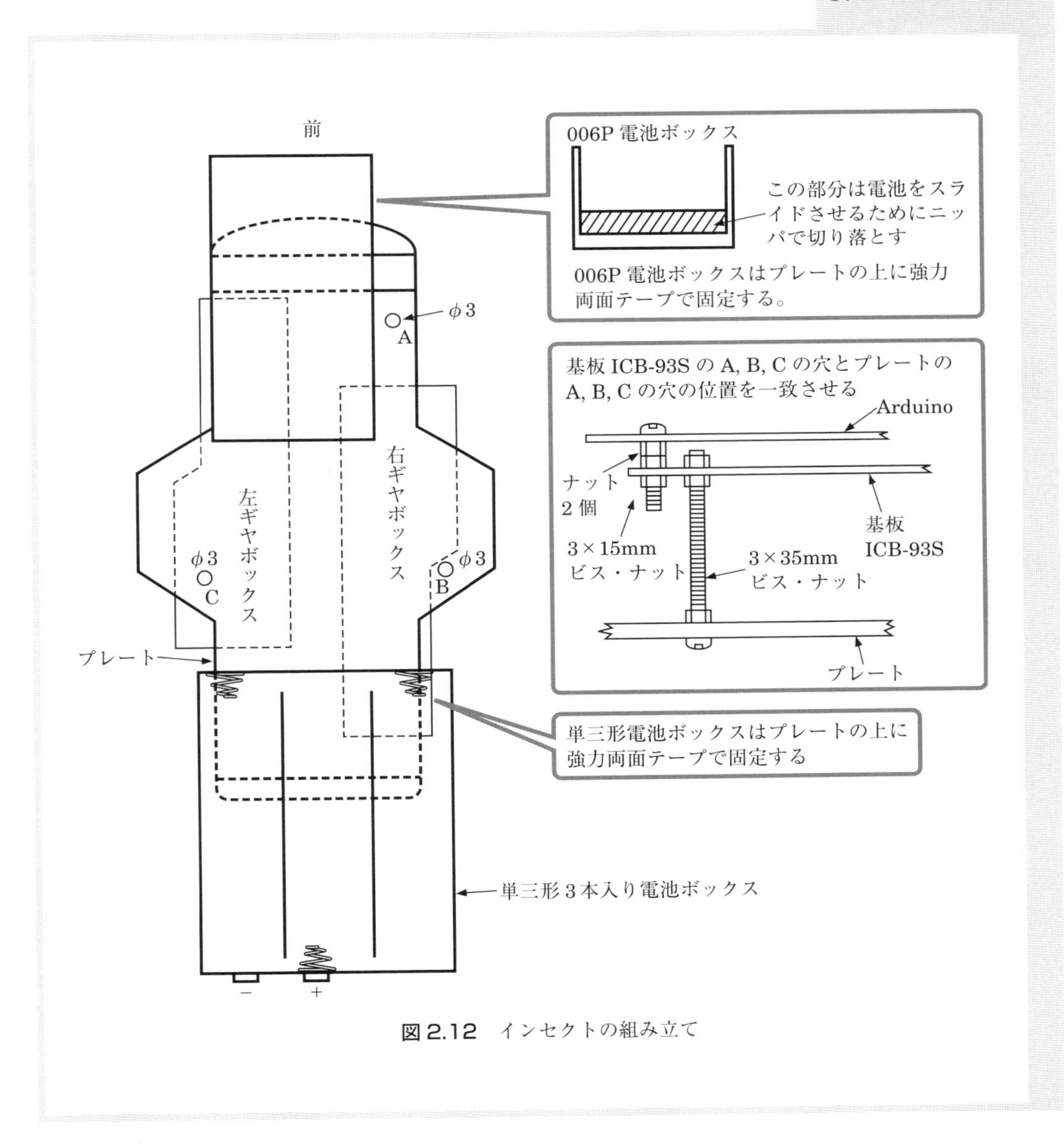

図2.12 インセクトの組み立て

2.5 パソコンとXBeeエクスプローラUSBによるインセクトの制御

※1 ここで使うXBeeは1.6節の表1.1と同じ。
- コーディネータ[C]
  0013A200
  40B33F46
- ルータ[R]
  0013A200
  40BBB67E

とする。

1.6節に従い，ルータ側（XBee [R] ※1）の設定とコーディネータ側（XBee [C] ※1）の設定をする。このとき，ルータはZigBee Router AT，コーディネータはZigBee Coordinator ATを選択する。

図2.3において，インセクト搭載のArduinoには，［プログラム2-1］を書き込んでおく。XBeeエクスプローラUSBにはコーディネータのXBee [C]，インセクトの制御回路基板にはルータのXBee [R]がある。

デスクトップにあるXCTUのアイコンをダブルクリックする。1.6節［6］の図1.45，図1.46のコーディネータの書き込み画面が図2.13である。

図2.13 コーディネータの書き込み画面

コンソールモードのボタンの説明を図2.14に，コンソールモードの切り替え方法を以下に記す。

- Switch to Consoles working mode：コンソールモードの切り替え
- Open the serial connection with radio module：XBeeの接続切り替え
- Detach view：別の画面切り替え
- Hide hexadecimal view：16進表示のあり，なし
- Clear session：画面のクリア

図2.14 コンソールモードのボタン

図 2.13 の Toolbar にある「コンソールモードの切り替え」ボタンをクリックする。すると，図 2.15 のコンソールモード画面になる。Working area にある「XBee の接続切り替え（Open）」ボタンをクリックし，「16 進表示のあり，なし」ボタンをクリックすると，Console log の画面が白くなる。

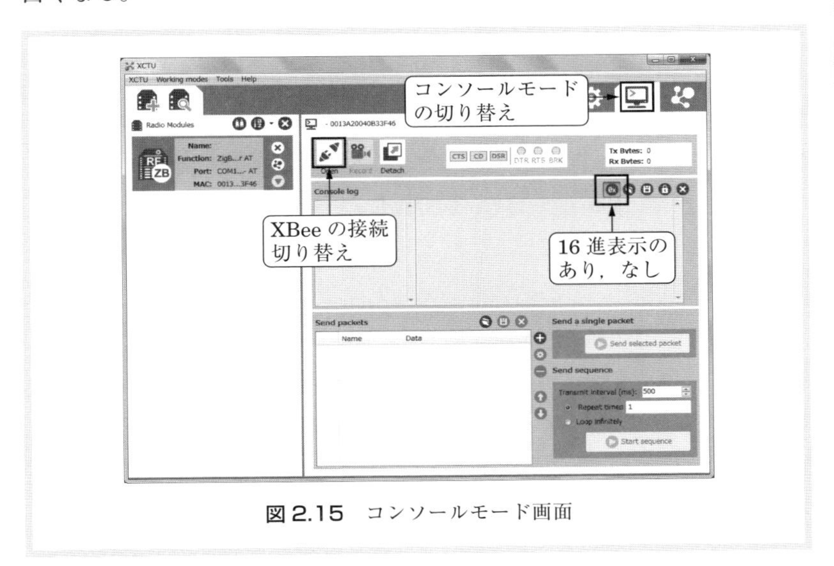

図 2.15　コンソールモード画面

■ コマンド・モード

図 2.16 はコンソールモード画面から XBee をコマンド・モードで操作したようすである。

Console log の画面に「＋＋＋」をパソコンのキーボードからタイプし，「OK」が返ってきたら，AT コマンドを入力する。ここでは，「OK」が表示されるまで「ENTER」キーを押してはいけない。

図 2.16　コマンド・モードで操作

ATコマンドatdhを入力し，「ENTER」キーを押すと，送信先（受信側）のルータの「高位」アドレス「13A200」が表示される。次に，atdlと入力し，「ENTER」キーを押すと，同じくルータの「下位」アドレス「40BBB67E」が表示される。

atshと入力し，「ENTER」キーを押すと，送信側のコーディネータの「高位」アドレス「13A200」が表示される。次に，atslと入力し，「ENTER」キーを押すと，同じくコーディネータの「下位」アドレス「40B33F46」が表示される。

■ 透過モード

ATコマンドatcnを入力し，「ENTER」キーを押すと透過モードになる。ただし，atcnを入力しなくても，コマンド・モードで10秒間何もしないでいると，自動的に透過モードになる。

図2.17のように透過モードの状態で，パソコンのキーボードから「A」を入力すると，XBee C による無線通信で「A」はXBee R に伝わり，インセクトは前進する。「AAA」のように，連続して「A」を入力すると，インセクトは前進を続ける※。「BBB」と入力すると，インセクトは後進する。同様に，「CCC」は左旋回，「DDD」は右旋回になる。

※ 一定時間前進すると止まる。

インセクトは測距モジュール（距離センサ）を搭載しているので，「E」を入力すると，「Distance= 36 cm」のようにインセクトと障害物までの距離を表示する。距離が80 cmを超えると「Distance= OFF」のように表示する。障害物の色が黒っぽいと距離の表示は実際よりも長くなる。また，距離センサと障害物の角度によっても誤差は生じる。

ここまでは，「+++」をパソコンのキーボードからタイプし，「OK」が返ってきたら，ATコマンドを入力すると説明してきたが，これらを省略して，いきなり「AAA」を入力してもかまわない。

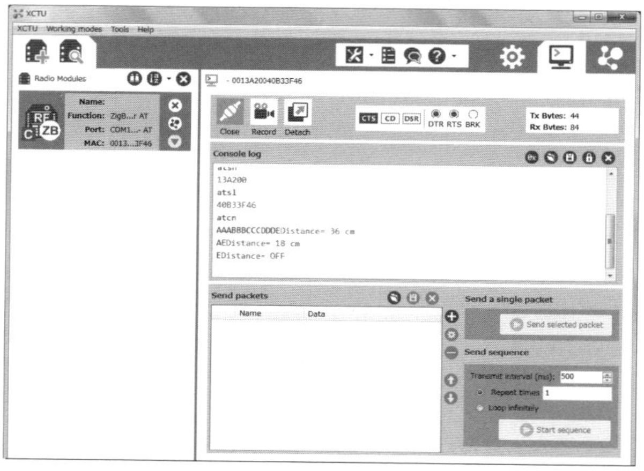

図2.17 透過モードで操作

2.6 プログラムの作成 1

プログラムの書き込み時には，Arduino の RX（ピン 0）のジャンパー線を外す※。

※ Arduino UNO は，デジタル I/O のピン 0（RX）やピン 1（TX）を内部にある USB-シリアル変換チップとの接続に兼用している。ここに XBee のようなほかの回路がつながっていると，プログラムの書き込みが正しく行われない場合がある。このため，受信ポートである RX（ピン 0）のジャンパー線を外す。

▶プログラム 2-1 ▶ インセクトの制御

```
#define analogPin 1                  // 置き換え（analogPin → "1"）
#define PBS1 8                       // 置き換え（PBS1 → "8"）
int threshold=80;                    // 変数「threshold」は int 型。threshold に 80 を代入 1
int val,s1;                          // 変数「val」と「s1」は int 型
int value=0;                         // 変数「value」は int 型。value をクリア (0)
int range=0;                         // 変数「range」は int 型。range をクリア (0)
void setup()                         // 関数 setup() は初期設定
{
  Serial.begin(9600);                // シリアル通信のデータ転送レートを bps(baud) で指定
  pinMode(PBS1,INPUT);               // PBS1（ピン 8）を入力に設定
  pinMode(2,OUTPUT);                 // ピン 2 を出力に設定
  pinMode(3,OUTPUT);                 // ピン 3 を出力に設定
  pinMode(4,OUTPUT);                 // ピン 4 を出力に設定
  pinMode(5,OUTPUT);                 // ピン 5 を出力に設定
}
void loop()                          // メインの処理
{
  if(Serial.available()>0)           // シリアルポートに何バイトのデータが到着しているか
                                     // を返す。0 の場合はデータはなく，データを受信すると，
                                     // Serial.available の値は 0 より大きくなり，次へ行く
   {
    val=Serial.read();               // Serial.read() は受信データを読み込む。その値を変数
                                     // val に代入
    if(val=='A')                     // val が 'A' ならば，次へ行く
    {
      digitalWrite(3,HIGH);          // ピン 3 に "HIGH" を出力 ┐
      digitalWrite(2,LOW);           // ピン 2 に "LOW" を出力  │インセクト 前進
      digitalWrite(5,HIGH);          // ピン 5 に "HIGH" を出力 │
      digitalWrite(4,LOW);           // ピン 4 に "LOW" を出力  ┘
      delay(300);                    // タイマ（0.3s）
      digitalWrite(3,LOW);           // ピン 3 に "LOW" を出力  ┐インセクト 停止
      digitalWrite(5,LOW);           // ピン 5 に "LOW" を出力  ┘
    }
```

```
    else if(val=='B')               // valが'B'ならば，次へ行く
    {
      digitalWrite(3,LOW);          // ピン3に"LOW"を出力    ┐
      digitalWrite(2,HIGH);         // ピン2に"HIGH"を出力   │ インセクト　後進
      digitalWrite(5,LOW);          // ピン5に"LOW"を出力    │
      digitalWrite(4,HIGH);         // ピン4に"HIGH"を出力   ┘
      delay(300);                   // タイマ（0.3s）
      digitalWrite(2,LOW);          // ピン2に"LOW"を出力    ┐ インセクト　停止
      digitalWrite(4,LOW);          // ピン4に"LOW"を出力    ┘
    }
    else if(val=='C')               // valが'C'ならば，次へ行く
    {
      digitalWrite(3,HIGH);         // ピン3に"HIGH"を出力   ┐
      digitalWrite(2,LOW);          // ピン2に"LOW"を出力    │ インセクト 左旋回
      digitalWrite(5,LOW);          // ピン5に"LOW"を出力    │
      digitalWrite(4,HIGH);         // ピン4に"HIGH"を出力   ┘
      delay(300);                   // タイマ（0.3s）

      digitalWrite(3,LOW);          // ピン3に"LOW"を出力    ┐ インセクト　停止
      digitalWrite(4,LOW);          // ピン4に"LOW"を出力    ┘
    }
    else if(val=='D')               // valが'D'ならば，次へ行く
    {
      digitalWrite(3,LOW);          // ピン3に"LOW"を出力    ┐
      digitalWrite(2,HIGH);         // ピン2に"HIGH"を出力   │ インセクト 右旋回
      digitalWrite(5,HIGH);         // ピン5に"HIGH"を出力   │
      digitalWrite(4,LOW);          // ピン4に"LOW"を出力    ┘
      delay(300);                   // タイマ（0.3s）
      digitalWrite(2,LOW);          // ピン2に"LOW"を出力    ┐ インセクト　停止
      digitalWrite(5,LOW);          // ピン5に"LOW"を出力    ┘
    }
    else if(val=='E')               // valが'E'ならば，次へ行く
    {
      value=analogRead(analogPin);  // A-D変換。変換されたデジタル値をvalueに代入 ❷
      Serial.print("Distance= ");   // 透過モード画面に"Distance="を表示
      if(value > threshold)         // value > thresholdならば，次へ行く
      {
        range=(6787 / (value-3))-4; // デジタル値「value」を距離に変換し，rangeに
                                    // 代入 ❸
        Serial.print(range);        // "Distance="の右横にrangeの値を表示
        Serial.println(" cm");      // 続けて右横に"cm"を表示
      }
      else                          // 測距範囲内に障害物がない場合
        Serial.println("OFF");      // "Distance="の右横に"OFF"を表示
        delay(300);                 // タイマ(0.3s)
    }
  }
  s1=digitalRead(PBS1);             // PBS1の値を読み取り，s1に代入。ここからイ
                                    // ンセクトは自走する
```

```
    if(s1==0)                          // s1が0(PBS1がON)ならば，次へ行く
    {
      while(1)                         // ループ(1)
      {
        digitalWrite(3,HIGH);          // ピン3に"HIGH"を出力 ┐
        digitalWrite(2,LOW);           // ピン2に"LOW"を出力  │インセクト 前進
        digitalWrite(5,HIGH);          // ピン5に"HIGH"を出力 │
        digitalWrite(4,LOW);           // ピン4に"LOW"を出力  ┘
        delay(100);                    // タイマ(0.1s)
        value=analogRead(analogPin);   // A-D変換。変換されたデジタル値をvalueに代入
        if(value >= 266)               // value >= 266ならば，次へ行く ❹
        {
          digitalWrite(3,LOW);         // ピン3に"LOW"を出力  ┐
          digitalWrite(2,HIGH);        // ピン2に"HIGH"を出力 │インセクト 後進
          digitalWrite(5,LOW);         // ピン5に"LOW"を出力  │
          digitalWrite(4,HIGH);        // ピン4に"HIGH"を出力 ┘
          delay(2000);                 // タイマ(2s)
          digitalWrite(3,HIGH);        // ピン3に"HIGH"を出力 ┐
          digitalWrite(2,LOW);         // ピン2に"LOW"を出力  │インセクト 左旋回
          digitalWrite(5,LOW);         // ピン5に"LOW"を出力  │
          digitalWrite(4,HIGH);        // ピン4に"HIGH"を出力 ┘
          delay(2000);                 // タイマ(2s)
        }
      }
    }
}
```

▶プログラム※1の説明

❶ int threshold=80;

測距モジュールの測距範囲は8～80 cm程度であり，80 cmを超えると物体（障害物）がないと判断する。そのしきい値を80とする。thresholdはint型。

測距モジュールGP2Y0A21YKの距離L-出力電圧V_o特性※2から$L = 80$ cmのとき$V_o = 0.4$ Vである。

ArduinoのA-Dコンバータは，アナログ電圧5 Vのときデジタル値1023に変換する。

$$\frac{\text{value}}{1023} = \frac{0.4}{5} \quad \cdots\cdots\cdots \text{ ここで，1023はA-D変換の最大値※3}$$

$$\text{value} = \frac{0.4}{5} \times 1023 = 81.84 \quad \cdots \text{81.84を80とみなす。}$$

そこで，threshold = 80にする。$L = 8$～80 cmでは，$V_o > 0.4$なので，value > thresholdが成立する。

❷ value=analogRead(analogPin);

analogRead (*pin*)は，指定した*pin*（アナログピン）で，センサから

※1 Arduinoではプログラムのことをスケッチと呼んでいる。

※2 図2.7参照

※3 10ビットのA-Dコンバータなので$2^{10} = 1024$となり，0からカウントするので0～1023に変換される。

の値を読み取る。ここでは，analogPin（ピンA1）に入った0～5Vのアナログ電圧をデジタル値に変換し，変数valueに代入する。

❸ range=(6787 / (value-3))-4;

GP2Y0A21YKは，距離$L = 8 \sim 80$ cmの間では，ほぼ反比例のアナログ電圧V_oを出力する。

このアナログ電圧をA-Dコンバータ入力とし，A-D変換をする。A-D変換されたデジタル値Vを距離Lに変換する近似関数（変換式）が，ウェブサイトで公開されている。

$$L = \frac{6787}{\mathrm{V} - 3} - 4$$

この変換式を利用する。

❹ if (value >= 266)

GP2Y0A21YKのL-V_o特性は，$L = 20$ cmのとき，V_oは約1.3Vになっている。ArduinoのA-Dコンバータは，アナログ電圧5Vのときデジタル値1023に変換する。そこで，次の式が成り立つ。

$$\frac{\text{value}}{1023} = \frac{1.3}{5}$$

$$\text{value} = \left(\frac{1.3}{5}\right) \times 1023 = 265.98$$

インセクトが壁などの障害物に近づくと，GP2Y0A21YKの出力電圧V_oは1.3Vよりも大きくなる。すると，valueの値も265.98よりも大きくなる。

よって，if (value >= 266) とする。

2.7 XBee送信回路

図2.18はXBee送信回路で，Arduinoは使わずXBeeをダイレクトに使う。タミヤの「リモコン・インセクト」に付属するスティックの裏の配線を図のように変更し，スティックの操作を等価的に置きかえて，押しボタンスイッチ$\mathrm{PBS_1} \sim \mathrm{PBS_4}$のON-OFFであらわしている。押しボタンスイッチにみなしたスティックの操作によって，インセクトの動作を前進，後進，右旋回，左旋回させることができる。

XBee送信回路は，XBee内蔵プルアップ抵抗※と押しボタンスイッチでデジタル入力回路を形成する。押しボタンスイッチが押されていないと，プルアップ抵抗によってデジタル入力ピンは“HIGH”になっている。押しボタンスイッチを押すと，XBeeのデジタル入力ピンは“LOW”

※ プルアップとは，電気回路において，抵抗を介して電源のプラス側に接続することにより，電位を安定に保つことをいう。接続する抵抗がプルアップ抵抗である。図2.18において，押しボタンスイッチ$\mathrm{PBS_1}$がONでピン20の電位は0V，OFFで3.3Vとなる。

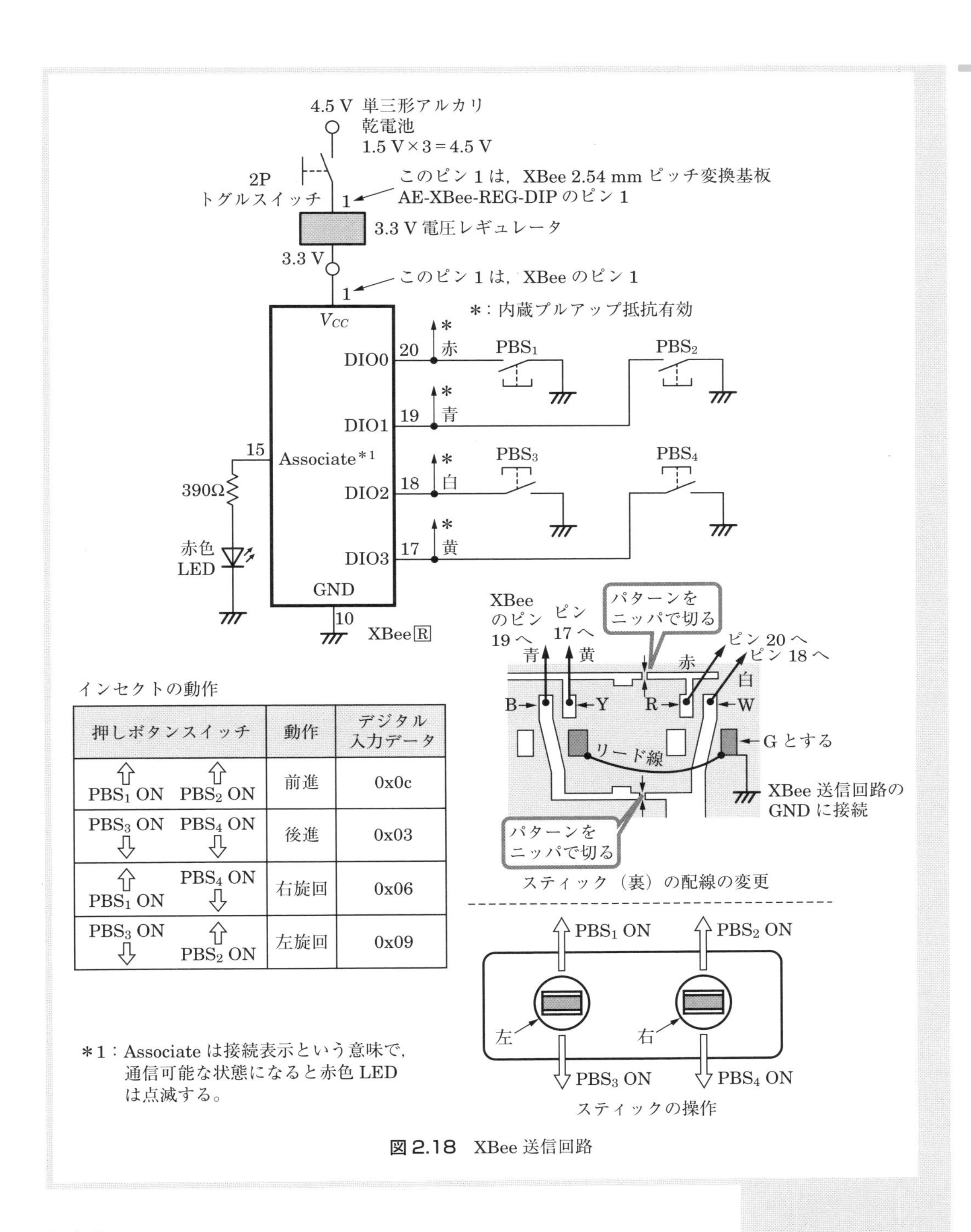

インセクトの動作

押しボタンスイッチ	動作	デジタル入力データ
⇧ PBS₁ ON　⇧ PBS₂ ON	前進	0x0c
PBS₃ ON ⇩　PBS₄ ON ⇩	後進	0x03
⇧ PBS₁ ON　PBS₄ ON ⇩	右旋回	0x06
PBS₃ ON ⇩　⇧ PBS₂ ON	左旋回	0x09

図 2.18　XBee 送信回路

になる。

XBee の電源電圧は DC 2.1 V～3.6 V である。このため，単三形アルカリ乾電池 3 本による直流電源 4.5 V を XBee 2.54 mm ピッチ変換基板に付属する電圧レギュレータで 3.3 V に変換し，XBee の電源電圧にする。ピン 15 の LED 回路は，XBee が通信可能状態になると LED が点滅する※。

※　後述する図 2.28 において，Associated indicator [1] になっているため。

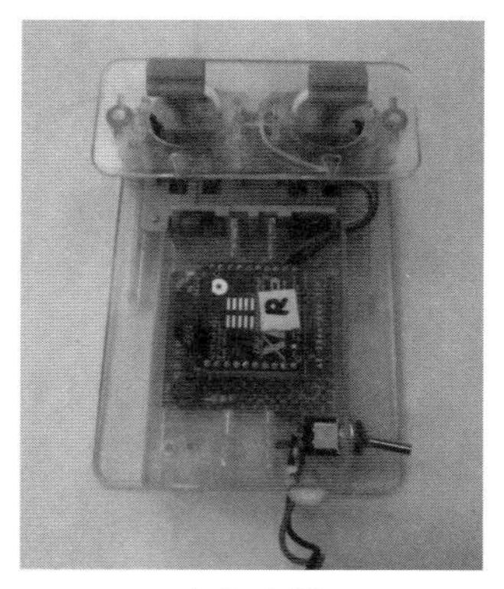

（a）内部

（b）外観

図 2.19　XBee 送信機の外観

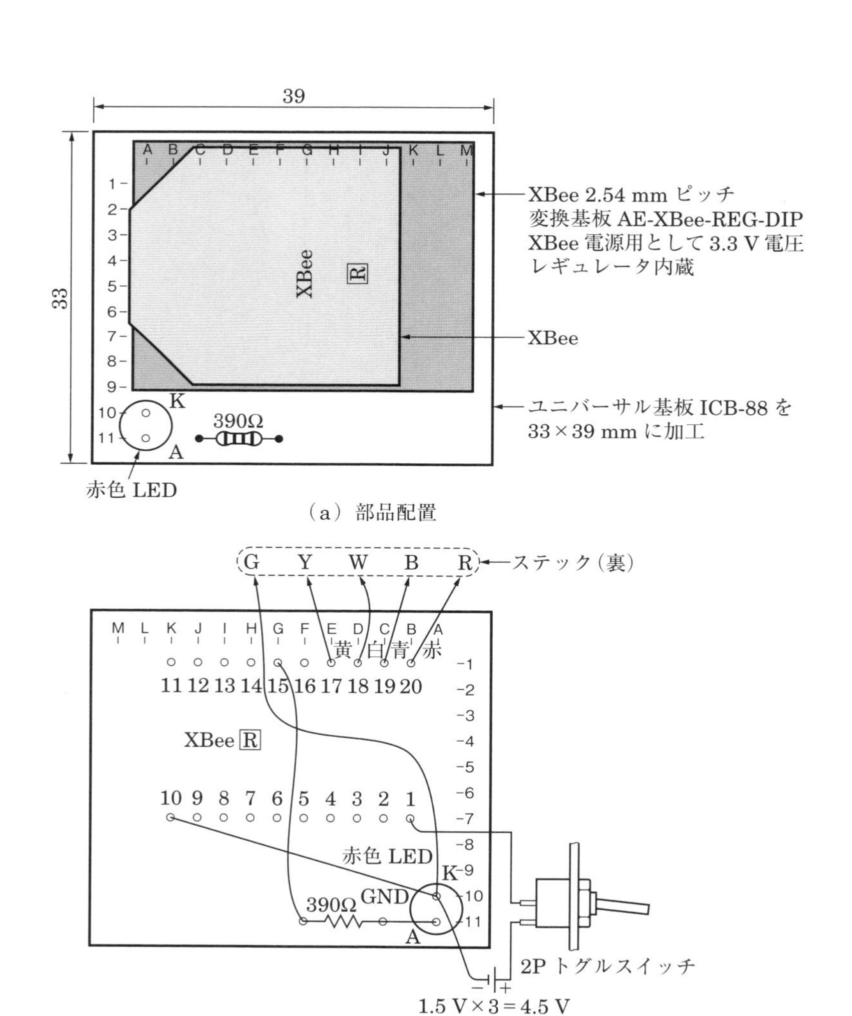

図 2.20　XBee 送信回路の実体配線図

図 2.19 に XBee 送信機の外観を示す。

スティックの操作により，XBee のデジタル入力ピンの “HIGH” と “LOW” のデジタル値は，XBee 送信回路から XBee 受信回路に送信される。

図 2.20 は，XBee 送信回路の実体配線図である。ユニバーサル基板を 33 × 39 mm に加工し，3.3 V 電圧レギュレータを内蔵した XBee 2.54 mm ピッチ変換基板を搭載する。

図 2.21 は，「リモコン・インセクト」に付属するリモコンボックスを改造した XBee リモコン送信機である。図の中の指示に従って，ニッパで不必要な部分を切り落とす。また，穴あけ加工もする。図 2.18 のスティック（裏）の配線に従い，XBee 送信回路基板との接続をする。リモコンボックスの中心部のくぼみに，XBee 送信回路基板を挿入し，その真上に単三形電池ボックスを 2 × 25 mm ビス・ナットで固定する。

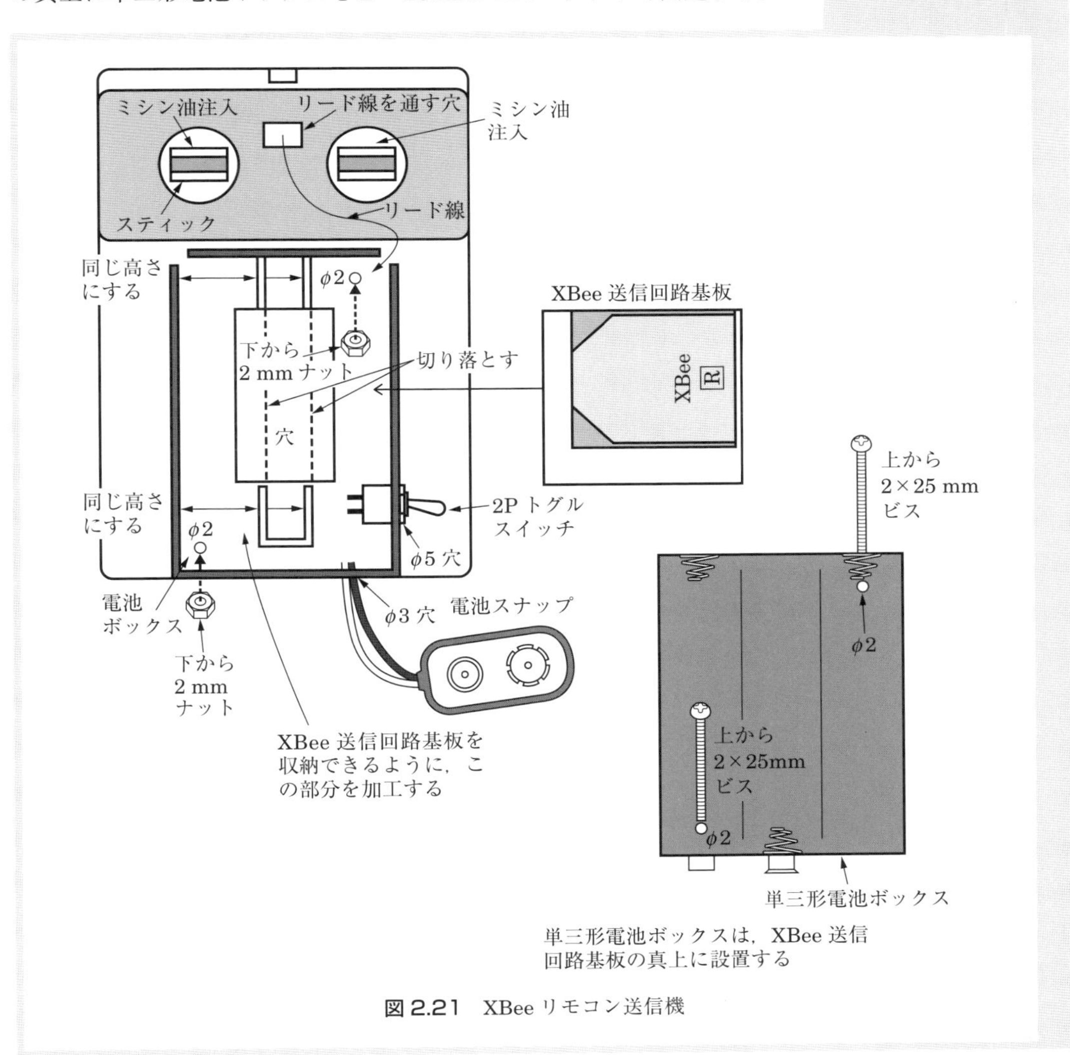

図 2.21 XBee リモコン送信機

2.8 ATモード（透過モード時）とAPIモードの設定

2.5節では，パソコンとXBeeエクスプローラUSBによってインセクトを動かした。このとき，XBeeは送信側・受信側ともにATモードに設定し，送信側をコーディネータⒸ，受信側をルータⓇとした。

ここでは，送信側（ルータⓇ）のXBeeⓇは，XCTUによってATモードに設定し，APIフレームの内容を細かく指定する。受信側（コーディネータⒸ）のXBeeⒸは，APIフレームを受け取る側なので，APIモードでなければならない※。

※ 図2.3とは異なり，送信側がXBeeⓇ，受信側がXBeeⒸになる。

送受信に使うXBeeのアドレスは2.5節と同じ，次のものとする。

表2.2 XBeeのアドレス

XBee	高位アドレス	下位アドレス
コーディネータⒸ	0013A200	40B33F46
ルータⓇ	0013A200	40BBB67E

[1] XBee受信側（コーディネータ側）の設定

図2.3のように，XBeeエクスプローラUSBにコーディネータXBeeⒸを差し込み，USBケーブル（タイプA-ミニB）を使ってXBeeエクスプローラUSBとパソコンをつなぐ。

① デスクトップにあるXCTUのアイコンをダブルクリックする。2.5節に従って，XCTUの初期設定画面を表示する。

② Working areaにある「ファームウェアの更新（Update）」ボタンをクリックする。

③ 図2.22のファームウェアの更新画面において，「Product family」は「XB24-ZB」，「Function set」は「ZigBee Coordinator API」，「Firmware version」は「21A7」を選択し，「Update」をクリックする。

④ 図2.23のコーディネータの書き込み画面（1）で，Working areaの上部にある「ファームウェアの初期設定（Default）」ボタンをクリックすると，初期設定画面になる。続いて「設定の書き込み（Write）」ボタンをクリックすることで，初期設定が完了する。

⑤ 図2.24のコーディネータの書き込み画面（2）で，「Networking」の項目のIDに，任意の値を入力する。ここでは329とする。

⑥ 「Addressing」の項目のSHは13A200，SLは40B33F46のように，コーディネータのアドレスになっている。「Addressing」の項目のDHとDLはルータのアドレスを入力する。書きとめておいた「高位」，

「下位」のアドレス 0013A200，40BBB67E を入力する。

⑦ 設定を一括して XBee モジュールに書き込むために，Working area の上部にある「設定の書き込み (Write)」ボタンをクリックする。

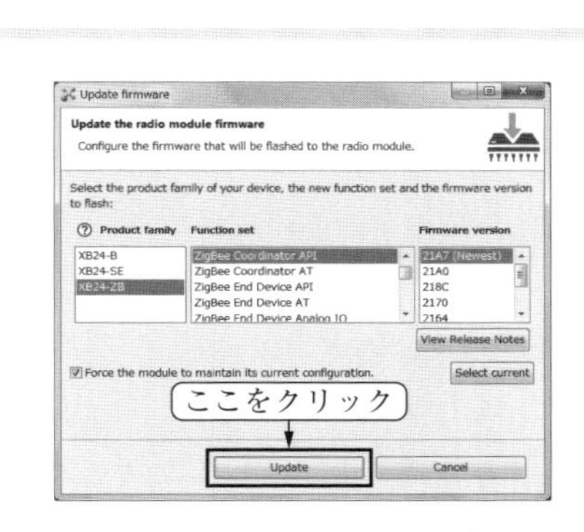

図 2.22 ファームウェアの更新画面

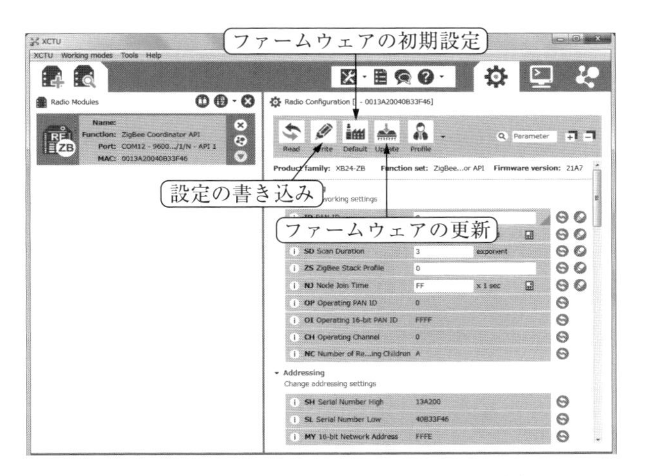

図 2.23 コーディネータの書き込み画面 (1)

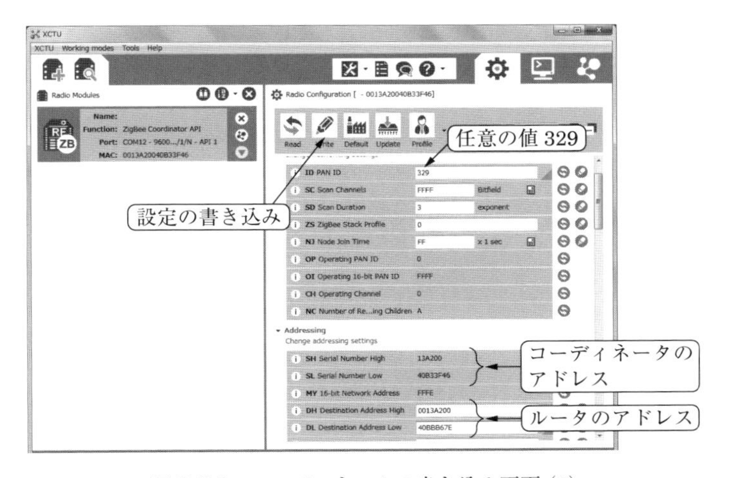

図 2.24 コーディネータの書き込み画面 (2)

[2] XBee送信側（ルータ側）の設定

コーディネータの設定と同様に，XBeeエクスプローラUSBにルータXBee Ⓡを差し込み，USBケーブル（タイプA-ミニB）を使ってXBeeエクスプローラUSBとパソコンをつなぐ。

① コーディネータの設定と同様に，XCTUの初期設定画面を表示する。

② Working areaの上部にある「ファームウェアの更新（Update）」ボタンをクリックする。

③ 図2.25のように，ファームウェアの更新画面において，「Product family」は「XB24-ZB」，「Function set」は「ZigBee Router AT」，「Firmware version」は「22A7」を選択し，「Update」をクリックする。

④ 図2.26のルータの書き込み画面（1）において，「Networking」の項目のIDに，コーディネータと同じ値を入力する。ここでは329にする

⑤ 「Networking」の項目のJVはJV = 1としておく。

図2.25　ファームウェアの更新画面

図2.26　ルータの書き込み画面（1）

⑥　画面をスクロールさせると，図 2.27 のルータの書き込み画面（2）になる。「Addressing」の項目の SH と SL はルータのアドレスになっている。

⑦　「Addressing」の項目の DH と DL はコーディネータのアドレスを入力する。ここでは，「高位」，「下位」のアドレス 0013A200，40B33F46 を入力する。

⑧　図 2.28 のルータの書き込み画面（3）において，「I/O Settings」の項目の D0～D3 は，すべて DIGITAL INPUT [3] にする。これは，図 2.18 の XBee 送信回路において，DIO0～DIO3 は押しボタンスイッチによるデジタル入力になっているからである。

⑨　「I/O Settings」の項目の Pull-up resistor Enable は，XBee 内蔵プルアップ抵抗を有効にするため，1FFF にする。16 進数の 0x000F は

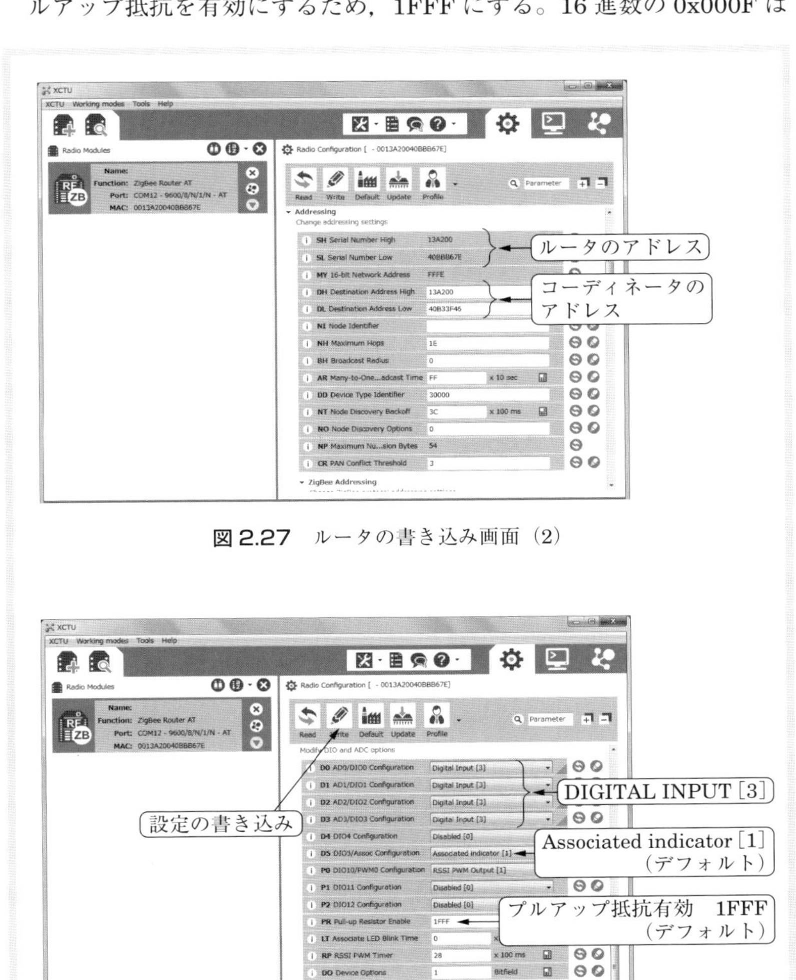

図 2.27　ルータの書き込み画面（2）

図 2.28　ルータの書き込み画面（3）

2進数で1111であり，XBeeの，DIO0～DIO3のプルアップ抵抗を有効にする。1：プルアップ抵抗有効　0：プルアップ抵抗無効になる。

⑩ 「I/O Sampling」のIO Sampling Rateは，1F5にする。0x1F5は，10進数に変換すると，$256 \times 1 + 16 \times 15 + 5 = 501$で，サンプリング周期は501 msになる。

⑪ 設定を一括してXBeeモジュールに書き込むため，Working areaの上部にある「設定の書き込み（Write）」ボタンをクリックする。

2.9 ルータからコーディネータに送られたAPIフレームの確認

表2.3は，ルータⓇ（送信側）からコーディネータⒸ（受信側）に送られたAPIフレームである。

このAPIフレームは次のプログラムで確認できる。コーディネータⒸ（受信側）のArduinoに［プログラム2-2］を書き込み，図2.29（48ページ）のように，書き込み画面の右上のボタン「シリアルモニタ」をクリックする。そして，ルータⓇ（送信側）のXBee送信回路のスティック※を操作すると，図2.30（48ページ）のシリアルモニタ画面でAPIフレームを確認することができる。開始コード（スタートバイト）の0x7Eはシリアルモニタ画面には出てこない。

※ 図2.18では，押しボタンスイッチに見なしている。

▶プログラム2-2▶　XBee APIフレームの確認

```
      ＊＊＊プログラムの書き込み時には，ArduinoのRX（ピン0）のジャンパー線を外す。＊＊＊
void setup()                        // 初期設定
{
  Serial.begin(9600);               // シリアル通信のデータ転送レートをbps(baud)で指定
}
void loop()                         // メインの処理
{
  if(Serial.available() > 21)       // シリアルポートから0～22バイトを受信
  {
    if(Serial.read() == 0x7E)       // シリアルバッファの中のスタートバイト(0x7E)を探
                                    // す。0x7Eが見つかったら，次へ行く
    {
      for(int i=1; i<22; i++)       // for文。i=1から21までループをまわる。i++はiの
                                    // インクリメント
      {
        Serial.print(Serial.read(), HEX); // 受信データを読み込み，16進数でシ
                                          // リアルポートに出力
        Serial.print(" ");          // スペースを送信
      }
```

```
        Serial.println();             // 改行を送信
      }
    }
}
```

表 2.3　ルータ側からコーディネータ側に送られた API フレーム

フレームフィールド		オフセット	例	解　説
開始コード		0	0x7E	スタートバイト。常に 0x7E
フレーム長		MSB 1	0x00	フレームタイプからカウントし，チェックサムの直前までのバイト数，例は 18 バイト
		LSB 2	0x12	
フレームデータ	フレームタイプ	3	0x92	デジタルやアナログのサンプリングデータの受信時に使う（RX 入出力データ受信）
	64 ビット送信元アドレス	4	0x00	ルータ（送信元）のアドレス「高位」は 0013A200「下位」は 40BBB67E
		5	0x13	
		6	0xA2	
		7	0x00	
		8	0x40	
		9	0xBB	
		10	0xB6	
		11	07E	
	16 ビット送信元アドレス	MSB 12	0xFB	ネットワーク内アドレス
		LSB 13	0x5D	
	受信オプション	14	0x01	0x01 は確認応答を返す
	サンプル数	15	0x01	サンプル数，常に 1
	デジタル・チャネル・マスク	MSB 16	0x00	デジタル・チャネルの使用状況。例は，上位 4 ビットは 0x00，下位 4 ビットは 0x0F
		LSB 17	0x0F	
	アナログ・チャネル・マスク	18	0x00	アナログ・チャネルの使用状況。0x00 はアナログ入力は無効
	デジタル・サンプル（存在する場合）	MSB 19	0x00	デジタル・チャネル・マスクが 0 でない場合，サンプリング・データが入る。下位 4 ビットは 0x0C
		LSB 20	0x0C	
	アナログ・サンプル（存在する場合）		↑ 今回つめる	A-D 変換された値を示す 2 バイトの値。今回はアナログデータはないので上につめる
チェックサム		21	0x14	フレームの最後のバイト。

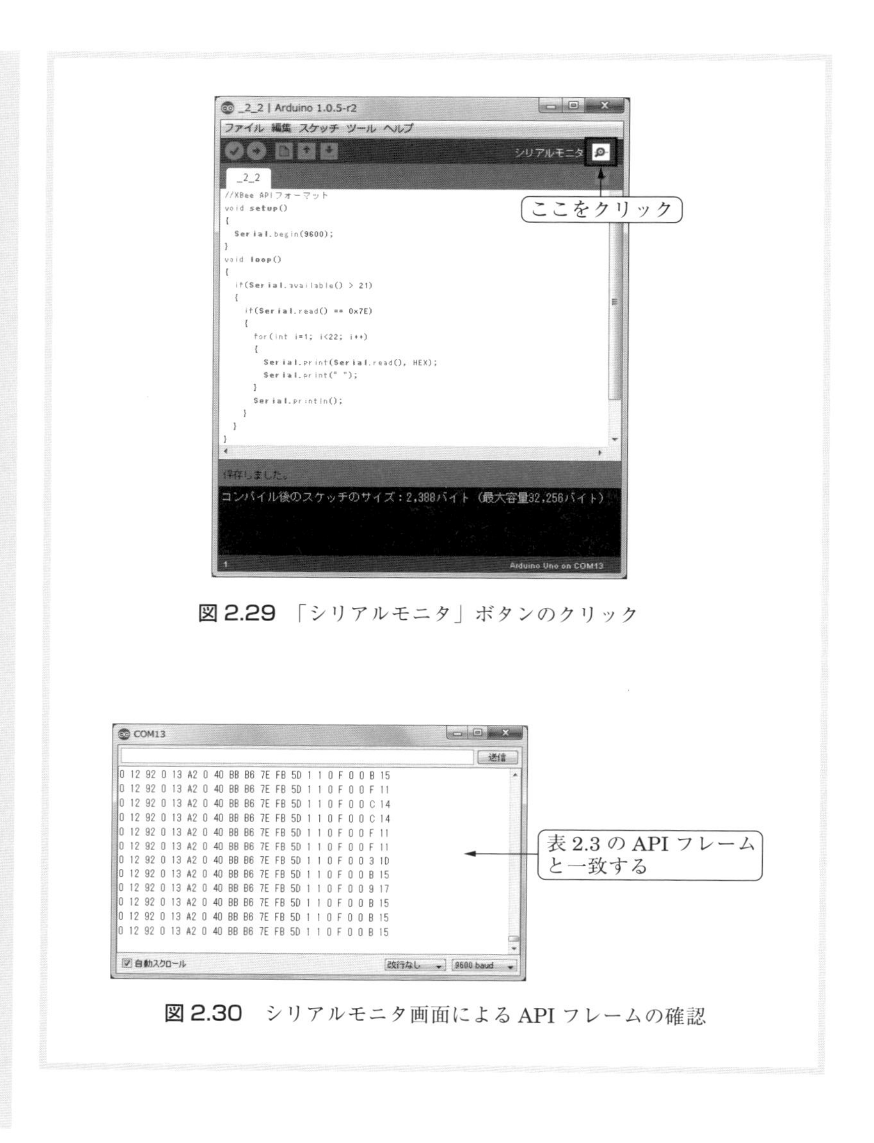

図 2.29　「シリアルモニタ」ボタンのクリック

図 2.30　シリアルモニタ画面による API フレームの確認

2.10　プログラムの作成 2

図 2.6 の Arduino に［プログラム 2-3］を書き込む。図 2.18 に示す送信回路のスティックの操作によって，インセクトは前進，後進，右旋回，左旋回をする。XBee 送信回路は使わず，インセクトを自律移動ロボットにすることができる。図 2.6 の押しボタンスイッチ PBS_1 を押すとインセクトは前進し，前方 20 cm ほどの所に壁などの障害物があると，測距モジュール（距離センサ）で障害物を見つけ，インセクトは後進し，左旋回をする。そして，再び前進していく。

▶プログラム 2-3 ▶　XBee 送信回路によるインセクトの制御

＊＊＊プログラムの書き込み時には，Arduino の RX（ピン 0）のジャンパー線を外す。＊＊＊

```
#define PBS1 8                       // 置き換え (PBS1 → "8")
#define analogPin 1                  // 置き換え (analogPin → "1")
int digitalLow,s1,value;             // 変数「digitalLow」,「s1」,「value」は int 型
void setup()                         // 初期設定
{
  Serial.begin(9600);                // シリアル通信のデータ転送レートを bps(baud) で指定
  pinMode(PBS1,INPUT);               // PBS1（ピン 8）を入力に設定
  pinMode(2,OUTPUT);                 // ピン 2 を出力に設定
  pinMode(3,OUTPUT);                 // ピン 3 を出力に設定
  pinMode(4,OUTPUT);                 // ピン 4 を出力に設定
  pinMode(5,OUTPUT);                 // ピン 5 を出力に設定
}
void loop()                          // メインの処理
{
  PORTD=0;                           // PORTD をクリア（0）
  if(Serial.available() > 21)        // シリアルポートから 0 ～ 22 バイトを受信 ❶
  {
    if(Serial.read()==0x7E)          // シリアルバッファ (API フレーム) の中のスタートバイ
                                     // ト (0x7E) を探す。0x7E が見つかったら，次へ行く ❷
    {
      for(int i=1; i<=19; i++)       // for 文。受信したシリアルバッファの中のスタートバ
                                     // イトを除いた 1～19 バイトまでの使わない部分を読み
      {                              // 飛ばす。
        byte discard=Serial.read();  // 変数「discard」は byte 型 ❸
      }
      digitalLow=Serial.read();      // 20 バイト目のデジタル値を読み込み digitalLow に代入 ❹
      Serial.println(digitalLow);    // 確認のため，シリアルモニタ画面で digitalLow の
                                     // 値を見る ❺
      if(digitalLow == 0x0c)         // digitalLow が 0x0c ならば，次へ行く（0x0c は，
                                     // 送信機の PBS1 と PBS2 が ON のとき）
      {
        digitalWrite(3,HIGH);        // ピン 3 に "HIGH" を出力 ┐
        digitalWrite(2,LOW);         // ピン 2 に "LOW" を出力  │インセクト　前進
        digitalWrite(5,HIGH);        // ピン 5 に "HIGH" を出力 │
        digitalWrite(4,LOW);         // ピン 4 に "LOW" を出力  ┘
        delay(500);                  // タイマ (0.5s)
        PORTD=0;                     // PORTD をクリア (0)       インセクト　停止
      }
      else if(digitalLow == 0x06)    // digitalLow が 0x06 ならば，次へ行く（0x06 は，
                                     // 送信機の PBS1 と PBS4 が ON のとき）
      {
        digitalWrite(3,LOW);         // ピン 3 に "LOW" を出力  ┐
        digitalWrite(2,HIGH);        // ピン 2 に "HIGH" を出力 │インセクト　右旋回
        digitalWrite(5,HIGH);        // ピン 5 に "HIGH" を出力 │
        digitalWrite(4,LOW);         // ピン 4 に "LOW" を出力  ┘
        delay(200);                  // タイマ（0.2s）
```

```
      PORTD=0;                       // PORTD をクリア（0）      インセクト 停止
    }
    else if(digitalLow == 0x09) // digitalLow が 0x09 ならば，次へ行く（0x09 は，
                                 // 送信機の PBS2 と PBS3 が ON のとき）
    {
      digitalWrite(3,HIGH);      // ピン 3 に "HIGH" を出力 ┐
      digitalWrite(2,LOW);       // ピン 2 に "LOW" を出力  │インセクト 左旋回
      digitalWrite(5,LOW);       // ピン 5 に "LOW" を出力  │
      digitalWrite(4,HIGH);      // ピン 4 に "HIGH" を出力 ┘
      delay(200);                // タイマ（0.2s）
      PORTD=0;                   // PORTD をクリア（0）      インセクト 停止
    }
    else if(digitalLow == 0x03) // digitalLow が 0x03 ならば，次へ行く（0x03 は，
                                 // 送信機の PBS3 と PBS4 が ON のとき）
    {
      digitalWrite(3,LOW);       // ピン 3 に "LOW" を出力  ┐
      digitalWrite(2,HIGH);      // ピン 2 に "HIGH" を出力 │インセクト 後進
      digitalWrite(5,LOW);       // ピン 5 に "LOW" を出力  │
      digitalWrite(4,HIGH);      // ピン 4 に "HIGH" を出力 ┘
      delay(500);                // タイマ (0.5s)
      PORTD=0;                   // PORTD をクリア（0）      インセクト 停止
    }
  }
}
s1=digitalRead(PBS1);            // PBS1 の値を読み込み，s1 に代入。ここからイン
                                 // セクトは自律走行をする
if(s1 == 0)                      // s1 が 0(PBS1 が ON) ならば，次へ行く
{
  while(1)                       // ループ (1)
  {
    digitalWrite(3,HIGH);        // ピン 3 に "HIGH" を出力 ┐
    digitalWrite(2,LOW);         // ピン 2 に "LOW" を出力  │インセクト 前進
    digitalWrite(5,HIGH);        // ピン 5 に "HIGH" を出力 │
    digitalWrite(4,LOW);         // ピン 4 に "LOW" を出力  ┘
    delay(100);                  // タイマ（0.1s）
    value=analogRead(analogPin); // A-D 変換。デジタル値を value に代入 ❻
    if(value >= 266)             // value >= 266 ならば，次へ行く ❼
    {
      digitalWrite(3,LOW);       // ピン 3 に "LOW" を出力  ┐
      digitalWrite(2,HIGH);      // ピン 2 に "HIGH" を出力 │インセクト 前進
      digitalWrite(5,LOW);       // ピン 5 に "LOW" を出力  │
      digitalWrite(4,HIGH);      // ピン 4 に "HIGH" を出力 ┘
      delay(2000);               // タイマ (2s)
      digitalWrite(3,HIGH);      // ピン 3 に "HIGH" を出力 ┐
      digitalWrite(2,LOW);       // ピン 2 に "LOW" を出力  │インセクト 左旋回
      digitalWrite(5,LOW);       // ピン 5 に "LOW" を出力  │
      digitalWrite(4,HIGH);      // ピン 4 に "HIGH" を出力 ┘
      delay(2000);               // タイマ (2s)
    }
```

```
        }
    }
}
```

▶プログラムの説明

1 if(Serial.available() > 21)

if 文。Serial.available() は，シリアルポート※1 から何バイトのデータが読み取れるかを返す。ここでは，シリアルポートから 0～22 バイトを受信したなら次へ行く。API フレームの内容がシリアルバッファ※2 にあることを確認するには，2.9 節を参照してほしい。

※1　シリアル通信用の入出力ポート。

※2　API フレームの内容（表 2.3）を一時的に保管するメモリ。

2 if(Serial.read()==0x7E)

if 文。Serial.read() は，受信データである API フレームの内容を読み込む。ここでは，シリアルバッファの中のスタートバイト 0x7E を探し，受信データが 0x7E ならば次へ行く。0x7E は API フレームの先頭にある。

3 for(int i=1; i<=19; i++)

（int i=1 は式①，i<=19 は式②，i++ は式③）

```
{
  byte discard=Serial.read();
}
```

byte discard=Serial.read();：受信データを読み込み，discard※3 に代入する。discard は byte 型※4。

※3　変数 discard は捨てる，放棄するという意味。変数は任意に決めることができる。

※4　byte 型は 0～255 までの 8 ビットの数値を格納する。

for 文。ループに入る前に，式 1（i=1）を実行する。式 2（i<=19）が真の間，{ } 内の実行単位を繰り返す。そして，ループの最後に式 3(i++) を実行する。ここでは，受信したシリアルバッファの中の 1～19 バイトまでの使わない部分を読みとばす。表 2.3 のオフセット MSB1 から MSB19 までを読みとばす。必要なデータは 20 バイト目のデジタルサンプルで，インセクトの動作を決める。

4 digitalLow=Seral.read();

20 バイト目のサンプリングデータ（表 2.3 では，LSB20 の値 0x0c）を読み込み，digitalLow に代入する。

図 2.18 の中のインセクトの動作では，0x0c は前進，0x03 は後進，0x06 は右旋回，0x09 は左旋回である。

5 Seral.println(digitalLow)；

確認のため，シリアルモニタ画面で digitalLow の値を見る。XBee 送信機のスティック（等価的押しボタンスイッチ）を図 2.18 のインセクトの動作のように押す。図 2.31 (a) のようなデジタル値が表示される。インセクトの動作は図 2.31 (b) のようになる。12 (0x0c) は前進，6 (0x06) は右旋回，9 (0x09) は左旋回，3 (0x03) は後進，15 (0x0f) は停止。

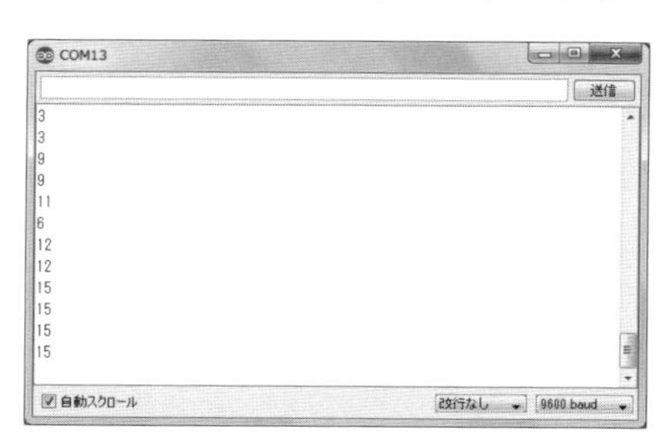

（a）デジタル値の表示

DIO3	DIO2	DIO1	DIO0	16 進数
1	1	0	0	0x0c
0	0	1	1	0x03
0	1	1	0	0x06
1	0	0	1	0x09
1	1	1	1	0x0f

（b）デジタル値とスティックの対応

図 2.31　シリアルモニタ画面とスティックの対応表

❻ value=analogRead(analogPin);

analogRead(*pin*) は，指定した *pin*（アナログピン）で，センサからの値を読み取る。ここでは，analogPin（ピン A1）に入った 0～5 V のアナログ電圧を 0～1023 のデジタル値に変換し，変数 value に代入する。

❼ if(value >= 266)

インセクトは，前進しているとき，約 20 cm 前方に壁などの障害物があると，障害物を避けるように後進する。測距モジュール GP2Y0A21YK の距離 L-出力電圧 V_o 特性から，$L = 20$ cm のとき V_o は約 1.3 V になっている。Arduino の A-D コンバータは，アナログ電圧 5 V のとき 1023 に変換する。そこで，次の計算式が成り立つ。

$$\frac{\text{value}}{1023} = \frac{1.3}{5}$$

$$\text{value} = \left(\frac{1.3}{5}\right) \times 1023 = 265.98$$

よって，if (value >= 266) とする。

表 2.4 インセクト部品リスト

●XBee 送信機

部品	型番等	規格等	個数	備　考	参考価格
XBee（シリーズ 2）	XBee ZB 2mW PCB アンテナ	秋月電子 XB24-Z7PIT-004	1	秋月電子	2200 円
XBee 2.54mm ピッチ変換基板	AE-XBee-REG-DIP	3.3V 電圧レギュレータ内蔵	1	秋月電子	300 円
2P トグルスイッチ	MS-243	2 ピン	1	ミヤマ電器	185 円
ユニバーサル基板	ICB-88		1	サンハヤト　切断加工	120 円
抵抗	390 Ω	1/4W	1	秋月電子（100 個入）	100 円
LED		赤色 ϕ 5mm	1	秋月電子（10 個入）	120 円
電池ボックス	単三形 3 本	スナップタイプ	1	秋月電子	50 円
電池スナップ			1	秋月電子	20 円
乾電池	単三形	アルカリ電池	3	秋月電子（4 本）	80 円
ビス・ナット	2 × 25mm	（ナット 2 個）	2	電池ボックス固定用	
その他	リード線				

●インセクト本体と制御回路基板

部品	型番等	規格等	個数	備　考	参考価格
リモコン・インセクト	ロボクラフトシリーズ No.7		1	タミヤ（千石電商）	2300 円
Arduino UNO	R3		1	秋月電子	2940 円
XBee（シリーズ 2）	XBee ZB 2mW PCB アンテナ	秋月電子 XB24-Z7PIT-004	1	秋月電子	2200 円
XBee ピッチ変換基板	BOB-08276	3.3V 電圧レギュレータなし	1	ストロベリーリナックス	320 円
測距モジュール	GP2Y0A21YK		1	秋月電子	450 円
DC モータドライブ IC	TA7267BP		2	秋月電子（2 個入）	300 円
ユニバーサル基板	ICB-935		1	サンハヤト	310 円
DC ジャック	MJ-179P	2.1mm 標準	1	秋月電子	40 円
抵抗	390 Ω	1/4W	1	秋月電子（100 個入）	各 100 円
	10k Ω		1		
LED		赤色 ϕ5mm	1	秋月電子（10 個入）	120 円
電池ボックス	単三形 3 本	端子リード線仕上げ	1	秋月電子	60 円
電池ボックス	006P	ねじ止めタイプほか 可	1	秋月電子	50 円
DC プラグ		2.1mm 標準	2	秋月電子	30 円
タクトスイッチ			1	秋月電子	10 円
積層セラミックコンデンサ	0.1μF	50V	1	秋月電子（10 本）	100 円
	0.01μF		1	秋月電子 DC モータ直付け（10 本）	100 円
ビス・ナット	3 × 15mm		2	ナット計 6 個	
	3 × 35mm		3	ナット計 9 個	
乾電池	単三形	アルカリ電池	3	秋月電子（4 本）	80 円
	006P 9V		1	秋月電子	100 円
その他	強力両面テープ，ジャンパー線，リード線，すずメッキ線				

第3章

XBeeによるアームクローラの制御

3.1 アームクローラとアームクローラ制御の概要

※1 4本のクローラを装備して，高さ25 mm程度の段差を乗り越えることができる。改造する前のアームクローラは身軽なので，もっと高い段差を乗り越えて走破できる。

※2 低速ギヤ比203：1

図3.1は，タミヤの「アームクローラ」を改造したもので，XBeeによるリモコン・アームクローラ※1である。「アームクローラ」の付属のギヤボックスを，別売りの「ツインモータギヤボックス」に取り替える。その際に，ギヤボックスの組み立ては，Cタイプ※2にする。また，付属のシャフト3×50 mmの六角シャフトに代えて，「アームクローラ」付属の3×72 mmの六角シャフトを使用する。

制御回路基板には，Arduino UNO，XBee，DCモータドライブIC，

（b）前面　　（c）裏面

図3.1　アームクローラの外観

測距モジュール（距離センサ），IC 化温度センサなどを搭載している。Arduino の電源は，006P 9V 積層アルカリ乾電池より供給され，DC モータドライブ IC のモータ側電源電圧の電源は，単三形アルカリ乾電池 1.5V × 3 = 4.5V より供給される。

図 3.2 は，タミヤの「アームクローラ工作セット」の箱と中身である。図 3.3 に，「ツインモータギヤボックス」の箱と中身を示す。

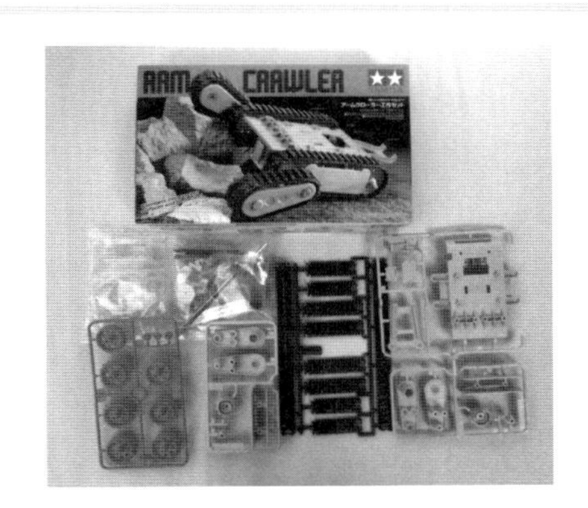

図 3.2 アームクローラ工作セット

図 3.3 ツインモータギヤボックス

図 3.4 は，パソコンと XBee エクスプローラ USB によるアームクローラの制御である。パソコンと XBee エクスプローラ USB は USB ケーブルでつながれ，XBee による無線通信でアームクローラを制御する。

XBee エクスプローラ USB にはコーディネータ（XBee Ⓒ）があり，アームクローラの制御回路基板にはルータ（XBee Ⓡ）や Arduino がある。Arduino には，あらかじめ［プログラム 3-2］を書き込んでおく。パソコンのキーボードの操作により，アームクローラは前進，後進，左旋回，右旋回ができる。また，アームクローラの先端に設置した測距モジュール（距離センサ）で前方の障害物を見つけ，障害物までの距離をパソコンの画面に表示する。さらに，制御回路基板に設置した IC 化温度センサによって，アームクローラ周辺の温度を測定し，温度をパソコンの画面に表示する。

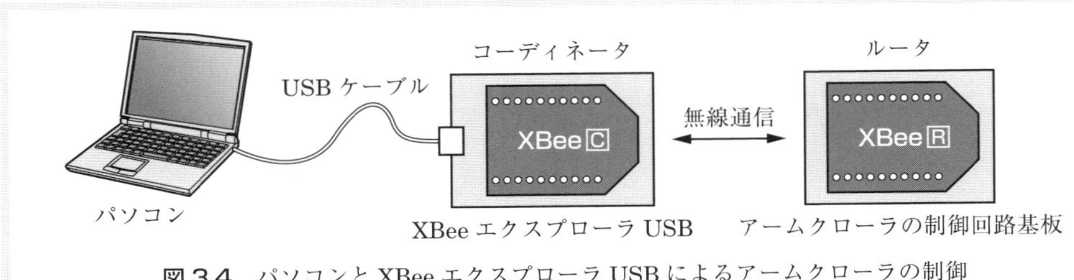

図 3.4 パソコンと XBee エクスプローラ USB によるアームクローラの制御

アームクローラの制御回路基板には押しボタンスイッチPBS_1がある。XBeeによる無線通信から放れ，PBS_1を押すとアームクローラは前進する。測距モジュール（距離センサ）で前方の障害物を見つけると，障害物を避けるように後進，左折，そして前進を繰り返す。このような自律移動ロボットになる。

3.2 アームクローラ制御回路

図3.5は，アームクローラ制御回路である。XBee送信回路のXBee Ⓡからの信号（デジタル値）をXBee Ⓒで受信し，その値に応じて，DCモータドライブICへの入力信号を可変させ，アームクローラを自在に動かすことができる。

XBeeリモコン制御ではなく，自律移動ロボットにすることもできる。アームクローラ制御回路の押しボタンスイッチPBS_1を押すと，アームクローラは自律モードとなり，前進する。測距モジュール（距離センサ）で前方にある障害物を見つけ，アームクローラは停止，後進，左旋回，再び前進という動作をする。プログラムにより，距離センサと障害物までの距離を調整できるが，アームクローラは段差を乗り越えたりするの

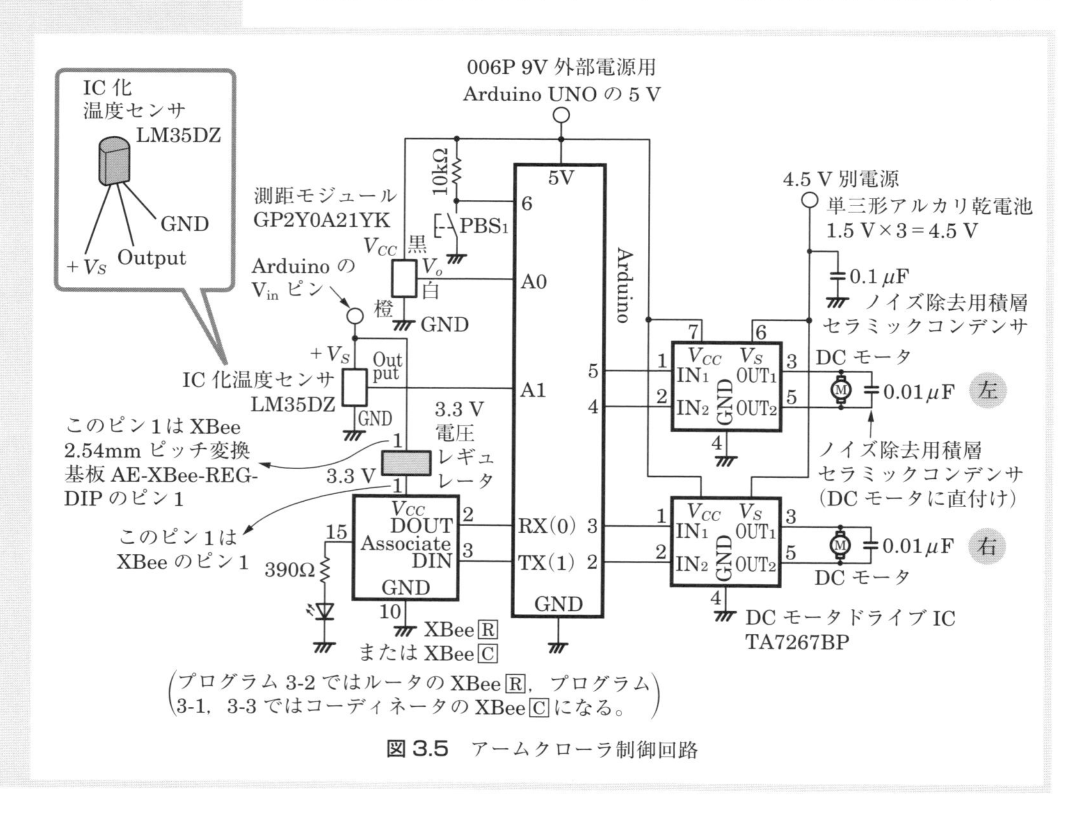

図3.5 アームクローラ制御回路

で，この調整した距離が長いと，障害物ではないのに路面を障害物とみなしてしまう。このため，プログラムでは障害物までの距離を 8 cm に設定している（図 2.7 参照）。

IC 化温度センサ LM35DZ は，1℃当り 10.0mV という温度に比例した電圧を出力する。［プログラム 3-2］では LM35DZ を利用し，アームクローラ周辺の温度を測定して，パソコン画面に温度を表示する。

3.3 制御回路基板の製作

図 3.6 は，アームクローラ制御回路基板の実体配線図である。

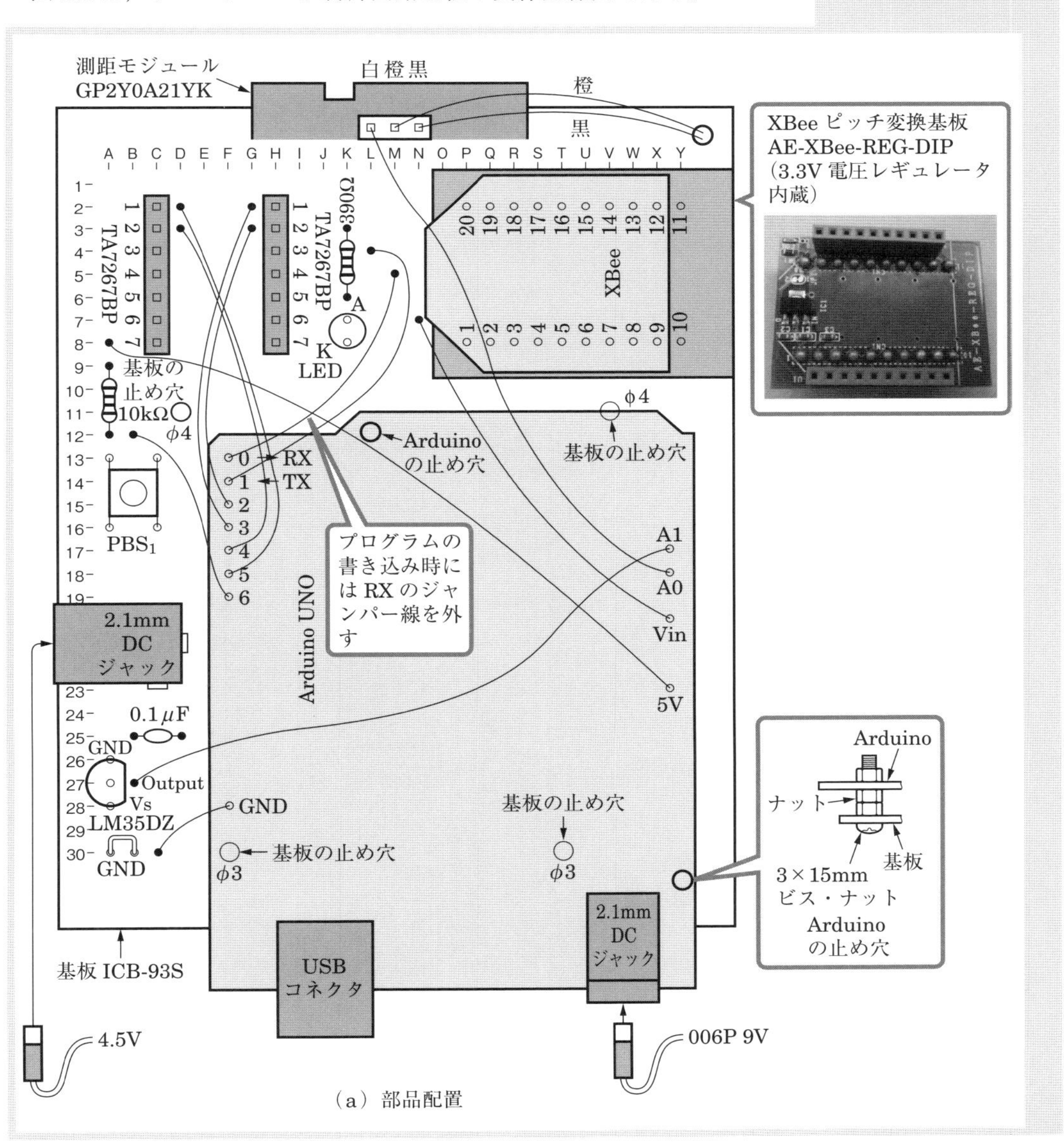

（a）部品配置

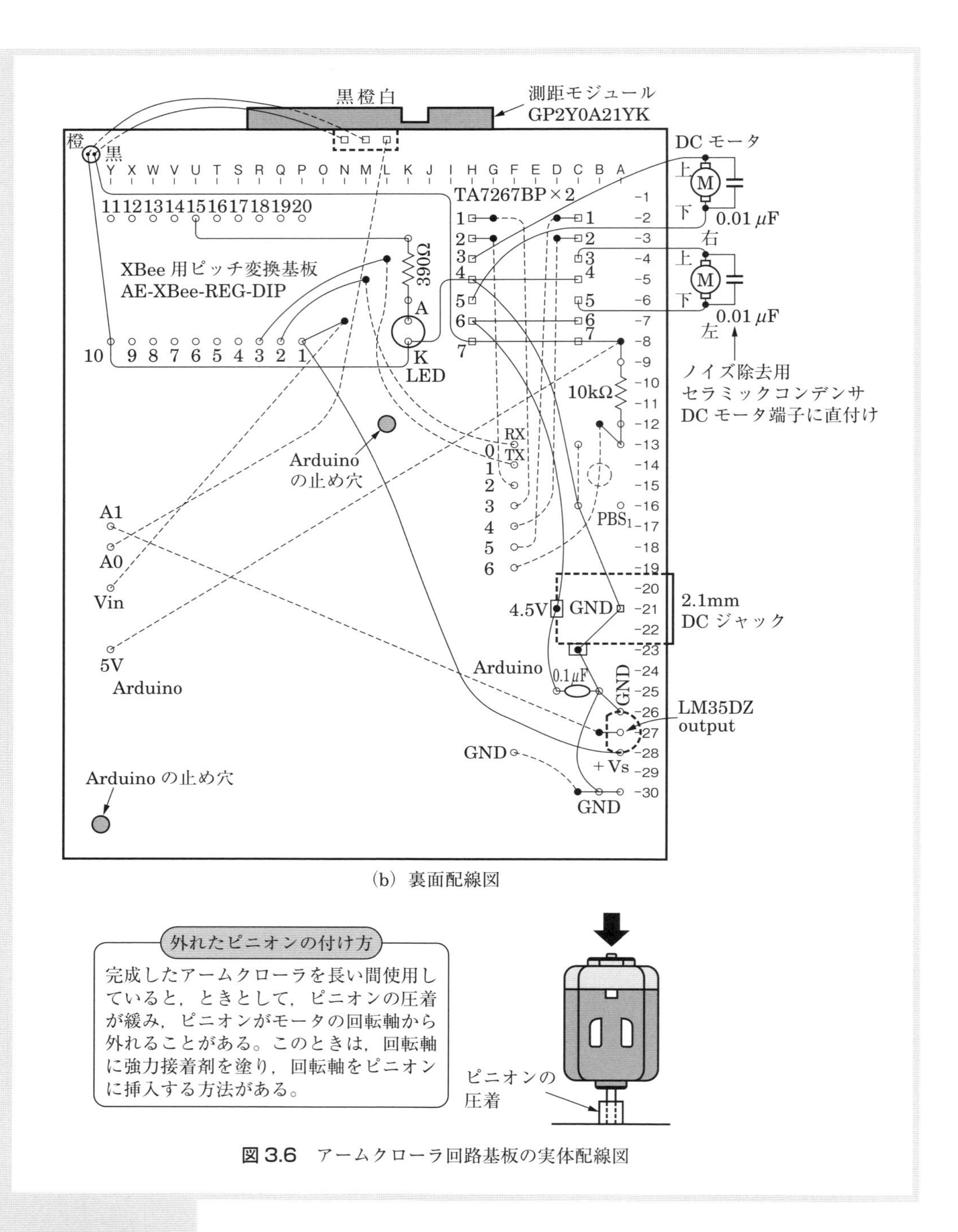

(b) 裏面配線図

外れたピニオンの付け方

完成したアームクローラを長い間使用していると，ときとして，ピニオンの圧着が緩み，ピニオンがモータの回転軸から外れることがある。このときは，回転軸に強力接着剤を塗り，回転軸をピニオンに挿入する方法がある。

ピニオンの
圧着

図 3.6 アームクローラ回路基板の実体配線図

3.4 アームクローラの組み立て

アームクローラ本体の組み立てはタミヤの組み立て説明書に従う。一部異なる個所は，ギヤボックスを別売りの「ツインモータギヤボックス」に変更し，アームクローラ組み立て説明書の応用編を参考にする。付属のギヤボックスと電池ボックスおよびスイッチは使わない。

図 3.7 は，制御回路基板を取り付けるためのビスの穴あけ個所である。3 ミリのドリルで直径 3 mm の穴を開ける[※1]。この穴あけ位置と基板の穴あけ位置は一致しなければならない。多少のずれは基板の穴を少し大きくすればよい[※2]。

図 3.8 は，組み立て側面図である。本体プレートに基板を固定させるには，3 × 40 mm のビス・ナットを 4 組使い，基板と Arduino の固定は 3 × 15 mm のビス・ナットを 2 組使う。

006P 用電池ボックスは，強力両面テープで基板の裏面に貼り付ける。単三形電池ボックス（3 本入り）は本体プレートに強力両面テープで貼り付けるが，段差があるので，下じきを入れる。下じきはタミヤの「ロングユニバーサルアームセット」[※3] を利用できる。

※1 小型電動ドリルを使用

※2 丸ヤスリを使用

※3 ほかの代用品可

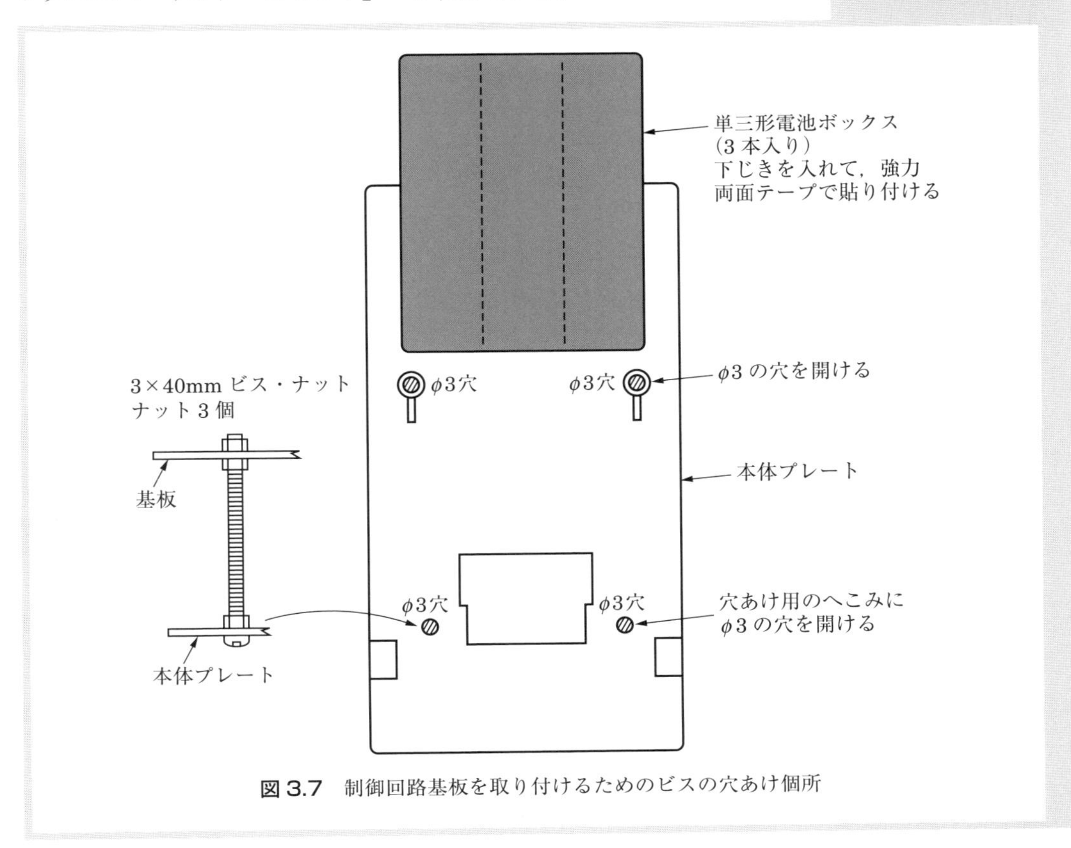

図 3.7 制御回路基板を取り付けるためのビスの穴あけ個所

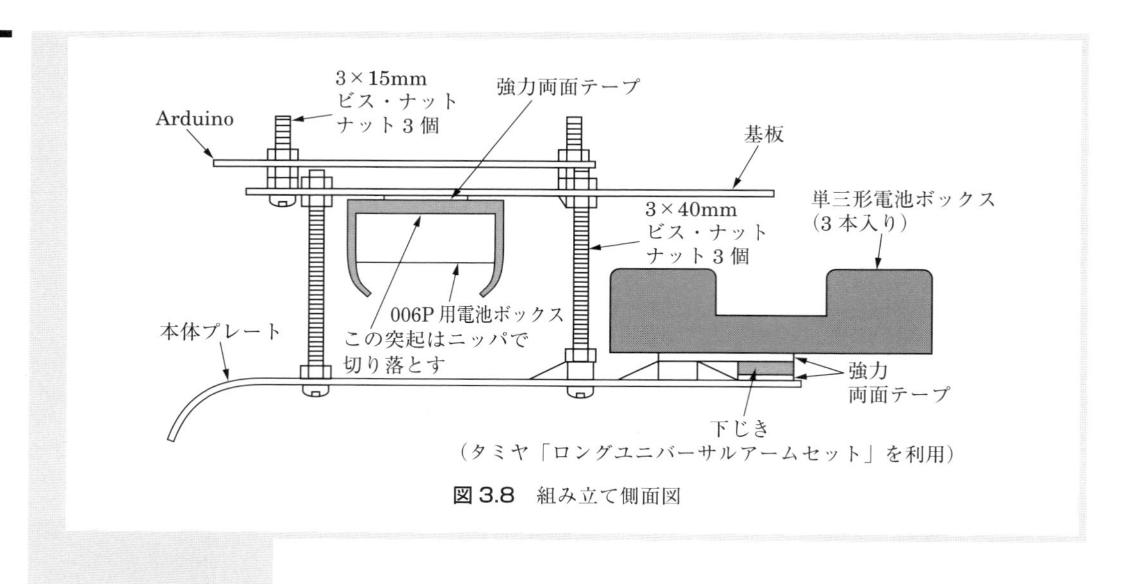

図3.8 組み立て側面図

3.5 パソコンとXBeeエクスプローラUSBによるアームクローラの制御

※1 ここで使うXBeeは3.8節 表3.1と同じ。
- コーディネータⒸ
  0013A200
  40B4523D
- ルータⓇ
  0013A200
  40A6923A

とする。

1.6節に従い，ルータ（XBeeⓇ※1）の設定とコーディネータ（XBeeⒸ※1）の設定をする。このとき，ルータはZigBee Router AT，コーディネータはZigBee Coordinator ATを選択する。

図3.4において，アームクローラ搭載のArduinoには，［プログラム3-2］を書き込んでおく。図3.4のXBeeエクスプローラにはコーディネータのXBeeⒸ，アームクローラの基板にはルータのXBeeⓇがある。

デスクトップにあるXCTUのアイコンをダブルクリックする。1.6節［6］の図1.45，図1.46のコーディネータの書き込み画面が図3.9である。ここからは，2.5節に従い，図2.17の画面にする。

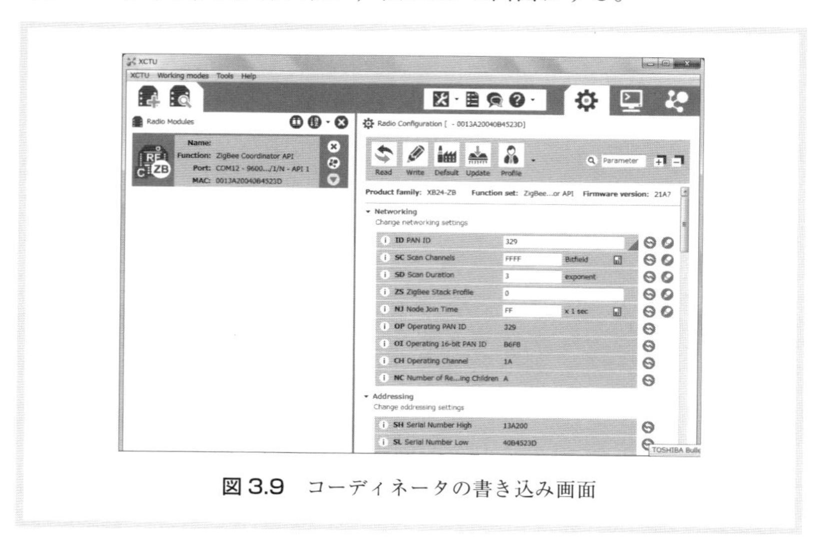

図3.9 コーディネータの書き込み画面

■ 透過モード

図 3.10 の透過モードで操作に示すように，Console log に「＋＋＋」をパソコンのキーボードからタイプし，「OK」が返ってきたら AT コマンド atcn を入力し，「ENTER」キーを押すと透過モードになる。

図 3.10　透過モードで操作

次に，パソコンのキーボードから「A」を入力すると，XBee Ⓒによる無線通信で「A」は XBee Ⓡに伝わり，アームクローラは前進する。「AAA」のように，連続して「A」を入力すると，アームクローラは前進を続ける※。「B」を入力すると，アームクローラは後進する。同様に，「C」は左旋回，「D」は右旋回になる。

※　一定時間前進すると止まる。

アームクローラは測距モジュール（距離センサ）を搭載しているので，「E」を入力すると，「Distance = 38 cm」のようにアームクローラと障害物までの距離を表示する。距離が 80 cm を超えると「Distance = OFF」のように表示する。障害物の色が黒っぽいと距離の表示は実際よりも長くなる。また，距離センサと障害物の角度によっても誤差は生じる。

さらに，アームクローラは IC 化温度センサを搭載しているので，「F」を入力すると，「temperature = 17.61 do c」のようにアームクローラ周辺の温度を表示する。

3.6 XBee 送信回路

図 3.11 は XBee 送信回路で，Arduino を用いずに XBee をダイレクトに使う。図の中のアームクローラの動作に示すように，2 つの押しボタンスイッチを同時に押すことによって，アームクローラは前進，後進，

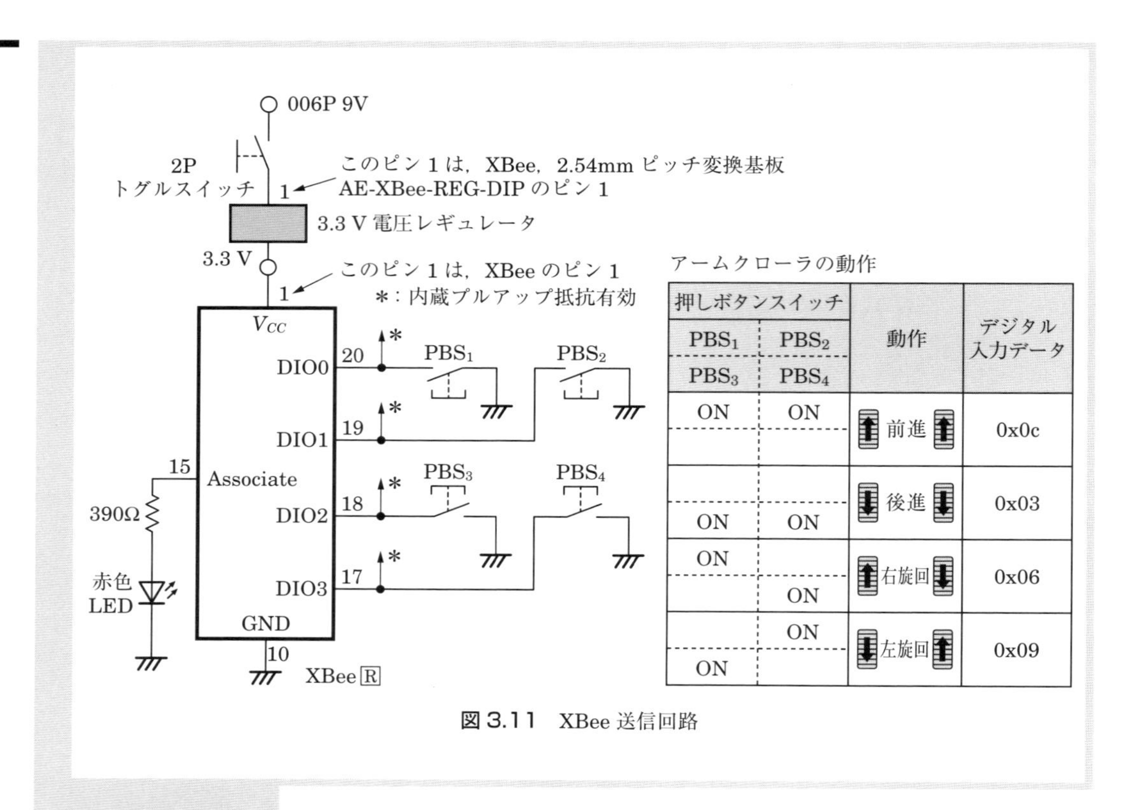

押しボタンスイッチ PBS1	PBS2	PBS3	PBS4	動作	デジタル入力データ
ON	ON			前進	0x0c
		ON	ON	後進	0x03
ON			ON	右旋回	0x06
	ON	ON		左旋回	0x09

図3.11 XBee 送信回路

右旋回，左旋回ができる。

XBee 送信回路は，XBee 内蔵プルアップ抵抗と押しボタンスイッチでデジタル入力回路を形成する。押しボタンスイッチが押されていないと，プルアップ抵抗によってデジタル入力ピンは“HIGH”になっている。押しボタンスイッチを押すと，XBee のデジタル入力ピンは GND につながるので“LOW”になる。

XBee の電源電圧は DC 2.1 V〜3.6 V である。このため，006P 9V 積層アルカリ乾電池による直流電源 9 V を XBee 2.54 mm ピッチ変換基板に付属する電圧レギュレータで 3.3 V に変換し，XBee の電源電圧にする。ピン 15 の LED 回路は，XBee が通信可能状態になると LED が点滅する。

図 3.12 は，XBee 送信機の外観である。XBee 2.54 mm ピッチ変換基板に XBee を差し込む。そのほか，XBee 送信機は電源スイッチ，4 つの押しボタンスイッチ，抵抗，赤色 LED などで構成されている。

XBee 送信機の 4 つある押しボタンスイッチを 2 つずつ押すことによって，アームクローラは，前進，後進，左旋回，右旋回をする。ロボットの前左右にあるアームクローラがそれぞれ路面に合わせて上下に動き，回転しながら走行する。このため，アームクローラは高さ 25 mm 程度までの段差を乗り越えて走破できる。

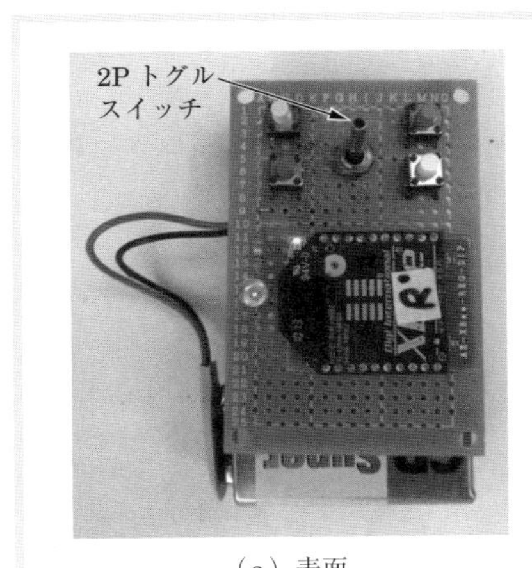

（a）表面　（b）裏面

図 3.12　XBee 送信機の外観

3.7　XBee 送信回路基板の製作

図 3.13 は，XBee 送信回路基板の実体配線図である。電源として，

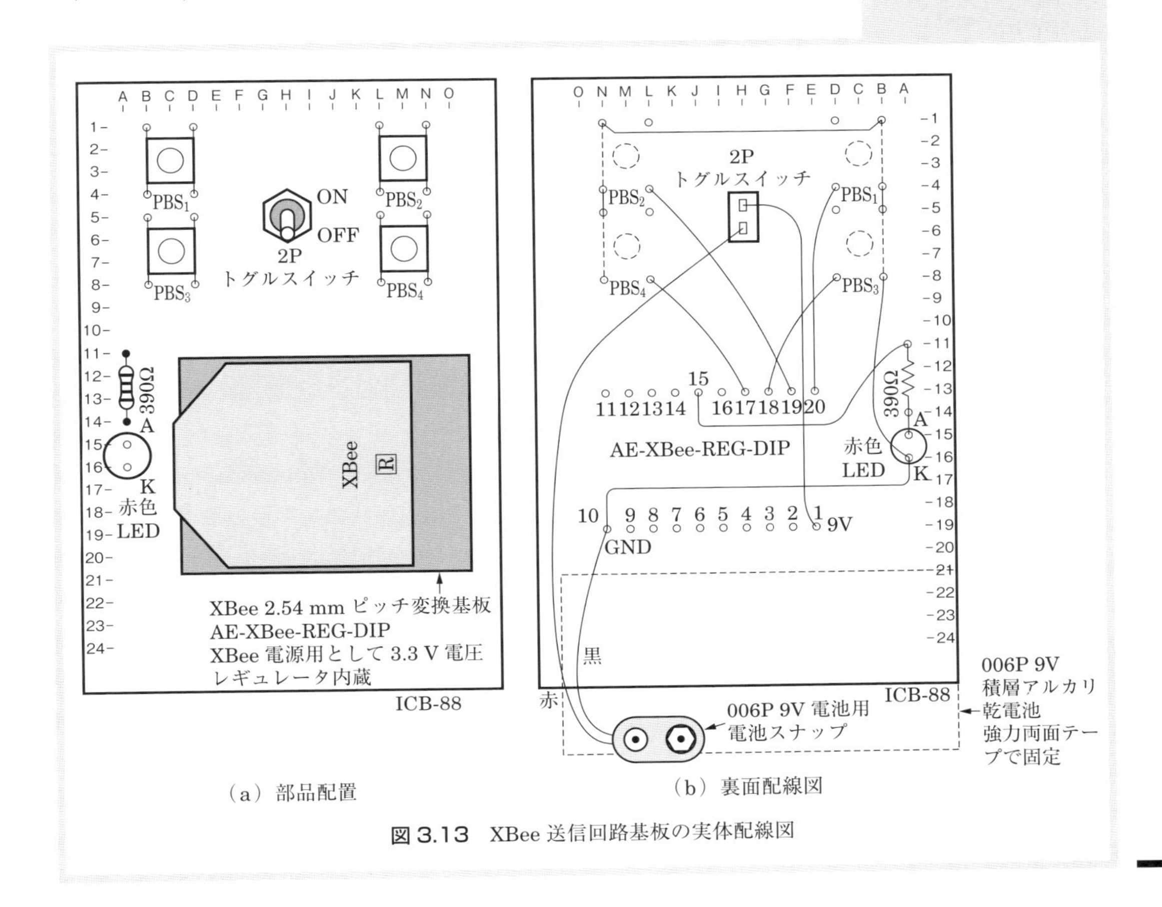

（a）部品配置　（b）裏面配線図

図 3.13　XBee 送信回路基板の実体配線図

006P 9V 積層アルカリ乾電池を基板裏面の下方に設置する。横方向に置き，強力両面テープで貼り付ける。

図 3.14 は XBee 送信回路基板の下方側面図で，基板 ICB-88，XBee 2.54 mm ピッチ変換基板 AE-XBee-REG-DIP，XBee の位置関係を示す。

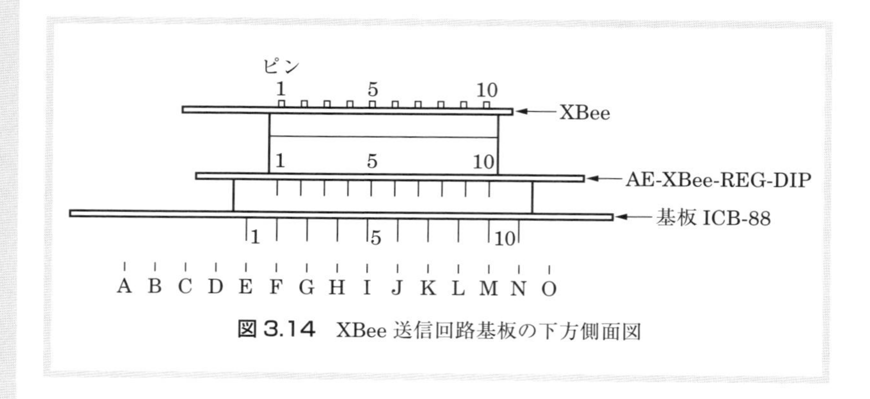

図 3.14 XBee 送信回路基板の下方側面図

3.8 AT モード（透過モード時）と API モードの設定

※ 図 3.4 とは異なり，送信側が XBee Ⓡ，受信側が XBee Ⓒになる。

2.8 節と同様に，送信側（ルータⓇ）の XBee Ⓡ※は，XCTU によって AT モードに設定し，API フレームの内容を細かく指定する。受信側（コーディネータⒸ）の XBee Ⓒ※は，API フレームを受け取る側なので，XCTU によって API モードにする。

送受信に使う XBee のアドレスは表 3.1 のものとする。

表 3.1 XBee のアドレス

XBee	高位アドレス	下位アドレス
コーディネータ Ⓒ	0013A200	40B4523D
ルータ Ⓡ	0013A200	40A6923A

XBee 受信側（コーディネータⒸ）の設定，XBee 送信側（ルータⓇ）の設定は，ともに 2.8 節を参照してほしい。設定の仕方は XBee のアドレスが異なるだけで，あとはまったく同じである。

3.9 ルータからコーディネータに送られた API フレームの確認

表 3.2 は，ルータⓇ（送信側）からコーディネータⒸ（受信側）に送られた API フレームである。この API フレームは次の［プログラム 3-1］で確認できる。コーディネータⒸ側（図 3.5）の Arduino にプログラム

を書き込み，ルータRのXBee送信回路の押しボタンスイッチを図3.11に示すように押す。そして，シリアルモニタで確認する。図3.15のシリアルモニタ画面のようにAPIフレームを見ることができる。開始コード（スタートバイト）の0x7Eはシリアルモニタ画面には出てこない。APIフレームの確認ができたら［プログラム3-3］をコーディネータC側のArduinoに書き込む。

表3.2 ルータRからコーディネータCに送られたAPIフレーム

フレームフィールド		オフセット	例	解　説
開始コード		0	0x7E	スタートバイト。常に0x7E
フレーム長		MSB 1	0x00	フレームタイプからカウントし，チェックサムの直前までのバイト数。例は18バイト
		LSB 2	0x12	
フレームデータ	フレームタイプ	3	0x92	デジタルやアナログのサンプリングデータの受信時に使う（RX入出力データ受信）
	64ビット送信元アドレス	4	0x00	ルータ（送信元）のアドレス 「高位」は0013A200 「下位」は40A6923A
		5	0x13	
		6	0xA2	
		7	0x00	
		8	0x40	
		9	0xA6	
		10	0x92	
		11	0x3A	
	16ビット送信元アドレス	MSB 12	0xC5	ネットワーク内アドレス
		LSB 13	0xB0	
	受信オプション	14	0x01	0x01は確認応答を返す
	サンプル数	15	0x01	サンプル数。常に1
	デジタル・チャネル・マスク	MSB 16	0x00	デジタル・チャネルの使用状況。例は，上位4ビットは0x00，下位4ビットは0x0F
		LSB 17	0x0F	
	アナログ・チャネル・マスク	18	0x00	アナログ・チャネルの使用状況。0x00はアナログ入力は無効
	デジタル・サンプル（存在する場合）	MSB 19	0x00	デジタル・チャネル・マスクが0でない場合，サンプリング・データが入る。下位4ビットは0x0C
		LSB 20	0x0C	
	アナログ・サンプル（存在する場合）		↑今回つめる	A-D変換された値を示す2バイトの値。今回はアナログデータはないので上につめる
チェックサム		21	0x74	フレームの最後のバイト。

▶プログラム 3-1 ▶　XBee API フレームの確認

```
　　＊＊＊プログラムの書き込み時には，Arduino の RX（ピン 0）のジャンパー線を外す。＊＊＊
void setup()                          // 初期設定
{
  Serial.begin(9600);                 // シリアル通信のデータ転送レートを bps(baud) で指定
}
void loop()                           // メインの処理
{
  if(Serial.available() > 21)         // シリアルポートから 0 ～ 22 バイトを受信
  {
   if(Serial.read() == 0x7E)          // シリアルバッファの中のスタートバイト (0x7E) を探
                                      // す。0x7E が見つかったら，次へ行く
    {
     for(int i=1; i<22; i++)          // for 文。i=1 から 21 までループをまわる。i++ は i の
                                      // インクリメント
      {
       Serial.print(Serial.read(), HEX);   // 受信データを読み込み，16 進数で
                                           // シリアルポートに出力
       Serial.print(" ");             // スペースを送信
      }
     Serial.println();                // 改行を送信
    }
  }
}
```

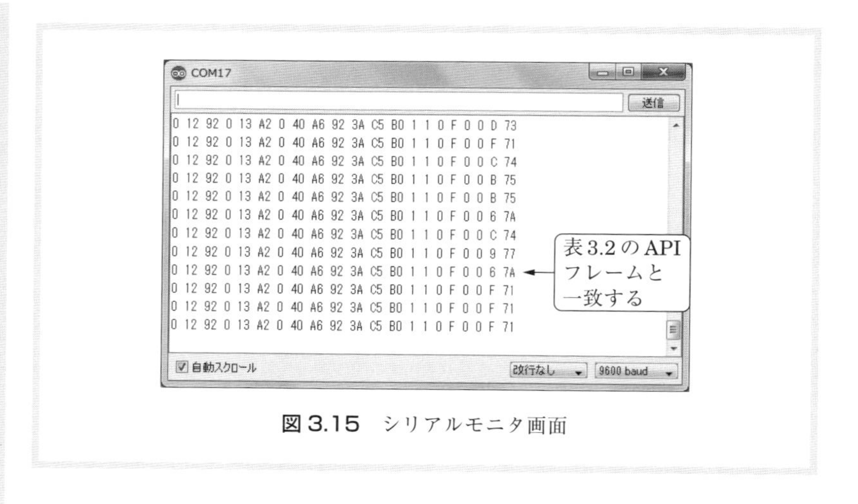

図 3.15　シリアルモニタ画面

3.10　プログラムの作成

［プログラム 3-2］は，温度の測定・表示のほかは［プログラム 2-1］とほぼ同じである。

▶プログラム 3-2 ▶　パソコンと XBee エクスプローラ USB によるアームクローラの制御

＊＊＊プログラムの書き込み時には，Arduino の RX（ピン 0）のジャンパー線を外す。＊＊＊

```
#define analogPin0 0                 // 置き換え (analogPin0 → "0")
#define analogPin1 1                 // 置き換え (analogPin 1 → "1")
#define PBS1 6                       // 置き換え (PBS1 → "6")
int threshold=80;                    // 変数「threshold」は int 型。threshold に 80 を代入
int val,s1;                          // 変数「val」と「s1」は int 型
int value=0;                         // 変数「value」は int 型。value をクリア（0）
int range=0;                         // 変数「range」は int 型。range をクリア（0）
float temperature=0;                 // 変数「temperature」は float 型。temperature をク
                                     // リア（0）
void setup()                         // 関数 setup() は初期設定
{
  Serial.begin(9600);                // シリアル通信のデータ転送レートを bps(baud) で指定
  pinMode(PBS1,INPUT);               // PBS1( ピン 6) を入力に設定
  pinMode(2,OUTPUT);                 // ピン 2 を出力に設定
  pinMode(3,OUTPUT);                 // ピン 3 を出力に設定
  pinMode(4,OUTPUT);                 // ピン 4 を出力に設定
  pinMode(5,OUTPUT);                 // ピン 5 を出力に設定
}
void loop()                          // メインの処理
{
  if(Serial.available()>0)           // シリアルポートに何バイトのデータが到着しているか
                                     // を返す。0 の場合，データはなく，データを受信すると，
                                     // Serial.available の値は 0 より大きくなり，次へ行く
   {
    val=Serial.read();               // Serial.read() は受信データを読み込む。その値を val
                                     // に代入
    if(val=='A')                     // val が 'A' ならば，次へ行く
    {
      digitalWrite(3,HIGH);          // ピン 3 に "HIGH" を出力 ┐
      digitalWrite(2,LOW);           // ピン 2 に "LOW" を出力  │ アームクローラ　前進
      digitalWrite(5,HIGH);          // ピン 5 に "HIGH" を出力 │
      digitalWrite(4,LOW);           // ピン 4 に "LOW" を出力  ┘
      delay(300);                    // タイマ (0.3s)
      digitalWrite(3,LOW);           // ピン 3 に "LOW" を出力  ┐ アームクローラ　停止
      digitalWrite(5,LOW);           // ピン 5 に "LOW" を出力  ┘
    }
    else if(val=='B')                // val が 'B' ならば，次へ行く
    {
      digitalWrite(3,LOW);           // ピン 3 に "LOW" を出力  ┐
      digitalWrite(2,HIGH);          // ピン 2 に "HIGH" を出力 │ アームクローラ　後進
      digitalWrite(5,LOW);           // ピン 5 に "LOW" を出力  │
      digitalWrite(4,HIGH);          // ピン 4 に "HIGH" を出力 ┘
      delay(300);                    // タイマ (0.3s)
      digitalWrite(2,LOW);           // ピン 2 に "LOW" を出力  ┐ アームクローラ 停止
      digitalWrite(4,LOW);           // ピン 4 に "LOW" を出力  ┘
    }
```

```
    else if(val=='C')                  // valが'C'ならば，次へ行く
    {
      digitalWrite(3,HIGH);            // ピン3に"HIGH"を出力 ┐
      digitalWrite(2,LOW);             // ピン2に"LOW"を出力  │
      digitalWrite(5,LOW);             // ピン5に"LOW"を出力  ├ アームクローラ　左旋回
      digitalWrite(4,HIGH);            // ピン4に"HIGH"を出力 ┘
      delay(300);                      // タイマ(0.3s)
      digitalWrite(3,LOW);             // ピン3に"LOW"を出力  ┐ アームクローラ　停止
      digitalWrite(4,LOW);             // ピン4に"LOW"を出力  ┘
    }
    else if(val=='D')                  // valが'D'ならば，次へ行く
    {
      digitalWrite(3,LOW);             // ピン3に"LOW"を出力  ┐
      digitalWrite(2,HIGH);            // ピン2に"HIGH"を出力 │
      digitalWrite(5,HIGH);            // ピン5に"HIGH"を出力 ├ アームクローラ　右旋回
      digitalWrite(4,LOW);             // ピン4に"LOW"を出力  ┘
      delay(300);                      // タイマ(0.3s)
      digitalWrite(2,LOW);             // ピン2に"LOW"を出力  ┐ アームクローラ　停止
      digitalWrite(5,LOW);             // ピン5に"LOW"を出力  ┘
    }
    else if(val=='E')                  // valが'E'ならば，次へ行く
    {
      value=analogRead(analogPin0); // A-D変換。変換されたデジタル値をvalueに代入
      Serial.print("Distance= ");      // 透過モード画面に"Distance= "を表示
      if(value > threshold)            // value > thresholdならば，次へ行く
      {
        range=(6787 / (value-3))-4; // デジタル値「value」を距離に変換し，rangeに代入
        Serial.print(range);           // "Distance= "の右横に，rangeの値を表示
        Serial.println(" cm");         // 続けて右横に"cm"を表示し，改行する
      }
      else                             // 測定範囲に障害物がない場合
        Serial.println("OFF");         // "Distance= "の右横に，"OFF"を表示し，改行する
      delay(300);                      // タイマ(0.3s)
    }
    else if(val=='F')                  // valが'F'ならば，次へ行く
    {
      value=analogRead(analogPin1); // A-D変換。変換されたデジタル値をvalueに代入 1
      temperature=(5.0000*value/1023)*100; // 温度の計算式 ┐
      temperature= temperature+0.500; // 温度の補正       ┘ 2
      Serial.print(" temperature= "); // 透過モード画面に"temperature = "を表示
      Serial.print(temperature);       // "temperature= "の右横にtemperatureの値を表示
      Serial.println(" do c");         // 続けて右横に，" do c"を表示し，改行する
      delay(300);                      // タイマ(0.3s)
    }
  }
  s1=digitalRead(PBS1);                // PBS1の値を読み取り，s1に代入ここから
                                       // アームクローラは自律走行をする

  if(s1==0)                            // s1が0（PBS1がON）ならば，次へ行く
  {
```

```
    while(1)                               // ループ (1)
    {
      digitalWrite(3,HIGH);      // ピン 3 に "HIGH" を出力 ┐
      digitalWrite(2,LOW);       // ピン 2 に "LOW" を出力  │アームクローラ　前進
      digitalWrite(5,HIGH);      // ピン 5 に "HIGH" を出力 │
      digitalWrite(4,LOW);       // ピン 4 に "LOW" を出力  ┘
      delay(100);                          // タイマ (0.1s)
      value=analogRead(analogPin0); // A-D 変換。変換されたデジタル値を value に代入
      if(value >= 532)                     // value >= 532 ならば，次へ行く ❸
      {
        digitalWrite(3,LOW);     // ピン 3 に "LOW" を出力  ┐
        digitalWrite(2,HIGH);    // ピン 2 に "HIGH" を出力 │アームクローラ　後進
        digitalWrite(5,LOW);     // ピン 5 に "LOW" を出力  │
        digitalWrite(4,HIGH);    // ピン 4 に "HIGH" を出力 ┘
        delay(2000);             // タイマ (2s)
        digitalWrite(3,HIGH);    // ピン 3 に "HIGH" を出力 ┐
        digitalWrite(2,LOW);     // ピン 2 に "LOW" を出力  │アームクローラ　左旋回
        digitalWrite(5,LOW);     // ピン 5 に "LOW" を出力  │
        digitalWrite(4,HIGH);    // ピン 4 に "HIGH" を出力 ┘
        delay(2000);             // タイマ (2s)
      }
    }
  }
}
```

▶プログラムの説明

❶ value=analogRead(analogPin1);

analogRead(*pin*) は，指定した *pin*（アナログピン）で，センサからの値を読み取る。ここでは，analogPin1（ピン A1）に入った温度センサからのアナログ電圧を 0～1023 のデジタル値に変換し，変数 value に代入する。

❷ temperature=(5.0000*value/1023)*100;
temperature= temperature+ 0.500;

IC 化温度センサ LM35DZ は，1℃当り 10.0 mV という温度に比例した電圧を出力し，精度は±1℃である。LM35DZ の出力電圧を，直接 Arduino のアナログピン A1 の入力にする。

例えば，室温 20.9℃のとき，LM35DZ の出力電圧は 0.209 V になる。このアナログ電圧 0.209 V を A-D コンバータで A-D 変換すると，デジタル値 value は次のように求めることができる。

Arduino の A-D コンバータは 10 ビットのため，$2^{10} = 1024$ の分解能を持つが，0 を含めるので 1023 が A-D 変換データの最大値になる。

Auduino の電源電圧は 5 V（実測によると 4.9 V の場合もある）。次の計算式が成り立つ。

$$\frac{value}{1023} = \frac{0.209}{5}$$

から value を求めると，

$$value = \left(\frac{0.209}{5}\right) \times 1023 = 42.76$$

value は整数なので，value = 42 になる。value の値 42.76 を 42 にするので，温度に変換すると，多少の誤差ができる。

value = 42 を温度 temperature に変換する計算式は次のようになる。

$$temperature = \left(\frac{5.0000 \times value}{1023}\right) \times 100$$

$$= \left(\frac{5.0000 \times 42}{1023}\right) \times 100 = 20.53\ ℃$$

この値に 0.500 を加えて誤差を補正する。

$$temperature = temperature + 0.500 = 20.53 + 0.500 = 21.03℃$$

この例の室温 20.9℃にほぼ一致する。

3 if (value >= 532)

アームクローラは，前進しているとき，約 8 cm 前方に壁などの障害物があると，障害物を避けるように後進する。測距モジュール GP2Y0A 21YK の距離 L - 出力電圧 V_o 特性から，L = 8 cm のとき V_o は約 2.6 V※になっている。Arduino の A-D コンバータは，アナログ電圧 5 V のときデジタル値 1023 に変換する。そこで，次の計算式が成り立つ。

※ 図 2.7 参照

$$\frac{value}{1023} = \frac{2.6}{5}$$

$$value = \left(\frac{2.6}{5}\right) \times 1023 = 531.96$$

よって，if (value >= 532) とする。

図 3.5 の Arduino に［プログラム 3-3］を書き込む。図 3.11 XBee 送信回路の押しボタンスイッチの操作によって，アームクローラを制御する。

▶プログラム 3-3▶ アームクローラの制御

＊＊＊プログラムの書き込み時には，Arduino の RX（ピン 0）のジャンパー線を外す。＊＊＊

```
#define PBS1 6                    // 置き換え (PBS1 → "6")
#define analogPin 0               // 置き換え (analogPin → "0 ")
int digitalLow,s1,value;          // 変数「digitalLow」,「s1」,「value」は int 型
void setup()                      // 初期設定
{
```

```
  Serial.begin(9600);              // シリアル通信のデータレートを bps(baud) で指定
  pinMode(PBS1,INPUT);             // PBS1( ピン 6) を入力に設定
  pinMode(2,OUTPUT);               // ピン 2 を出力に設定
  pinMode(3,OUTPUT);               // ピン 3 を出力に設定
  pinMode(4,OUTPUT);               // ピン 4 を出力に設定
  pinMode(5,OUTPUT);               // ピン 5 を出力に設定
}
void loop()                        // メインの処理
{
  PORTD=0;                         // PORTD をクリア（0）
  if(Serial.available() > 21)      // シリアルポートから 0 〜 22 バイトを受信
  {
    if(Serial.read()==0x7E)        // シリアルバッファの中のスタートバイト（0x7E）を
                                   // 探す。0x7E が見つかったら，次へ行く
    {
      for(int i=1; i<=19; i++)     // for 文。受信したシリアルバッファの中のスタートバイ
                                   // トを除いた，1〜19 バイトまでの使わない部分を読み
                                   // とばす。
      {
        byte discard=Serial.read(); // 変数「discard」は byte 型
      }
      digitalLow=Serial.read();// 20 バイト目のデジタル値を読み込み，digitalLow に代入
      if(digitalLow == 0x0c)       // digitalLow が 0x0c ならば，次へ行く (0x0c は，送信
                                   // 機の PBS1 と PBS2 が ON のとき )
      {
        digitalWrite(3,HIGH);      // ピン 3 に "HIGH" を出力 ┐
        digitalWrite(2,LOW);       // ピン 2 に "LOW" を出力  │アームクローラ　前進
        digitalWrite(5,HIGH);      // ピン 5 に "HIGH" を出力 │
        digitalWrite(4,LOW);       // ピン 4 に "LOW" を出力  ┘
        delay(500);                // タイマ (0.5s)
        PORTD=0;                   // PORTD をクリア (0)       アームクローラ　停止
      }
      else if(digitalLow == 0x06)    // digitalLow が 0x06 ならば，次へ行く (0x06 は，
                                     // 送信機の PBS1 と PBS4 が ON のとき )
      {
        digitalWrite(3,LOW);       // ピン 3 に "LOW" を出力  ┐
        digitalWrite(2,HIGH);      // ピン 2 に "HIGH" を出力 │アームクローラ　右旋回
        digitalWrite(5,HIGH);      // ピン 5 に "HIGH" を出力 │
        digitalWrite(4,LOW);       // ピン 4 に "LOW" を出力  ┘
        delay(200);                // タイマ (0.2s)
        PORTD=0;                   // PORTD をクリア（0）      アームクローラ　停止
      }
      else if(digitalLow == 0x09)    // digitalLow が 0x09 ならば，次へ行く (0x09 は，
                                     // 送信機の PBS2 と PBS3 が ON のとき )
      {
        digitalWrite(3,HIGH);      // ピン 3 に "HIGH" を出力 ┐
        digitalWrite(2,LOW);       // ピン 2 に "LOW" を出力  │アームクローラ　左旋回
        digitalWrite(5,LOW);       // ピン 5 に "LOW" を出力  │
        digitalWrite(4,HIGH);      // ピン 4 に "HIGH" を出力 ┘
```

```
          delay(200);                    // タイマ(0.2s)
          PORTD=0;                       // PORTD をクリア(0)      アームクローラ 停止
        }
        else if(digitalLow == 0x03)    // digitalLow が 0x03 ならば，次へ行く(0x03 は,
                                       // 送信機の PBS3 と PBS4 が ON のとき)
        {
          digitalWrite(3,LOW);           // ピン 3 に "LOW" を出力   ┐
          digitalWrite(2,HIGH);          // ピン 2 に "HIGH" を出力  │アームクローラ 後進
          digitalWrite(5,LOW);           // ピン 5 に "LOW" を出力   │
          digitalWrite(4,HIGH);          // ピン 4 に "HIGH" を出力  ┘
          delay(500);                    // タイマ(0.5s)
          PORTD=0;                       // PORTD をクリア(0)      アームクローラ 停止
        }
      }
    }
  s1=digitalRead(PBS1);                  // PBS1 の値を読み取り，s1 に代入ここからアームク
                                         // ローラは自律走行をする
  if(s1 == 0)                            // s1 が 0(PBS1 が ON) ならば，次へ行く
  {
    while(1)                             // ループ(1)
    {
      digitalWrite(3,HIGH);              // ピン 3 に "HIGH" を出力  ┐
      digitalWrite(2,LOW);               // ピン 2 に "LOW" を出力   │アームクローラ 前進
      digitalWrite(5,HIGH);              // ピン 5 に "HIGH" を出力  │
      digitalWrite(4,LOW);               // ピン 4 に "LOW" を出力   ┘
      delay(100);                        // タイマ(0.1s)
      value=analogRead(analogPin);  // A-D 変換。変換されたデジタル値を value に代入
      if(value >= 532)                   // value >= 532 ならば，次へいく
      {
        digitalWrite(3,LOW);             // ピン 3 に "LOW" を出力   ┐
        digitalWrite(2,HIGH);            // ピン 2 に "HIGH" を出力  │アームクローラ 後進
        digitalWrite(5,LOW);             // ピン 5 に "LOW" を出力   │
        digitalWrite(4,HIGH);            // ピン 4 に "HIGH" を出力  ┘
        delay(2000);                     // タイマ(2s)
        digitalWrite(3,HIGH);            // ピン 3 に "HIGH" を出力  ┐
        digitalWrite(2,LOW);             // ピン 2 に "LOW" を出力   │アームクローラ 左旋回
        digitalWrite(5,LOW);             // ピン 5 に "LOW" を出力   │
        digitalWrite(4,HIGH);            // ピン 4 に "HIGH" を出力  ┘
        delay(2000);                     // タイマ(2s)
      }
    }
  }
}
```

表 3.3 アームクローラ部品リスト

● XBee 送信機

部品	型番等	規格等	個数	備　考	参考価格
XBee（シリーズ 2）	XBee ZB 2mW PCB アンテナ	秋月電子 XB24-Z7PIT-004	1	秋月電子	2200 円
XBee 2.54mm ピッチ変換基板	AE-XBee-REG-DIP	3.3V 電圧レギュレータ内蔵	1	秋月電子	300 円
ユニバーサル基板	ICB-88		1	サンハヤト　切断加工	120 円
タクトスイッチ			4	秋月電子	10 円
2P トグルスイッチ	MS-243		1	ミヤマ電器	185 円
抵抗	390 Ω	1/4W	1	秋月電子（100 個入）	100 円
LED		赤色 φ5mm	1	秋月電子（10 個入）	120 円
電池スナップ			1	秋月電子	20 円
乾電池	006P 9V	アルカリ電池	1	秋月電子	100 円
その他	リード線，強力両面テープ，すずめっき線				

●アームクローラ本体と制御回路基板

部品	型番等	規格等	個数	備　考	参考価格
アームクローラー工作セット	楽しい工作シリーズ No.211		1	タミヤ（千石電商）	2000 円
ツインモーターギヤーボックス			1	タミヤ（千石電商）	830 円
Arduino UNO	R3		1	秋月電子	2940 円
XBee（シリーズ 2）	XBee ZB 2mW PCB アンテナ	秋月電子 XB24-Z7PIT-004	1	秋月電子	2200 円
XBee 2.54mm ピッチ変換基板	AE-XBee-REG-DIP	3.3V 電圧レギュレータ内蔵	1	秋月電子	300 円
測距モジュール	GP2Y0A21YK		1	秋月電子	450 円
IC 化温度センサ	LM35D2		1	秋月電子	120 円
DC モータドライブ IC	TA7267BP		2	秋月電子（2 個入）	300 円
ユニバーサル基板	ICB-93S		1	サンハヤト	310 円
DC ジャック	MJ-179P	2.1mm 標準	1	秋月電子	40 円
抵抗	390 Ω	1/4W	1	秋月電子（100 個入）	各 100 円
	10k Ω		1		
LED		赤色 φ5mm	1	秋月電子（10 個入）	120 円
DC プラグ		2.1mm 標準	2	秋月電子	30 円
タクトスイッチ			1	秋月電子	10 円
積層セラミックコンデンサ	0.1μF	50V	1	秋月電子（10 本）	100 円
	0.01μF		1	秋月電子 DC モータ直付け（10 本）	100 円
電池ボックス	単三形 3 本	端子リード線仕上げ	1	秋月電子	60 円
	006P	ねじ止めタイプほか 可	1	秋月電子	50 円
電池スナップ			1	秋月電子　必要の場合	20 円
乾電池	単三形	アルカリ電池	3	秋月電子（4 本）	80 円
	006P 9V		1	秋月電子	100 円
ビス・ナット	3 × 15mm		2	ナット計 6 個	
	3 × 40mm		4	ナット計 12 個	
その他	強力両面テープ，ジャンパー線，リード線，すずメッキ線，タミヤ「ロングユニバーサルアームセット」				

第4章 圧電振動ジャイロモジュールを使用したRCサーボ2軸ロボットの製作

4.1 RCサーボ2軸ロボットの制御回路と圧電振動ジャイロの動作原理

図4.1は，圧電振動ジャイロを使用したRCサーボ2軸ロボットの制御回路である。圧電振動ジャイロモジュールは，同時に2軸周りの回転角速度を検出するため，異なる2種類の圧電振動ジャイロを搭載している。圧電振動ジャイロモジュール基板を手に持って，前後，左右に動かすと，この動きに応じて2軸ロボットが動く。

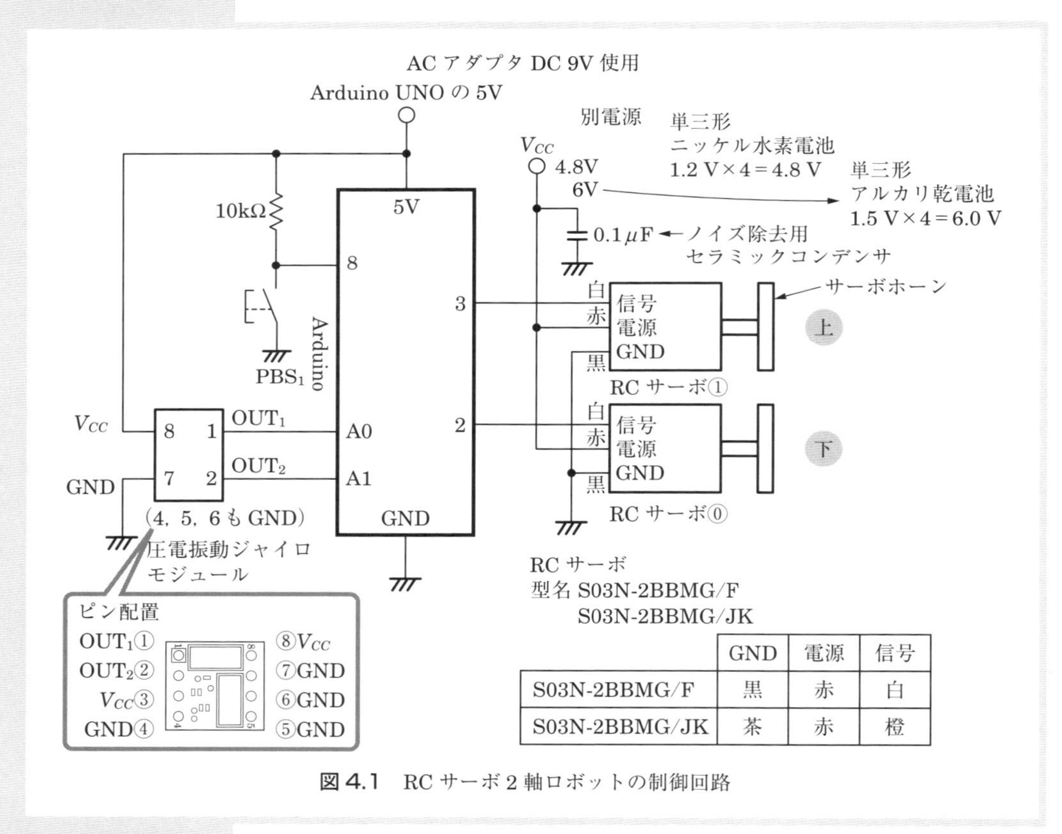

	GND	電源	信号
S03N-2BBMG/F	黒	赤	白
S03N-2BBMG/JK	茶	赤	橙

図4.1 RCサーボ2軸ロボットの制御回路

図4.2は，圧電振動ジャイロの動作原理である。図(a)に示す振り子のように，X軸方向に単振動を繰り返している物体がある。いま，この物体のZ軸まわりに回転角速度を加えてみる。すると，振り子の運動のX軸方向に対し，垂直のY軸方向にコリオリ※1の力※2が発生し，振り子はやがて円を描くように動き出す。

※1 コリオリ（1792 - 1843）フランスの物理学者，数学者
※2 地球が球体で自転しているために起きる見せかけの力

圧電振動ジャイロは，コリオリの力を利用している。図 (b) は，圧電振動ジャイロの電気信号を検出する原理である。圧電セラミック素子に電圧を加えると，X 軸方向に振動を繰り返す。この振動の動きは図 (a) の振り子の振動に相当する。この圧電セラミック素子を Z 軸まわりに回転させると，コリオリの力が Y 軸方向に発生する。すると，Y 軸に貼り合わせた別の圧電セラミック素子はコリオリの力によって歪みが生じ，この歪みを電気信号（電圧）として取り出す。この電圧の大小は回転角速度の大小をあらわし，角速度を検出できる。

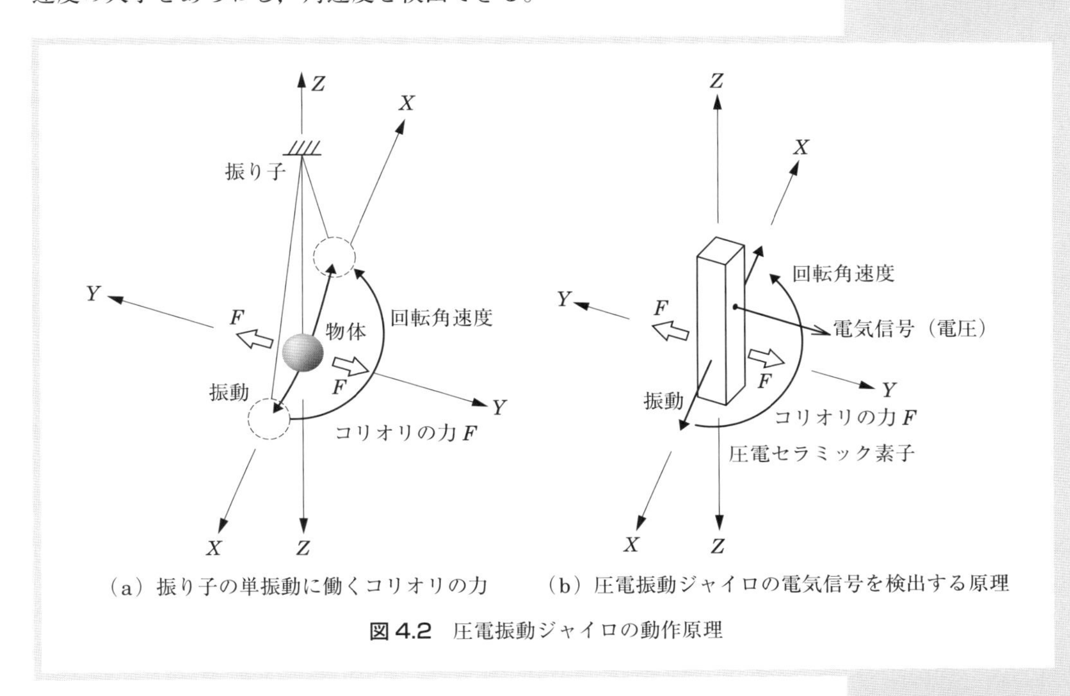

（a）振り子の単振動に働くコリオリの力　（b）圧電振動ジャイロの電気信号を検出する原理

図 4.2　圧電振動ジャイロの動作原理

[1] RC サーボのしくみ

RC サーボは，入力信号端子にパルス周期 10～20 ms の制御パルス (PWM)※を与える必要がある。RC サーボの駆動軸（サーボホーンを取り付ける軸）は，PWM のパルス幅（“H” の時間）に対応した角度になるまで回転するしくみになっている。図 4.3 は，制御パルスの波形とサーボホーンの位置で，パルス周期 $T = 15$ ms としている。パルス幅 T_h = 1.5 ms が中間で，サーボホーンの位置は 0°（中央）になる。$T_h = 0.7$ ms にすると，サーボホーンは中央から約 − 90° の位置に，$T_h = 2.3$ ms にすると，中央から約 + 90° の位置に移動する。

RC サーボの駆動軸の回転範囲は，だいたい ± 90° になっている。範囲外のパルスを加えても，サーボ内部に ± 90° 付近にメカニカルストッパーが入っていて動くことはできない。このため，± 90° の範囲を超えるようなパルス幅にすると，サーボ内部のギヤを破損することもある。

※ Pulse Width Modulation：パルス幅変調

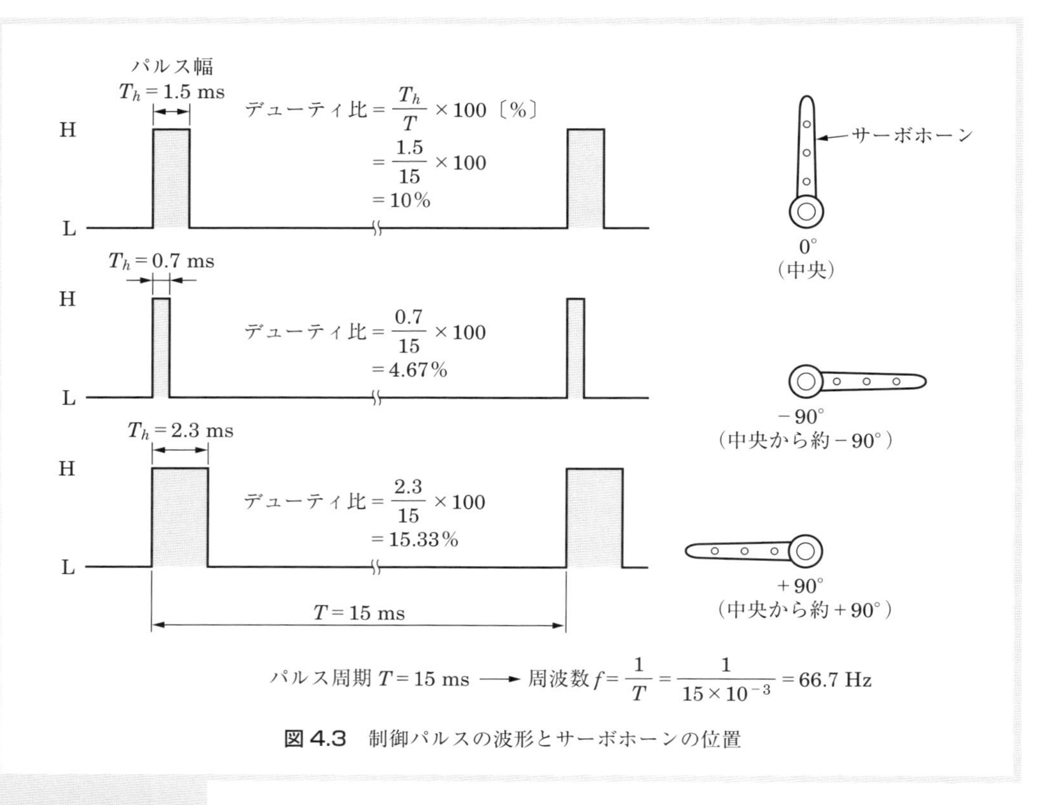

図 4.3　制御パルスの波形とサーボホーンの位置

図 4.4 に RC サーボの外観を示す。

図 4.5 は，RC サーボの構成図である。制御パルス（PWM）のパルス幅に応じて DC モータは回転する。何段かのギヤ機構により減速し，DC モータの駆動軸を動かす。この駆動軸は内部のポテンショメータ（可変抵抗器の一種）と連動し，制御回路に現在の角度を伝える。パルス発生回路により，ポテンショメータの角度に対応したパルス幅のパルスが作られ，パルス幅比較回路で制御パルスのパルス幅と比較される。この 2 つのパルス幅が異なっている場合，制御パルスのパルス幅と一致するように DC モータの駆動軸を回転させる。このように，RC サーボはフィー

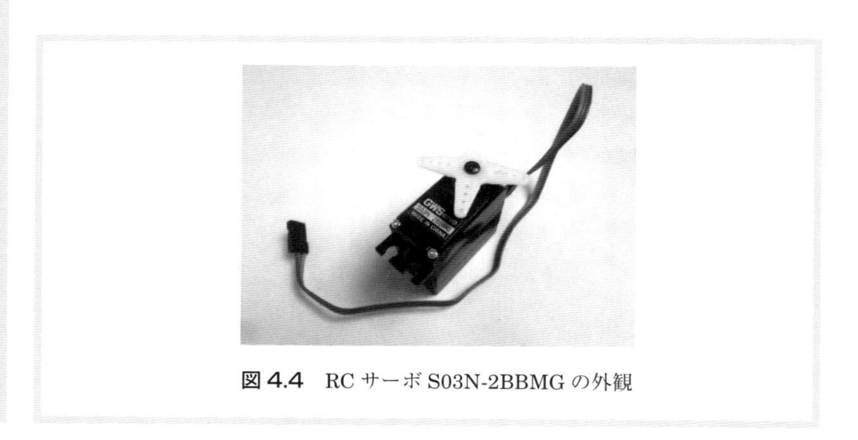

図 4.4　RC サーボ S03N-2BBMG の外観

ドバック制御になっている。

図 4.6 に，圧電振動ジャイロモジュールを示す。

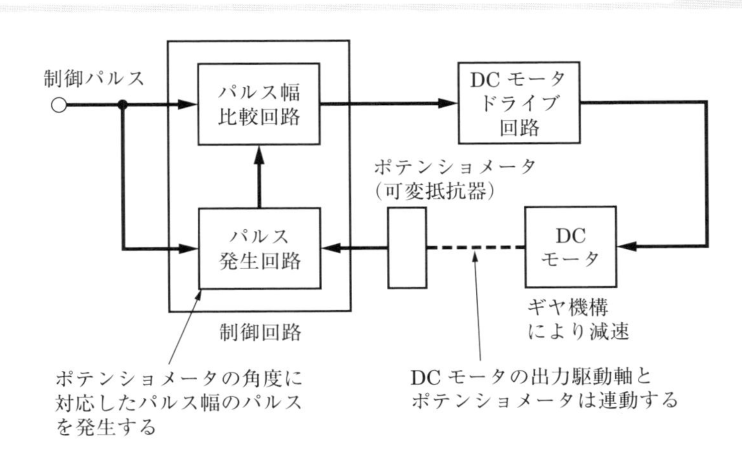

図 4.5　RC サーボの構成図

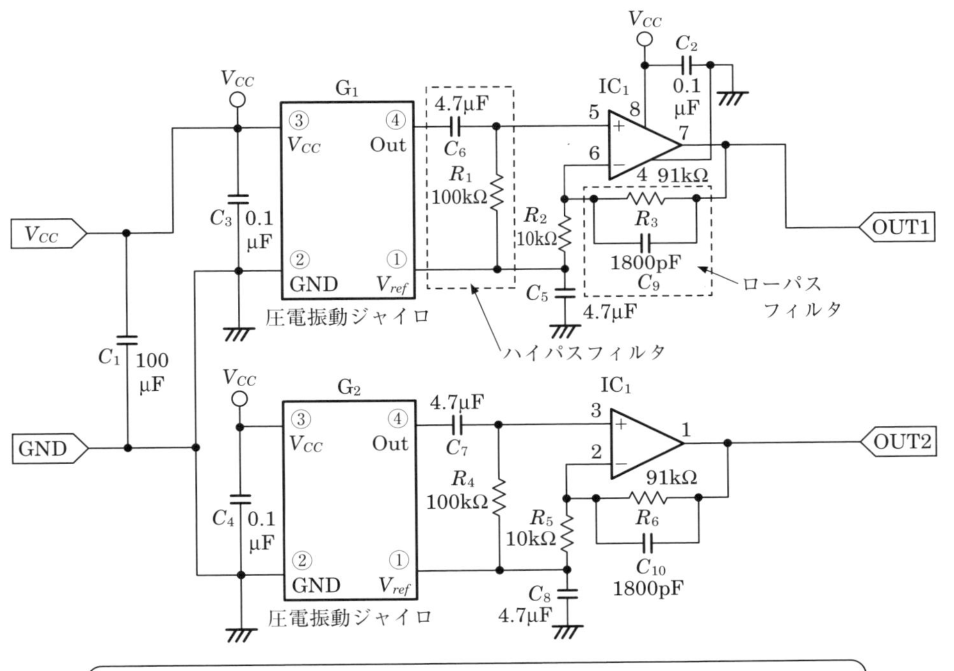

図 4.6　圧電振動ジャイロモジュール

○ 参考資料※（圧電振動ジャイロモジュール）

村田製作所製の圧電振動ジャイロ（ENC-03R）を使用し，ロボット

※　秋月電子通商製作資料より。

などの制御姿勢，カメラの手ぶれ検出，各種動き検出に使用できる。

圧電振動ジャイロ（ENC-03R）

供給電圧：（DC）2.7～5.25 V

検出範囲：± 300 deg./sec

停止時　：1.35 V（DC）

感度　　：0.67 mV/deg./sec

図 4.7 は，RC サーボ 2 軸ロボットの外観である。

図 4.8 は，2 軸ロボットを人形ロボットのようにしたものである。小さな一双の手袋を使い，1 枚は人形の体と腕をあらわしている。頭の部分はもう 1 枚を裏返しにして使っている。

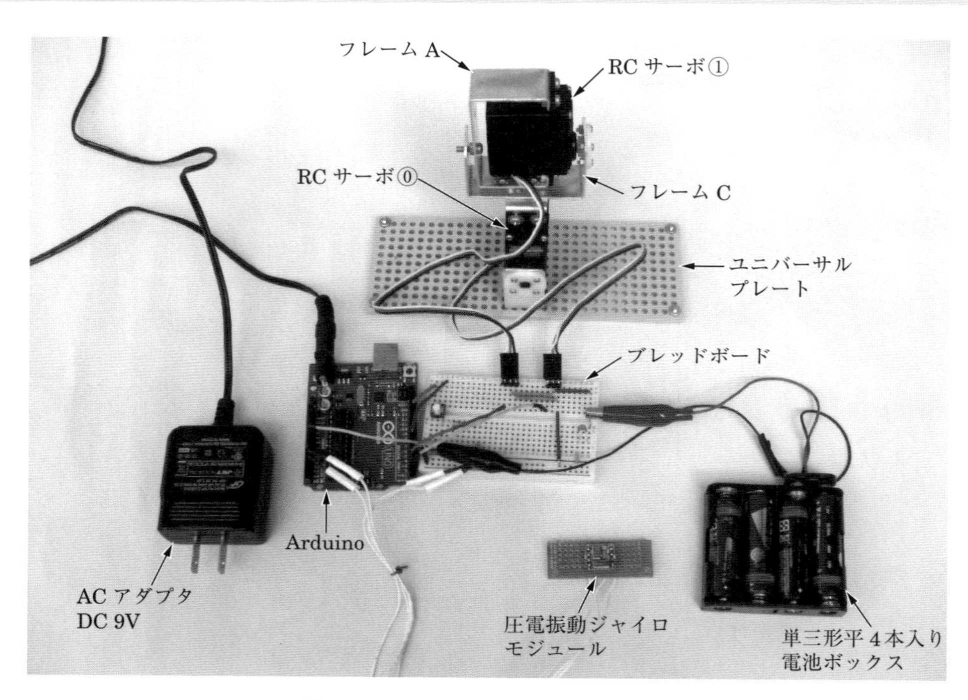

図 4.7　RC サーボ 2 軸ロボットの外観

図 4.8　手袋を使った人形ロボット

4.2 フレームの加工と RC サーボ 2 軸ロボットの組み立て

図 4.9 に，フレーム A，B，C，D の加工を示す。

これらの加工には，工具が必要となる※。

※必要な工具
- 鋼尺（定規）
- 金ノコ
- 金ヤスリ
- 小型電動ドリル
- ドリル
- センタポンチ
- P カッター
- 卓上型バイス（小型万力）
- リーマ
- 丸ヤスリ
- ハンマー
- 角材（木片）

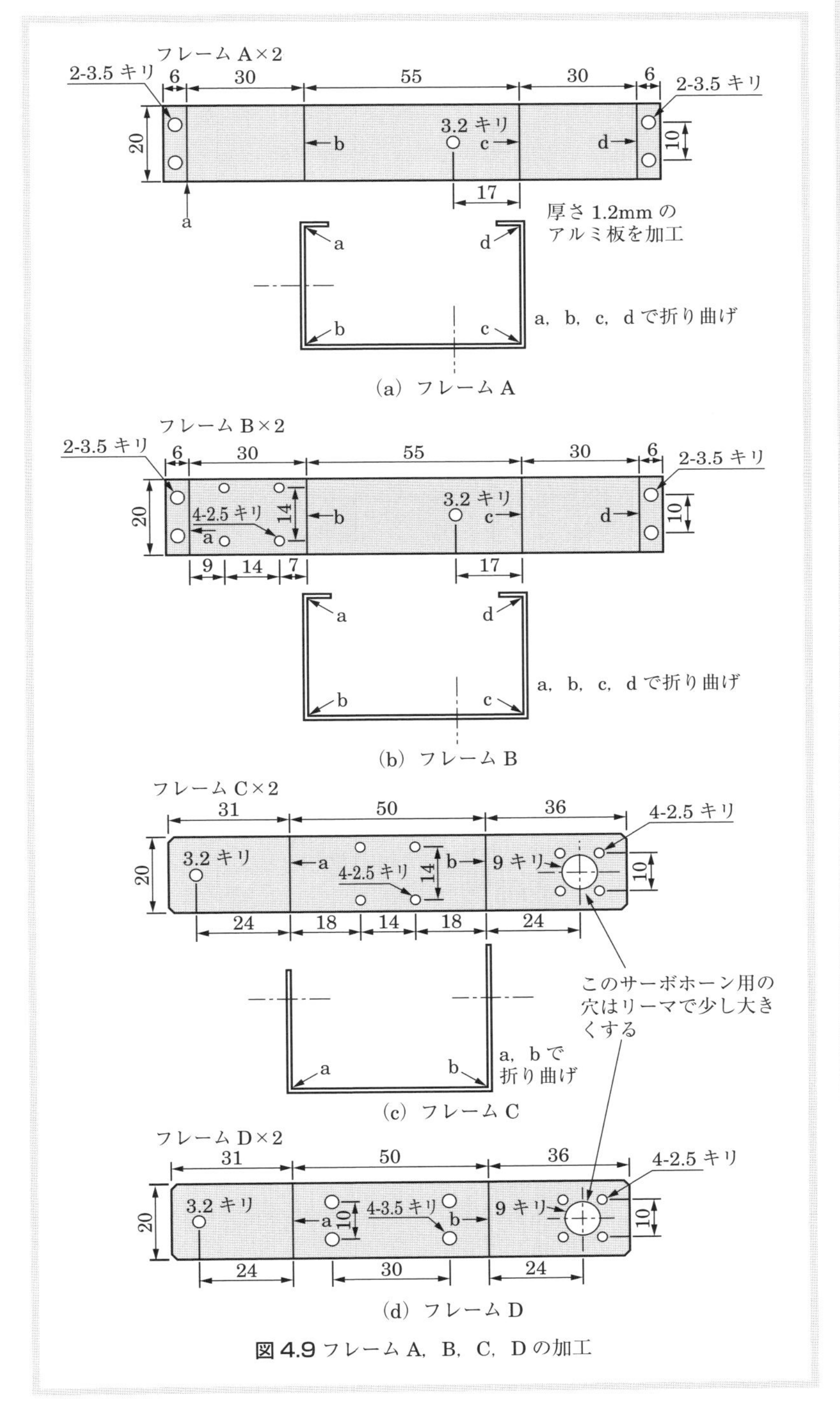

図 4.9 フレーム A，B，C，D の加工

図 4.10 ～図 4.13 は，RC サーボロボットの組み立てである。

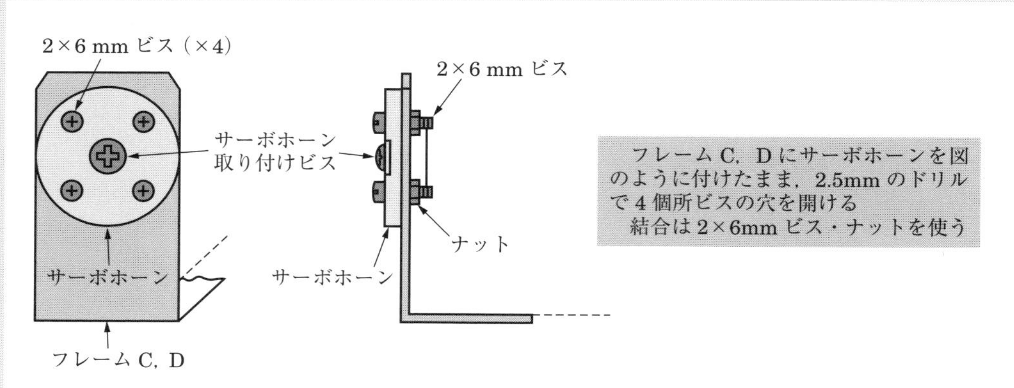

図 4.10　フレーム C，D とサーボホーンの結合

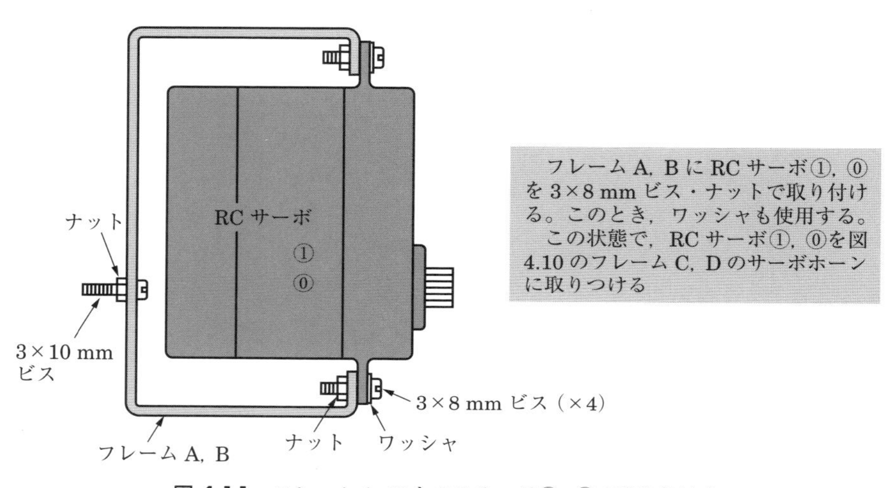

図 4.11　フレーム A，B と RC サーボ①，⓪の取り付け方

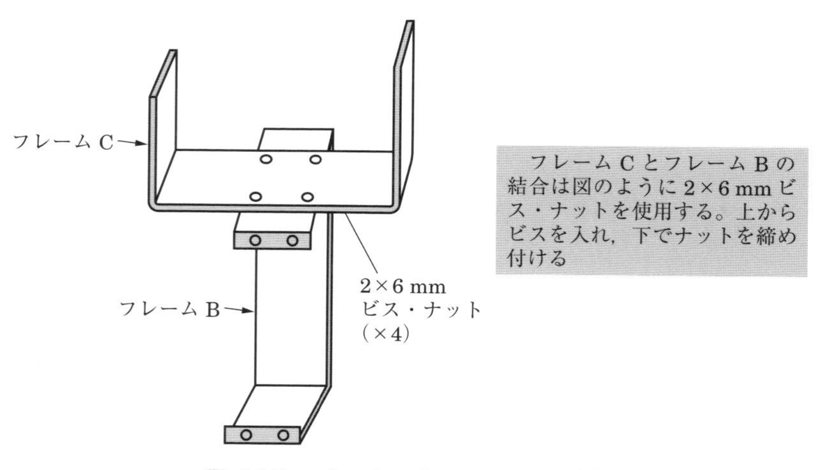

図 4.12　フレーム C とフレーム B の結合

ロボットを組み立てる前に，2つのRCサーボのサーボホーンの位置を中心位置（90°）にしておく。このため，まず回路基板を製作し，［プログラム4-1］も作っておく。2つのRCサーボをピンヘッダに差し込み，押しボタンスイッチ（PBS_1）を押した位置が中心位置（90°）である。

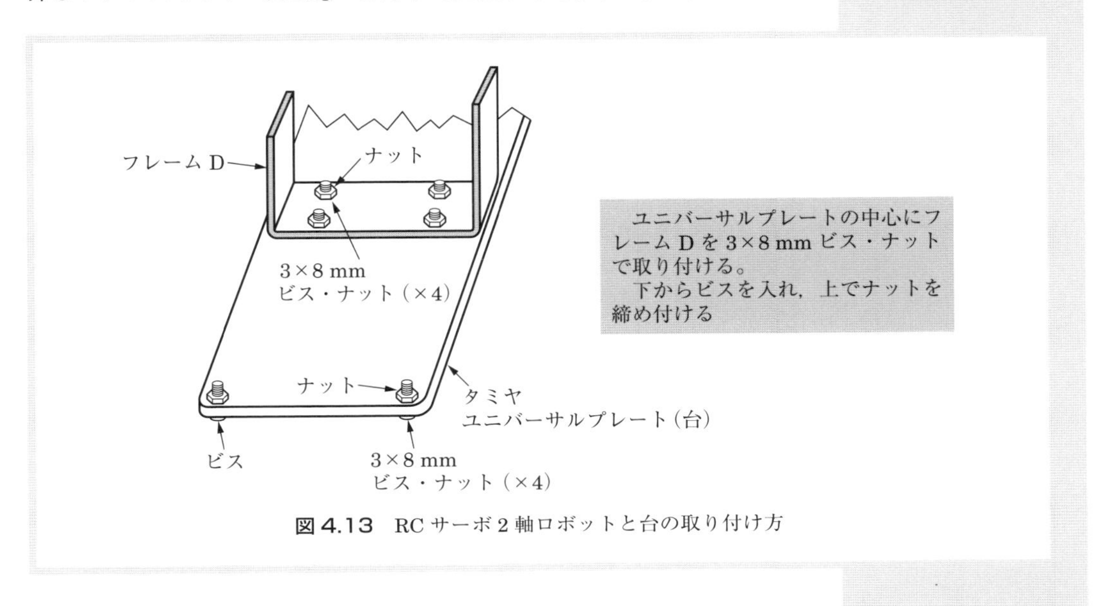

図4.13 RCサーボ2軸ロボットと台の取り付け方

4.3 制御回路基板の製作

図4.14は，圧電振動ジャイロモジュールを取り付ける操作基板である。

図4.15に，RCサーボ2軸ロボットの制御回路の実体配線図を示す。

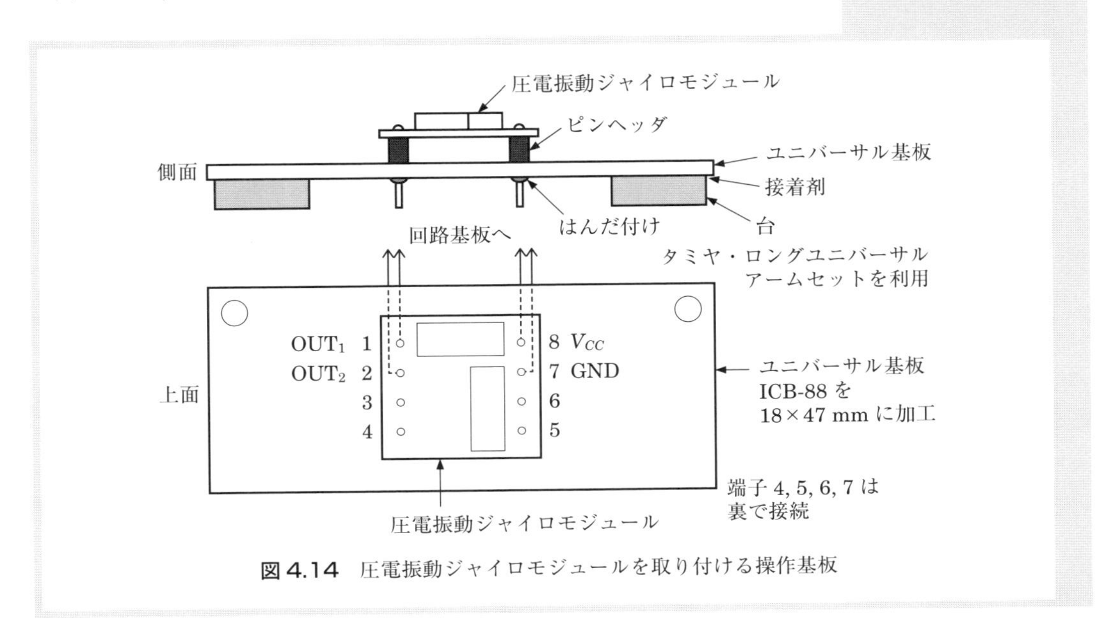

図4.14 圧電振動ジャイロモジュールを取り付ける操作基板

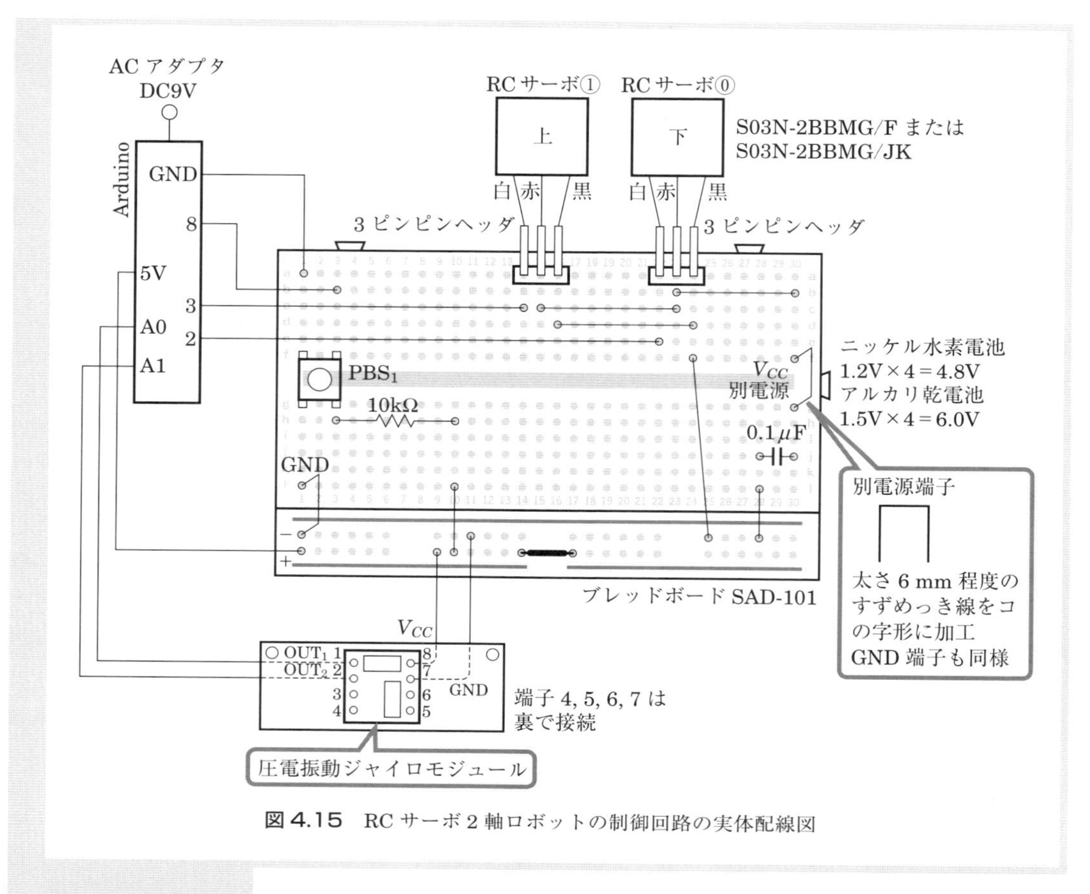

図 4.15　RC サーボ 2 軸ロボットの制御回路の実体配線図

制御回路基板の製作後，図 4.1 の Arduino に［プログラム 4-1］を書き込み，圧電振動ジャイロモジュール基板を手に持って，前後，左右に動かすと，この動きに応じて 2 軸ロボットは動く。

4.4　プログラムの作成 1

▶プログラム 4-1 ▶　圧電振動ジャイロモジュールを使用した RC サーボ 2 軸ロボット

```
    ＊＊＊プログラムの書き込み時には，Arduino の RX（ピン 0）のジャンパー線を外す。＊＊＊
#include <Servo.h>              // ライブラリの読み込み <Servo.h>
#define PBS1 8                  // 置き換え (PBS1 → "8")
#define PBS2 9                  // 置き換え (PBS2 → "9")
#define analogPin0 0            // 置き換え (analogPin0 → "0")
#define analogPin1 1            // 置き換え (analogPin1 → "1")
int value1=0;                   // 変数「value1」は int 型。value1 をクリア (0)
int value2=0;                   // 変数「value2」は int 型。Value2 をクリア (0)
int s1,degree1,degree2;         // 変数「s1」,「degree1」,「degree2」は int 型
Servo servo0,servo1;            // Servo 型の変数は「servo0」,「servo1」にする
void setup()                    // 初期設定
```

```
{
  servo0.attach(2);                  // サーボ変数「servo0」をピン 2 に割り当てる (RC サーボ 0)
  servo1.attach(3);                  // サーボ変数「servo1」をピン 3 に割り当てる (RC サーボ 1)
  pinMode(PBS1,INPUT);               // PBS1( ピン 8) を入力に設定
}
void loop()                          // メインの処理
{
  s1=digitalRead(PBS1);              // PBS1 の値を読み取り，s1 に代入
  if(s1==LOW)                        // s1 が LOW(PBS1 が ON) ならば，次へ行く
  {
    while(1)                         // ループ (1)
    {
      servo0.write(90);              // サーボ出力。servo0 の角度は 90°
      servo1.write(90);              // servo1 の角度は 90°
      value1=analogRead(analogPin0);         // A-D 変換。変換されたデジタル値を
                                             // value1 に代入 ❶
      degree1=map(value1,0,590,30,150);      // map 関数による数値の変換 ❷
      servo0.write(degree1);                 // サーボ出力 (degree1 は角度 ) ❸
      delay(600);                            // タイマ (0.6s)
      servo0.write(90);                      // servo0 の角度は 90°
      servo1.write(90);                      // servo1 の角度は 90°
      value2=analogRead(analogPin1);         // A-D 変換。変換されたデジタル値を
                                             // value2 に代入
      degree2=map(value2,0,590,0,180);       // map 関数による数値の変換
      servo1.write(degree2);                 // サーボ出力 (degree2 は角度 )
      delay(600);                            // タイマ (0.6s)
    }
  }
}
```

▶プログラムの説明

❶ value1=analogRead(analogPin0);

analogRead(*pin*) は，指定した *pin*（アナログピン）で，センサからのアナログ値を読み取る。ここでは，analogPin0（ピン A0）に入った 0～5 V のアナログ電圧を，0～1023 のデジタル値に変換し，変数 value1 に代入する。

❷ degree1=map(value1,0,590,30,150);

構文　map(*value*,*fromLow*,*fromHigh*,*toLow*,*toHigh*)

map 関数は，数値をある範囲から別の範囲に変換する。

value　：変換したい値
fromLow　：現在の範囲の下限
fromHigh　：現在の範囲の上限
toLow　：変換後の範囲の下限
toHigh　：変換後の範囲の上限

ここでは，変換したい値は，デジタル値に変換されたvalue1の読み取り値0～590である。この値をサーボホーンの角度30～150°に変換し，変数degree1に代入する。

◯ 解説

fromHighの値は590である。590は，次のようにして決める。

Arduino UNOのA-Dコンバータは10ビットなので，$2^{10} = 1024$と計算され，0からカウントするので，1023が最大値になる。圧電振動ジャイロの静止時の出力電圧は，実測によると1.44 Vであり，生じた振動の向きによって，1.44 Vを基準にして，プラス・マイナスの高低出力電圧が発生する。ここで，出力電圧の範囲は0～2.88 Vとみなす。

Arduinoの電源電圧は5.0 Vなので，静止時の1.44 Vのデジタル値を計算すると，

$$\frac{\text{value1}}{1023} = \frac{1.44}{5.0} \quad \text{より} \quad \text{value1} = \left(\frac{1.44}{5.0}\right) \times 1023 = 294.6$$

になる。294.6を295とし，このときサーボホーンの角度を90°にする。

1°当りのデジタル値は，計算上 $\frac{295}{90} = 3.277$ になる。

したがって，サーボホーンの角度180°のとき，$3.277 \times 180 = 589.8 \fallingdotseq 590$となる。

3 servo0.write(degree1);

サーボ出力。degree1はサーボの角度で，サーボホーンは30～150°の範囲で回転する。

構文　servo.write(*angle*)

servo：Servo型の変数

angle：サーボの角度（0～180°）

ここでは，Servo型の変数はservo0。サーボの角度*angle*は，degree1の値（30～150°）になる。

4.5 XBee送信回路

図4.16は，XBee送信回路である。XBeeと圧電振動ジャイロモジュールおよび抵抗による分圧回路を使用する。XBeeの電源電圧はDC 2.1 V～3.6 Vなので，XBee 2.54mmピッチ変換基板に付属する3.3 V電圧レギュレータによって，電源電圧を3.3 Vにしている。XBeeのアナログ入力ピンはAD0～AD3までの4本あるが，ここではAD0とAD1を使う。このアナログ入力ピンは，0 Vから最大1.2 Vまでのアナログ電

圧を読み取ることができる。このため，抵抗を2つ使った分圧回路で，XBeeのA-Dコンバータの入力電圧を1.2V以下にしている。

ピン15のLED回路は，XBeeが通信可能状態になるとLEDが点滅する。

図4.16において，圧電振動ジャイロモジュールの出力OUT_1およびOUT_2の静止時の出力電圧は，実測によると1.44Vになっている。生じた振動の向きによって，1.44Vを基準にして，プラス・マイナスの高低出力電圧が発生する。ここで，出力電圧の範囲は0～2.88Vとみなす。

AD0のアナログ入力電圧V_1は次の式で計算できる。圧電振動ジャイロモジュールの出力OUT_1の電圧をV_oとすると，

$$V_1 = \frac{5.6}{5.6+10} \times V_o$$

$V_o = 1.44$ Vでは，$V_1 = \frac{5.6}{5.6+10} \times 1.44 = 0.517$ V

$V_o = 2.88$ Vでは，$V_1 = \frac{5.6}{5.6+10} \times 2.88 = 1.034$ V

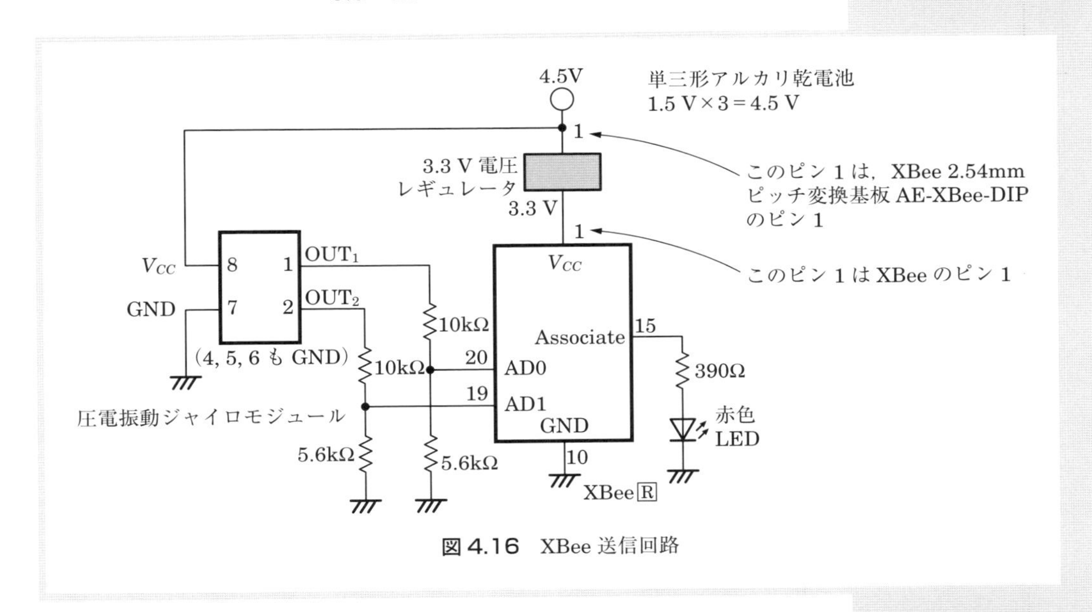

図4.16　XBee送信回路

アナログ入力ピンAD0が読み取ることのできる最大アナログ入力電圧は1.2Vであり，このとき，XBeeのA-Dコンバータは，デジタル値1023に変換する。アナログ入力電圧$V_1 = 0.517$ Vのときの変換デジタル値value1は次の式で計算できる。

$$\frac{\text{value1}}{1023} = \frac{0.517}{1.2}$$

$$1.2 \times \text{value1} = 1023 \times 0.517$$

$$\text{value1} = 441$$

同様に，$V_1 = 1.034\ \mathrm{V}$ のときの変換デジタル値は次のように計算できる。

$$\frac{\text{value1}}{1023} = \frac{1.034}{1.2}$$

$$1.2 \times \text{value1} = 1023 \times 1.034$$

$$\text{value1} = 881$$

圧電振動ジャイロモジュールが振動することにより，AD0 に入ったアナログ電圧は XBee の A-D コンバータでデジタル値に変換され，XBee 送信回路から XBee 受信回路に送信される。

図 4.17 は XBee 送信回路の外観で，図 4.18 にブレッドボードを使った XBee 送信回路の実体配線図を示す。ここでは，XBee 2.54 mm ピッチ変換基板は 3.3 V 電圧レギュレータ内蔵のものを使っている。ピッチ変換基板には，3.3 V 電圧レギュレータが付いていないものもある。この場合，実体配線図は，図 4.18 とは異なり 3.3 V 程度の電源に限定される。XBee の電源電圧の最大値は 3.6 V なので，注意が必要である。

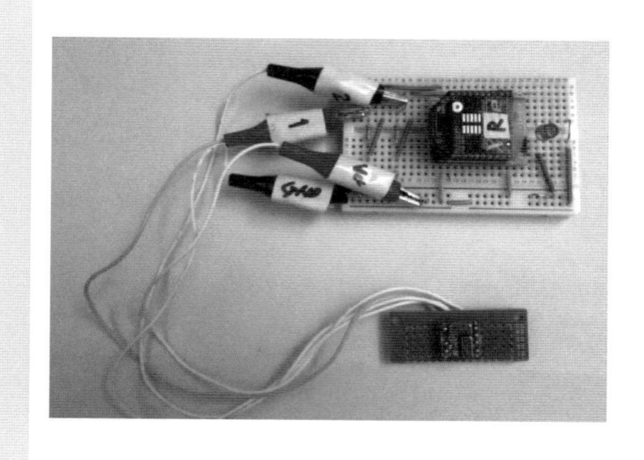

分圧

図のように，抵抗 R_1 と R_2 が直列接続された両端に電源電圧 V_{CC} を印加したとする。分圧とは，R_1 と R_2 によって，電源電圧 V_{CC} を V_1 と V_2 に分けることである。V_{OUT} は次式であらわすことができる。

$$V_{OUT} = V_1 = \frac{R_1}{R_1 + R_2} \cdot V_{CC}\ [\mathrm{V}]$$

V_{CC}, R_2, R_1, V_2, V_1, V_{OUT}

図 4.17　XBee 送信回路の外観

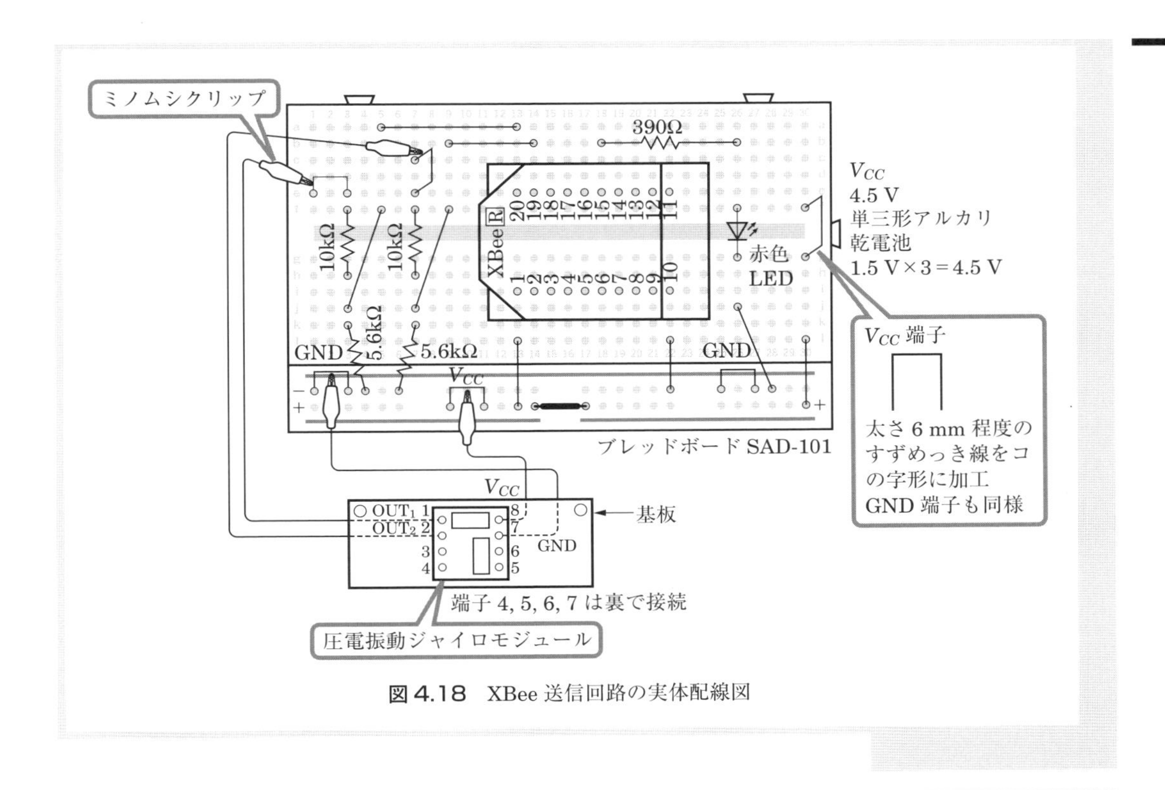

図 4.18　XBee 送信回路の実体配線図

4.6　XBee 受信回路による RC サーボ 2 軸ロボットの制御回路

図 4.19 は，XBee 受信回路による RC サーボ 2 軸ロボットの制御回路

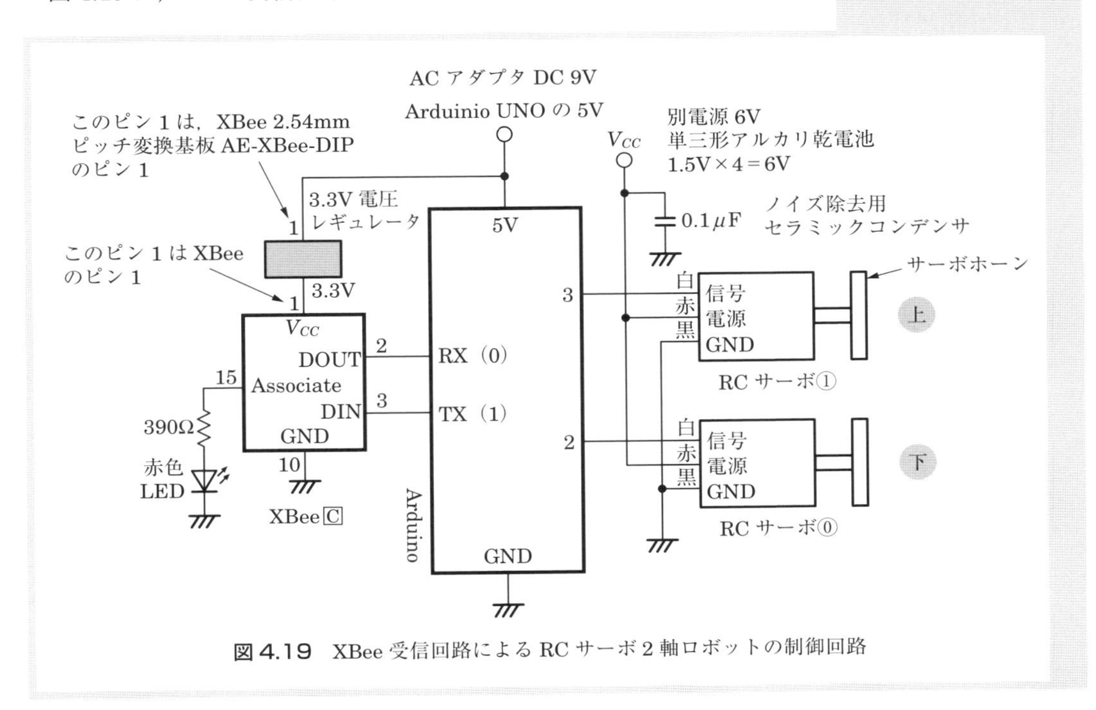

図 4.19　XBee 受信回路による RC サーボ 2 軸ロボットの制御回路

である。XBee送信回路のXBee Ⓡからの無線通信データをXBee受信回路のXBee Ⓒで受け取り，［プログラム4-3］にしたがってRCサーボ2軸ロボットを駆動させる。

図4.20に，ブレッドボードによるRCサーボ2軸ロボットの制御回路の実体配線図を示す。

図4.21は，RCサーボ2軸ロボットと制御回路の外観である。

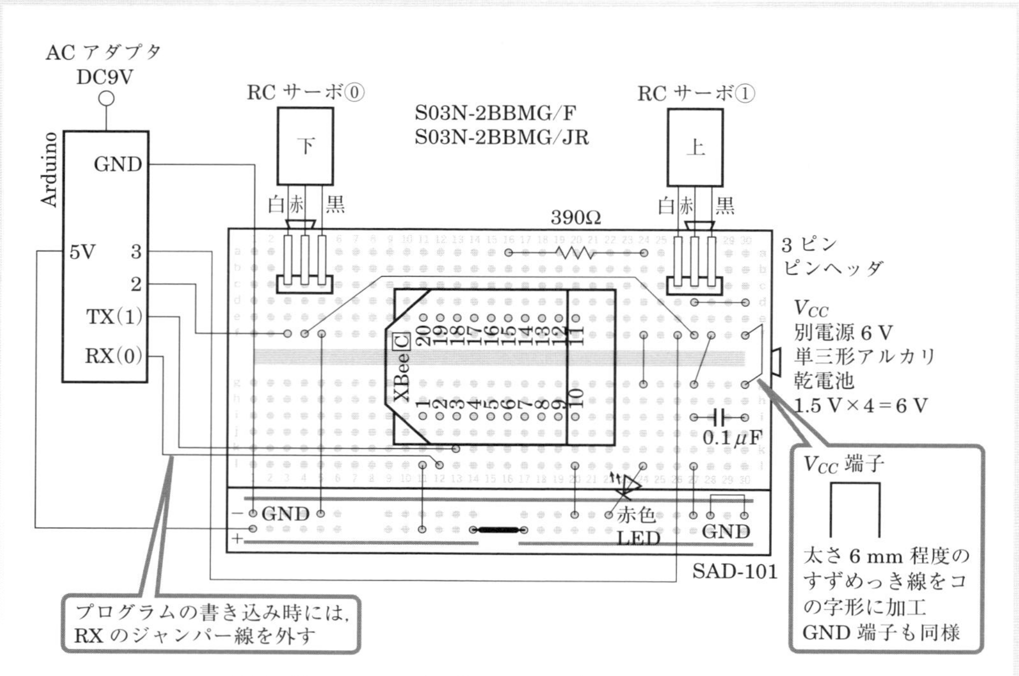

図4.20　RCサーボ2軸ロボットの制御回路の実体配線図

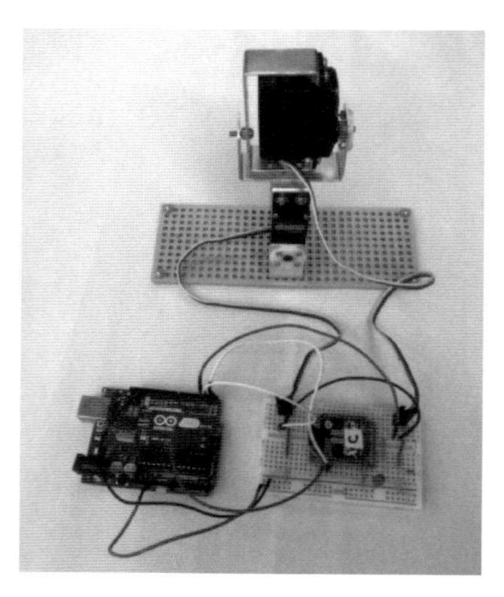

図4.21　RCサーボ2軸ロボットと制御回路の外観

4.7 ATモード（透過モード時）とAPIモードの設定

2.8節と同様に，送信側（ルータⓇ）のXBeeは，XCTUによってATモードに設定し，APIフレームの内容を細かく指定する。受信側（コーディネータⓒ）のXBeeは，APIフレームを受け取る側なので，XCTUによってAPIモードにする。

送受信に使うXBeeのアドレスは表4.1とする。

表4.1　XBeeのアドレス

XBee	高位アドレス	下位アドレス
コーディネータ C	0013A200	40B33F58
ルータ R	0013A200	40BBB682

XBee受信側（コーディネータⓒ）の設定，XBee送信側（ルータⓇ）の設定は，ともに2.8節を参照してほしい。ここでは，書き込み画面を中心に簡単に述べる。

[1] XBee受信側（コーディネータ側）の設定

図4.22のファームウェアの更新画面において，「Product family」は「XB24-ZB」，「Function set」は「ZigBee Coordinator API」，「Firmware version」は「21A7」を選択し，「Update」をクリックする。

図4.23は，コーディネータの書き込み画面である。

設定を一括してXBeeモジュールに書き込むために，Working areaの上部にある「設定の書き込み（Write）」ボタンをクリックする。

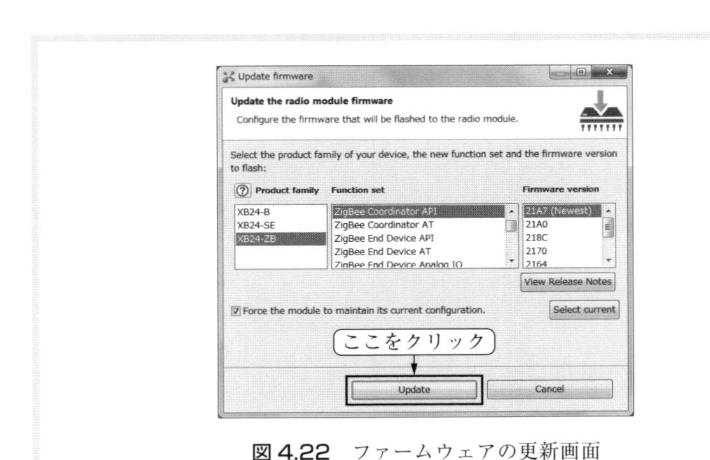

図4.22　ファームウェアの更新画面

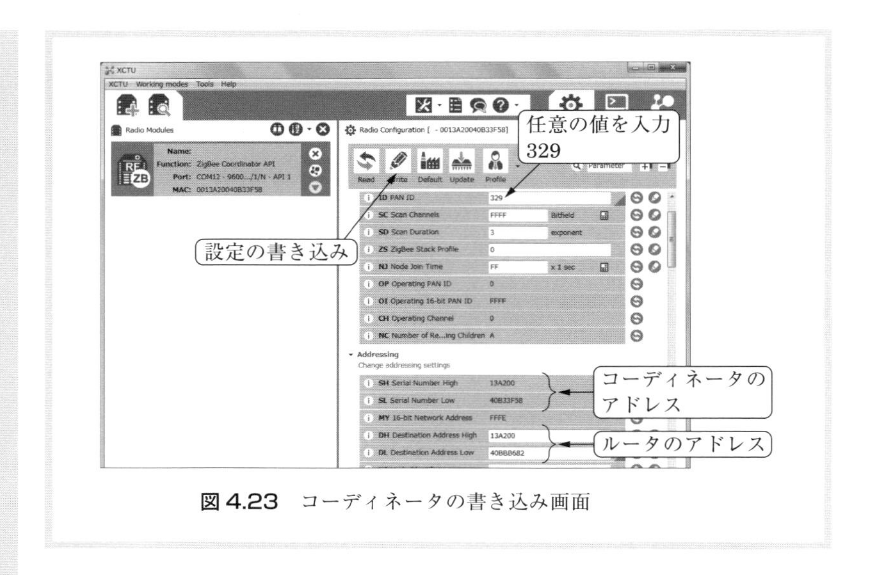

図 4.23　コーディネータの書き込み画面

[2] XBee 送信側（ルータ）の設定

図 4.24 のファームウェアの更新画面において,「Product family」は「XB24-ZB」,「Function set」は「ZigBee Router AT」,「Firmware version」は「22A7」を選択し,「Update」をクリックする。

図 4.25, 図 4.26, 図 4.27 は, ルータの書き込み画面である。

設定を一括して XBee モジュールに書き込むために, Working area の上部にある「設定の書き込み (Write)」ボタンをクリックする。

図 4.24　ファームウェアの更新画面

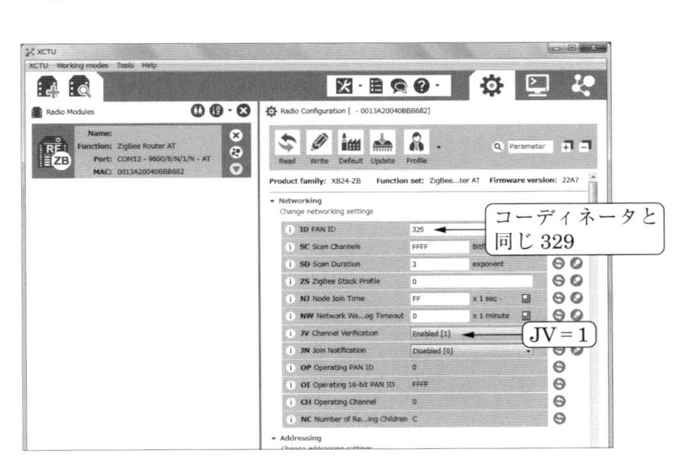

図 4.25　ルータの書き込み画面（1）

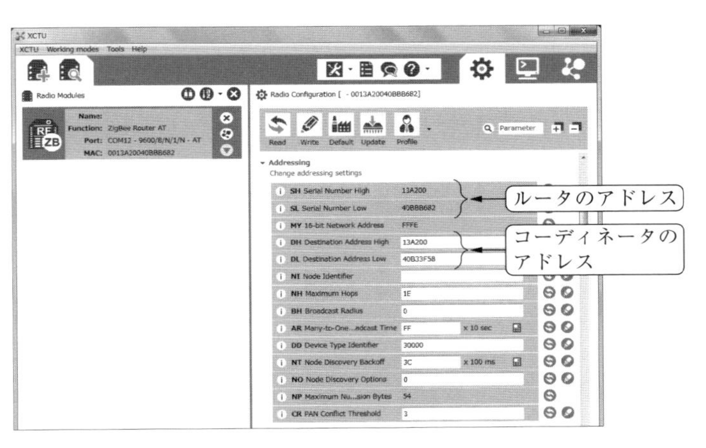

図 4.26　ルータの書き込み画面（2）

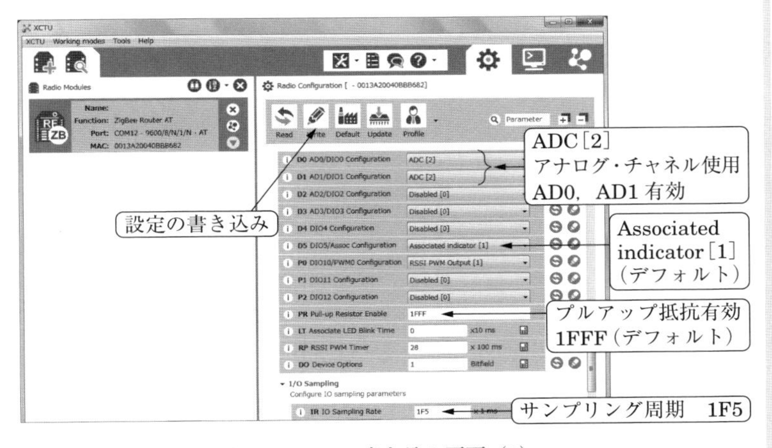

図 4.27　ルータの書き込み画面（3）

4.8 ルータからコーディネータに送られたAPIフレームの確認

表4.2は，ルータⓇ（送信側）からコーディネータⓒ（受信側）に送られたAPIフレームである。このAPIフレームは次の［プログラム4-2］で確認できる。コーディネータ側のArduinoにプログラムを書き込み，ルータ側のXBee送信回路の圧電振動ジャイロモジュールを前後，左右に動かす。そして，シリアルモニタで確認する。図4.28のシリアルモニタ画面のようにAPIフレームを見ることができる。開始コード（スタートバイト）の0x7Eはシリアルモニタ画面には出てこない。

表4.2　ルータ側からコーディネータ側に送られたAPIフレーム

フレームフィールド		オフセット	例	解　説
開始コード		0	0x7E	スタートバイト。常に0x7E
フレーム長		MSB 1	0x00	フレームタイプからカウントし，チェックサムの直前までのバイト数。例は20バイト
		LSB 2	0x14	
フレームデータ	フレームタイプ	3	0x92	デジタルやアナログのサンプリングデータの受信時に使う（RX入出力データ受信）
	64ビット送信元アドレス	4	0x00	ルータ（送信元）のアドレス 「高位」は0013A200 「下位」は40BBB682
		5	0x13	
		6	0xA2	
		7	0x00	
		8	0x40	
		9	0xBB	
		10	0xB6	
		11	0x82	
	16ビット送信元アドレス	MSB 12	0x87	ネットワーク内アドレス
		LSB 13	0x53	
	受信オプション	14	0x01	0x01は確認応答を返す
	サンプル数	15	0x01	サンプル数。常に1
	デジタル・チャネル・マスク	MSB 16	0x00	デジタル・チャネルの使用状況。例えば，0x00はデジタル入力無効
		LSB 17	0x00	
	アナログ・チャネル・マスク	18	0x03	アナログ・チャネルの使用状況。下位2ビット有効，AD0，AD1有効
	デジタル・サンプル（存在する場合）		今回つめる ↑	デジタル・チャネル・マスクが0なので，デジタル・サンプルは存在しない
	アナログ・サンプル（存在する場合）	MSB 19 LSB 20 MSB 21 LSB 22	0x03 0xFF 0x02 0x32	2本のアナログピンAD0とAD1を使うので，全部で4バイトのデータを受信する。各サンプルは2バイトからなり，計4バイトになる。今回はデジタルデータはないので上につめる
チェックサム		23	0x70	フレームの最後のバイト

▶プログラム 4-2 ▶　XBee API フレームの確認

```
　　＊＊＊プログラムの書き込み時には，Arduino の RX（ピン 0）のジャンパー線を外す。＊＊＊
void setup()                        // 初期設定
{
  Serial.begin(9600);               // シリアル通信のデータ転送レートを bps(baud) で指定
}
void loop()                         // メインの処理
{
  if(Serial.available() > 23)       // シリアルポートから 0 ～ 24 バイトを受信
  {
    if(Serial.read() == 0x7E)       // シリアルバッファの中のスタートバイト (0x7E) を探
                                    // す。0x7E が見つかったら，次へ行く
    {
      for(int i=1; i<24; i++)       // for 文。i=1 から 23 までループをまわる。i++ は i の
                                    // インクリメント
      {
        Serial.print(Serial.read(), HEX); // 受信データを読み込み，16 進数でシ
                                          // リアルポートに出力
        Serial.print(" ");          // スペースを送信
      }
      Serial.println();             // 改行を送信
    }
  }
}
```

図 4.28 は，シリアルモニタ画面である。

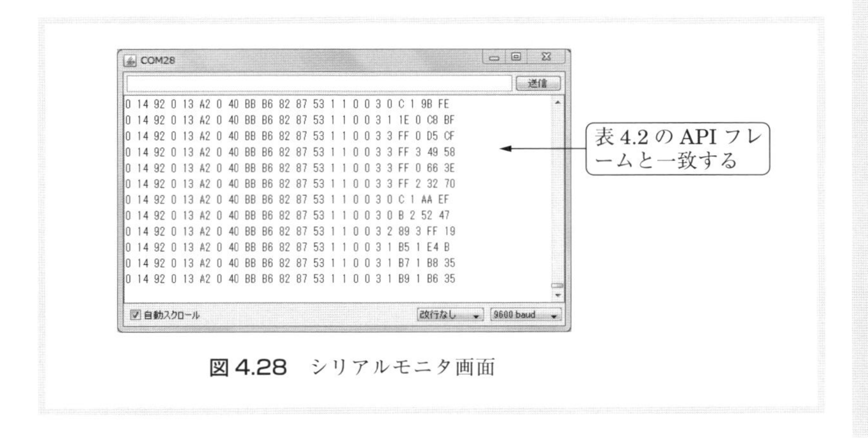

図 4.28　シリアルモニタ画面

4.9　プログラムの作成 2

図 4.19 の Arduino に［プログラム 4-3］を書き込む。図 4.16　XBee 送信回路の圧電振動ジャイロモジュールの動きに応じて，2 軸ロボットは動く。

▶プログラム 4-3 ▶　XBee による RC サーボ 2 軸ロボットの制御

＊＊＊プログラムの書き込み時には，Arduino の RX（ピン 0）のジャンパー線を外す。＊＊＊

```
#include <Servo.h>                  // ライブラリの読み込み <Servo.h>
Servo servo0,servo1;                // Servo 型の変数は「servo0」,「servo1」にする
void setup()                        // 初期設定
{
  Serial.begin(9600);               // シリアル通信のデータ転送レートを bps(baud) で指定
  servo0.attach(2);                 // サーボ変数「servo0」をピン 2 に割り当てる (RC サーボ 0)
  servo1.attach(3);                 // サーボ変数「servo1」をピン 3 に割り当てる (RC サーボ 1)
}
void loop()                         // メインの処理
{
  int value1=0;                     // 変数「value1」は int 型。value1 をクリア (0)
  int value2=0;                     // 変数「value2」は int 型。value2 をクリア (0)
  if(Serial.available() > 23)       // シリアルポートから 0 ～ 24 バイトを受信 ❶
  {
    if(Serial.read()==0x7E)         // シリアルバッファの中のスタートバイト(0x7E) を探
                                    // す 0x7E が見つかったら，次へ行く ❷
    {
      for(int i=1; i<=18; i++)      // for 文。受信したシリアルバッファの中のスタートバ
                                    // イトを除いた 1 ～ 18 バイトまでの使わない部分を読
                                    // みとばす。
      {
        byte discard=Serial.read(); // 変数「discard」は byte 型 ❸
      }
      int analogHigh1=Serial.read(); // 19 バイト目。A-D 変換された受信
                                     // データ (MSB) を読み込む              ❹
      int analogLow1=Serial.read();  // 20 バイト目。A-D 変換された受信
                                     // データ (LSB) を読み込む
      int analogHigh2=Serial.read(); // 21 バイト目。(MSB) を読み込む
      int analogLow2=Serial.read();  // 22 バイト目。(LSB) を読み込む
      value1=analogLow1 + (analogHigh1*256); // 10 ビットのデジタル値を
                          // 再構築する。この計算式で計算された値を value1 に代入 ❺
      value2=analogLow2 + (analogHigh2*256); // 上記と同様
      Serial.print(value1);         // シリアルポートに value1 の値を送信
      Serial.print("    ");         // value1 の値の右横にスペースを入れる。スペースを送信  ❻
      Serial.print(value2);         // さらに右横に value2 の値を送信
      Serial.println();             // 改行を送信
      if(value1 < 300 )             // value1 < 300 ならば，次へ行く
      {
        servo0.write(150);          // サーボ出力。servo0 の角度は 150°
        delay(500);                 // タイマ（0.5s）
        servo90();                  // 関数 servo90 を呼び出す
      }
      else if(value1 > 580)         // value1 ＞ 580 ならば，次へ行く
      {
        servo0.write(30);           // servo0 の角度は 30°
        delay(500);                 // タイマ（0.5s）
```

```
      servo90();                    // 関数 servo90 を呼び出す
    }
    else if(value2 < 300)           // value2 < 300 ならば，次へ行く
    {
      servo1.write(150);            // servo1 の角度は 150°
      delay(500);                   // タイマ（0.5s）
      servo90();                    // 関数 servo90 を呼び出す
    }
    else if(value2 > 580)           // value2 > 580 ならば，次へ行く
    {
      servo1.write(30);             // servo1 の角度は 30°
      delay(500);                   // タイマ（0.5s）
      servo90();                    // 関数 servo90 を呼び出す
    }
    else if(value1 < 400 &&  value2  < 400) // value1 < 400  かつ
                                            // value2 < 400 ならば，次へ行く
    {
      servo0.write(150);            // servo0 の角度は 150°
      servo1.write(30);             // servo1 の角度は 30°
      delay(500);                   // タイマ（0.5s）
      servo90();                    // 関数 servo90 を呼び出す
    }
    else if(value1 > 480  &&  value2 > 480) // value1 > 480  かつ
                                            // value2 > 480 ならば，次へ行く
    {
      servo0.write(30);             // servo0 の角度は 30°
      servo1.write(150);            // servo1 の角度は 150°
      delay(500);                   // タイマ（0.5s）
      servo90();                    // 関数 servo90 を呼び出す
    }
    else if(value1 > 480  &&  value2 < 400) // value1 > 480  かつ
                                            // value2 < 400 ならば，次へ行く
    {
      servo0.write(150);            // servo0 の角度は 150°
      servo1.write(30);             // servo1 の角度は 30°
      delay(500);                   // タイマ（0.5s）
      servo90();                    // 関数 servo90 を呼び出す
    }
    else if(value1 < 400  &&  value2 > 480) // value1 < 400  かつ
                                            // value2 > 480 ならば，次へ行く
    {
      servo0.write(30);             // servo0 の角度は 30°
      servo1.write(150);            // servo1 の角度は 150°
      delay(500);                   // タイマ（0.5s）
      servo90();                    // 関数 servo90 を呼び出す
    }
  }
 }
}
```

```
void servo90()                      // 関数 servo90 の本体
{
  servo0.write(90);                 // servo0 の角度は 90°
  servo1.write(90);                 // servo1 の角度は 30°
  delay(100);                       // タイマ (0.1s)
}
```

▶プログラムの説明

❶ if(Serial.available() > 23)

if 文。Serial.available() は，シリアルポートから何バイトのデータが読み取れるかを返す。ここでは，シリアルポートから 0 ～ 24 バイトを受信したなら次へ行く。必要な API フレームの内容がすべてシリアルバッファにあることを確認する。

❷ if(Serial.read()==0x7E)

if 文。Serial.read() は，受信データである API フレームの内容を読み込む。ここでは，

シリアルバッファの中のスタートバイト 0x7E を探し，受信データが 0x7E ならば次へ行く。0x7E は API フレームの先頭にある。

❸ for(int i=1; i<=18; i++)

　　　　式①　式②　式③

```
{
  byte discard=Serial.read();    受信データを読み込み，discard
                                 に代入する。
}                                discard は byte 型。
```

for 文。ループに入る前に，式①（i=1）を実行する。式②（i<=18）が真の間，{ }内の実行単位を繰り返す。そして，ループの最後に式③（i++）を実行する。ここでは，受信したシリアルバッファの中の 1～18 バイトまでの使わない部分を読みとばす。表 4.2 のオフセット MSB1 から MSB18 までを読みとばす。必要なデータは 19 バイト目の MSB19 から 22 バイト目の LSB22 のアナログ・サンプルである。❹を参照。

❹ int analogHigh1=Serial.read();
int analogLow1=Serial.read();

図 4.16 の XBee 送信回路において，アナログ入力ピン AD0 に入力したアナログ電圧は A-D 変換され，デジタル値は高位 8 ビット，下位 8 ビットの 2 バイトで送信される。API フレームの 19 バイト目の A-D 変換された受信データは高位 8 ビット（MSB）で，20 バイト目の受信データは下位 8 ビット（LSB）である。読み込まれた MSB の受信データは analogHigh1 に代入され，LSB の受信データは analogLow1 に代入さ

れる。analogHigh1 と analogLow1 は，どちらも int 型である。

5 value1=analogLow1+ (analogHigh1*256);

10 ビットのデジタル値（0～1023）を再構築する。この計算式で計算された値を value1 に代入する。表 4.2 の API フレームにおいて，19 バイト目に 0x03，20 バイト目に 0xFF が入る。ここで，5の計算式でデジタル値を計算してみよう。

analogHigh1 は 16 進数の 0x03 なので，10 進数では 3 になる。

analogLow1 は 16 進数の 0xFF なので，2 進数では 1111 1111。重み付けから 10 進数に変換すると，1 + 2 + 4 + 8 + 16 + 32 + 64 + 128 = 255※になる。5の計算式から value1 = 255 + 3 × 256 = 1023 になる。

※ または 15×16+15 =255

6 Serial.print(value1);

```
Serial.print(value1);
Serial.print("    ");
Serial.print(value2);
Serial.println();
```

value1 と value2 が 10 ビットのデジタル値に再構築されたか確認する。シリアルモニタ画面で，XBee 送信回路の圧電振動ジャイロモジュールを前後，左右に動かしてみる。図 4.29 のようなデジタル値が表示される。

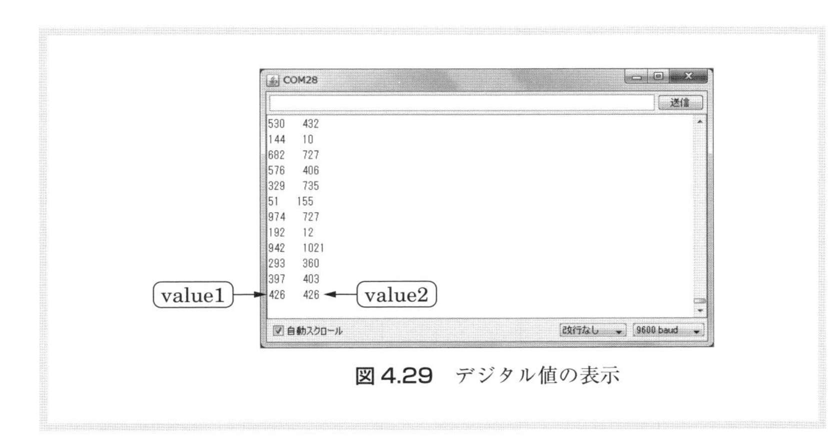

図 4.29　デジタル値の表示

表 4.3　RC サーボ 2 軸ロボット部品リスト

● XBee 送信機

部品	型番等	規格等	個数	備　考	参考価格
XBee（シリーズ 2）	XBee ZB 2mW PCB アンテナ	秋月電子 XB24-Z7PIT-004	1	秋月電子	2200 円
XBee 2.54mm ピッチ変換基板	AE-XBee-REG-DIP	3.3V 電圧レギュレータ内蔵	1	秋月電子	300 円
小型圧電振動ジャイロモジュール			1	秋月電子	400 円

ユニバーサル基板	ICB-88	ジャイロモジュール用	1	ICB-88を18×47mmに加工	120円
ブレッドボード	SAD-101	ほかのブレッドボード可	1	サンハヤト	520円
ミノムシクリップ			6	秋月電子	20円
抵抗	390Ω	1/4W	1	秋月電子（100個入）	100円
	5.6kΩ		2	秋月電子（100個入）	100円
	10kΩ		2	秋月電子（100個入）	100円
LED		赤色 φ5mm	1	秋月電子（10個入）	120円
電池ボックス	単三形4本	横一列・リード付	1	秋月電子	70円
乾電池	単三形	アルカリ電池	4	秋月電子（4本）	80円
その他	ジャンパー線，リード線，すずめっき線。必要な場合，タミヤ「ロングユニバーサルアームセット」				

● RCサーボ2軸ロボット本体と制御回路基板

部品	型番等	規格等	個数	備　考	参考価格
Arduino UNO	R3		1	秋月電子	2940円
XBee（シリーズ2）	XBee ZB 2mW PCBアンテナ	秋月電子 XB24-Z7PIT-004	1	秋月電子	2200円
XBee 2.54mm ピッチ変換基板	AE-XBee-REG-DIP	3.3V電圧レギュレータ内蔵	1	秋月電子	300円
RCサーボ	S03N-2BBMG/JR		2	秋月電子 S03N-2BBMG/F可	1000円
ユニバーサルプレートセット			1	秋月電子	330円
ブレッドボード	SAD-101	ほかのブレッドボード可	1	サンハヤト	520円
ピンヘッダ		オスL型（3P）	2	秋月電子　40Pを3Pに切断し，まっすぐに伸ばして使う	50円
抵抗	10kΩ	1/4W	1	（100個入）	100円
LED		赤色 φ5mm	1	（10個入）	120円
積層セラミックコンデンサ	0.1μF	50V	1	（10本）	100円
アルミ板		厚さ1.2mmアルミ板	1	フレーム用	
ビス・ナット		3×8mm	16		
		3×10mm	2		
		2×6mm	12		
ワッシャ		3mmビス用	8		
電池ボックス	単三形平4本	横一列・リード付	1	秋月電子	70円
ミノムシクリップ			2	秋月電子	20円
乾電池	単三形	アルカリ電池	4	秋月電子（4本）	80円
スイッチングACアダプタ		DC 9V 1.3A	1	秋月電子 Arduinoの電源用	650円
その他	ジャンパー線，すずメッキ線				

第5章

XBeeによる3つ脚ロボットの制御

5.1 XBee送信機と3つ脚ロボットの概要

図5.1は，RCサーボを6つ使用した3つ脚ロボットの外観である。3つ脚ロボット本体は正三角形をしていて，正三角形の各辺の下に2つずつRCサーボがあり，計6個で3つ脚を形成している。正三角形の頂点をA，B，Cとすると，A，B，Cのどの方向にも歩行できる。Aの位置に測距モジュール（距離センサ）を2つ設置する。この2つの距離セ

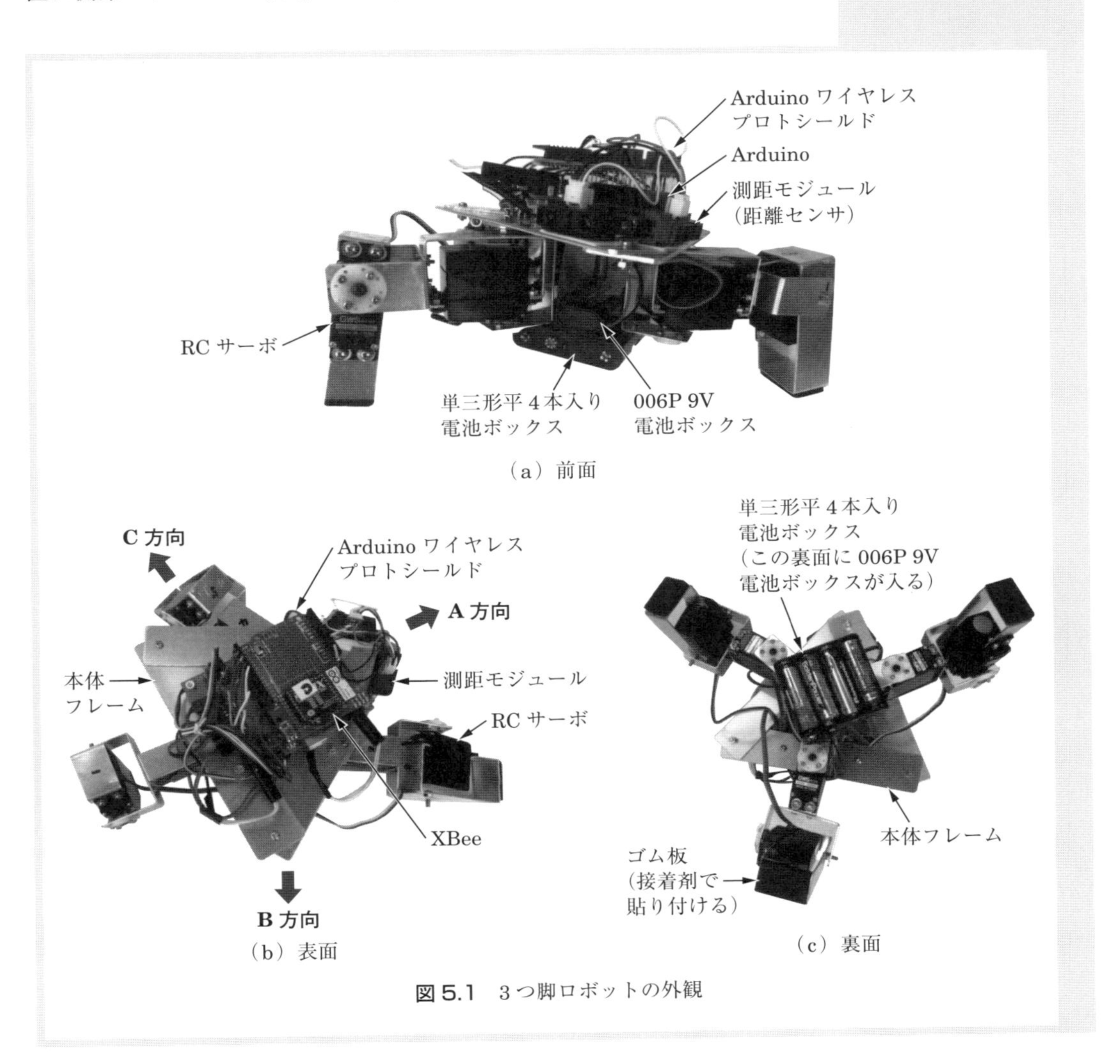

図5.1　3つ脚ロボットの外観

ンサにより，前方左側および右側に障害物があると，障害物を避けて自律移動ができる。自然界には3つ脚で動く昆虫や動物はいないが，3つ脚ロボットは昆虫のような動きをする。

3つ脚ロボットのXBee受信制御回路基板は，Arduino UNO，Arduinoワイヤレスプロトシールド，XBeeなどを搭載している。Arduinoの電源は，006P 9V積層アルカリ乾電池より供給され，RCサーボの電源は単三形アルカリ乾電池 1.5 V × 4 = 6 Vより供給される。乾電池を収める2つの電池ボックスは，3つ脚ロボット本体の下部に設置される。

図5.2に示すXBee送信機（ルータR）からの信号をXBee受信制御回路（コーディネータC）で受信し，3つ脚ロボットは，A，B，Cの各方向に歩くことができる。また，右旋回，左旋回，パフォーマンスおよび自律移動ができる。

（a）表面

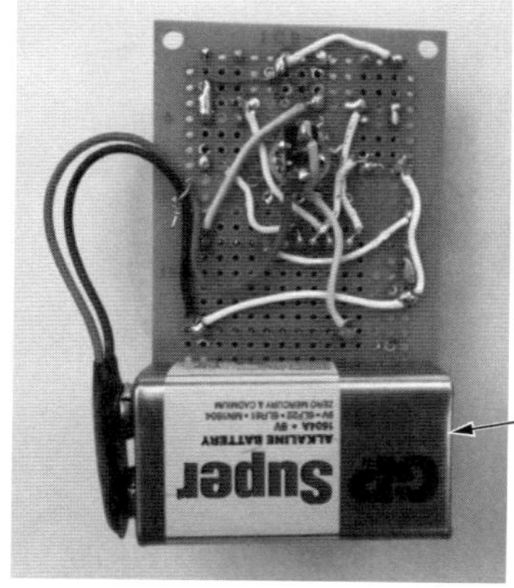

（b）裏面

図 5.2　XBee 送信機

5.2　XBee送信回路とXBee受信制御回路

図5.3はXBee送信回路であり，5つの押しボタンスイッチの組み合わせによって，3つ脚ロボットの動作を決める。また，押しボタンスイッチ PBS_1 と PBS_5 を押すと，障害物を避けて自律移動ができる。図5.4（102ページ）はXBee受信制御回路であり，図にはないが，XBeeとArduinoの間にArduinoワイヤレスプロトシールドを使う。Arduinoワイヤレスプロトシールドについては，5.4節を参照。

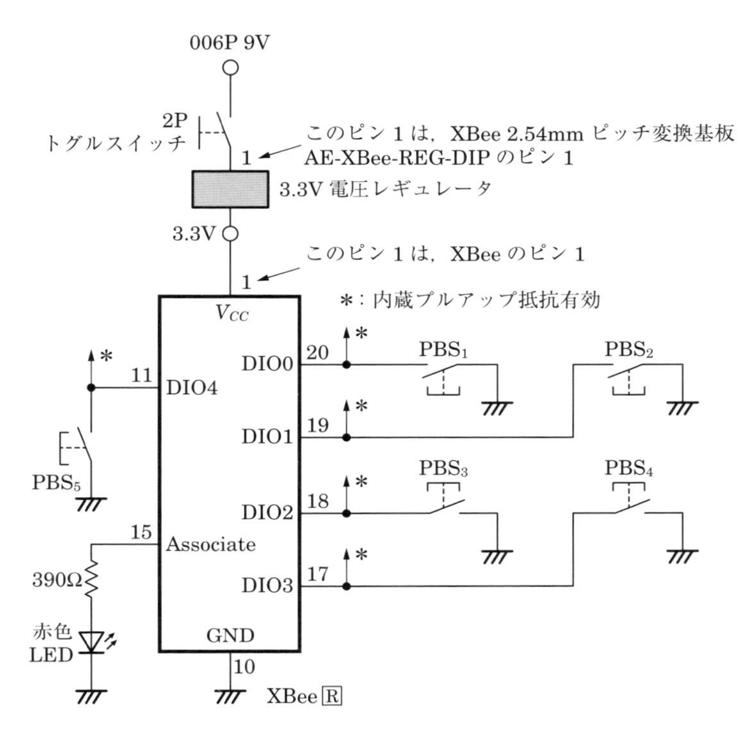

3つ脚ロボットの動作

押しボタンスイッチ PBS1	PBS3	PBS5	PBS2	PBS4	動作	デジタル入力データ
ON			ON		↑ A 方向へ前進 ↑	0x1c
			ON	ON	↑ B 方向へ前進 ↑	0x15
ON	ON				↑ C 方向へ前進 ↑	0x1a
ON				ON	↑ 右旋回 ↓	0x16
	ON		ON		↓ 左旋回 ↑	0x19
	ON			ON	パフォーマンス	0x13
ON		ON			自律移動	0x0e

図 5.3　XBee 送信回路

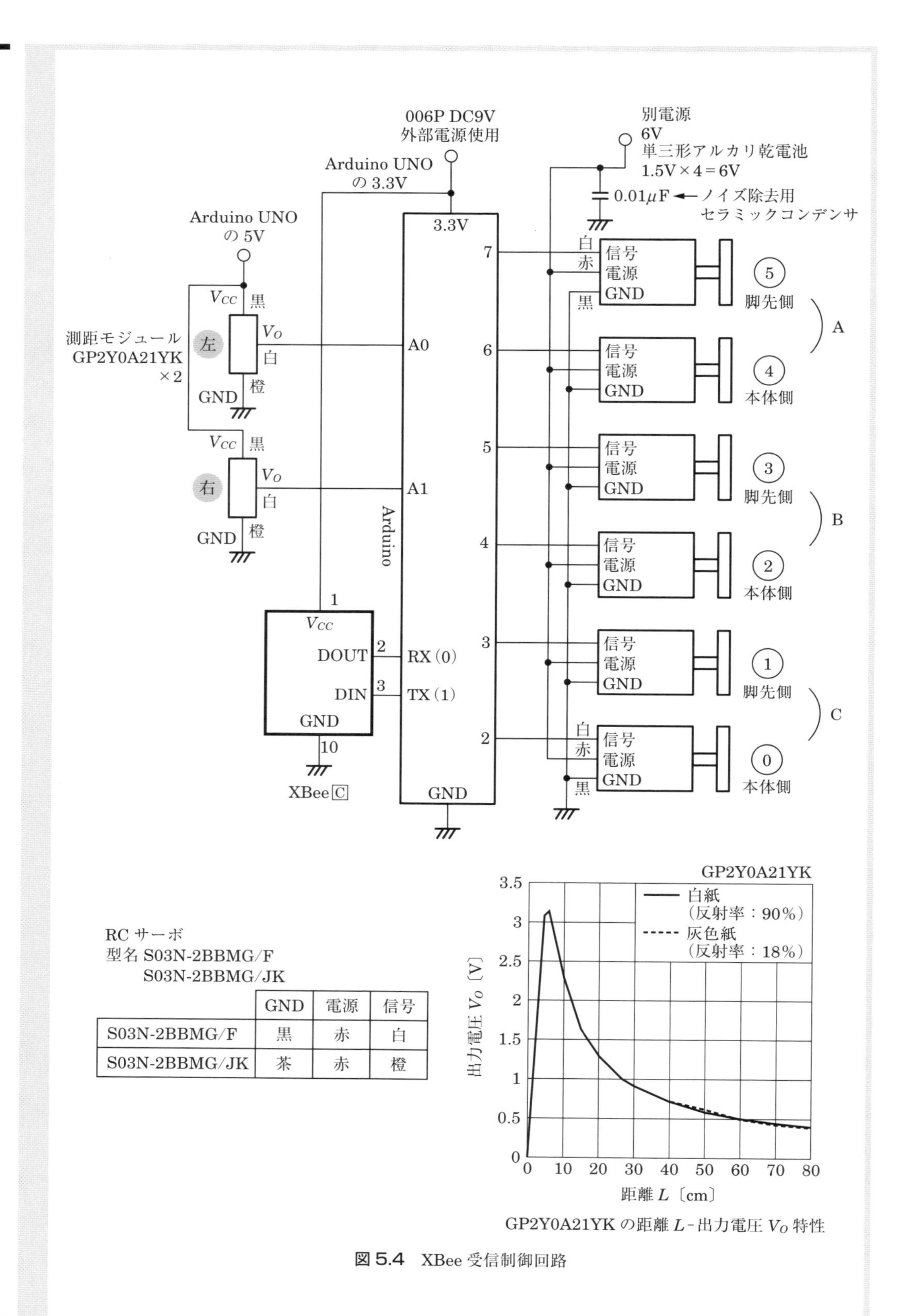

	GND	電源	信号
S03N-2BBMG/F	黒	赤	白
S03N-2BBMG/JK	茶	赤	橙

図 5.4 XBee 受信制御回路

5.3 フレームの加工と 3 つ脚ロボットの組み立て

図 5.5 はフレーム A, B, C, D の加工で，図 5.6 に本体フレーム A, B, C の加工を示す。

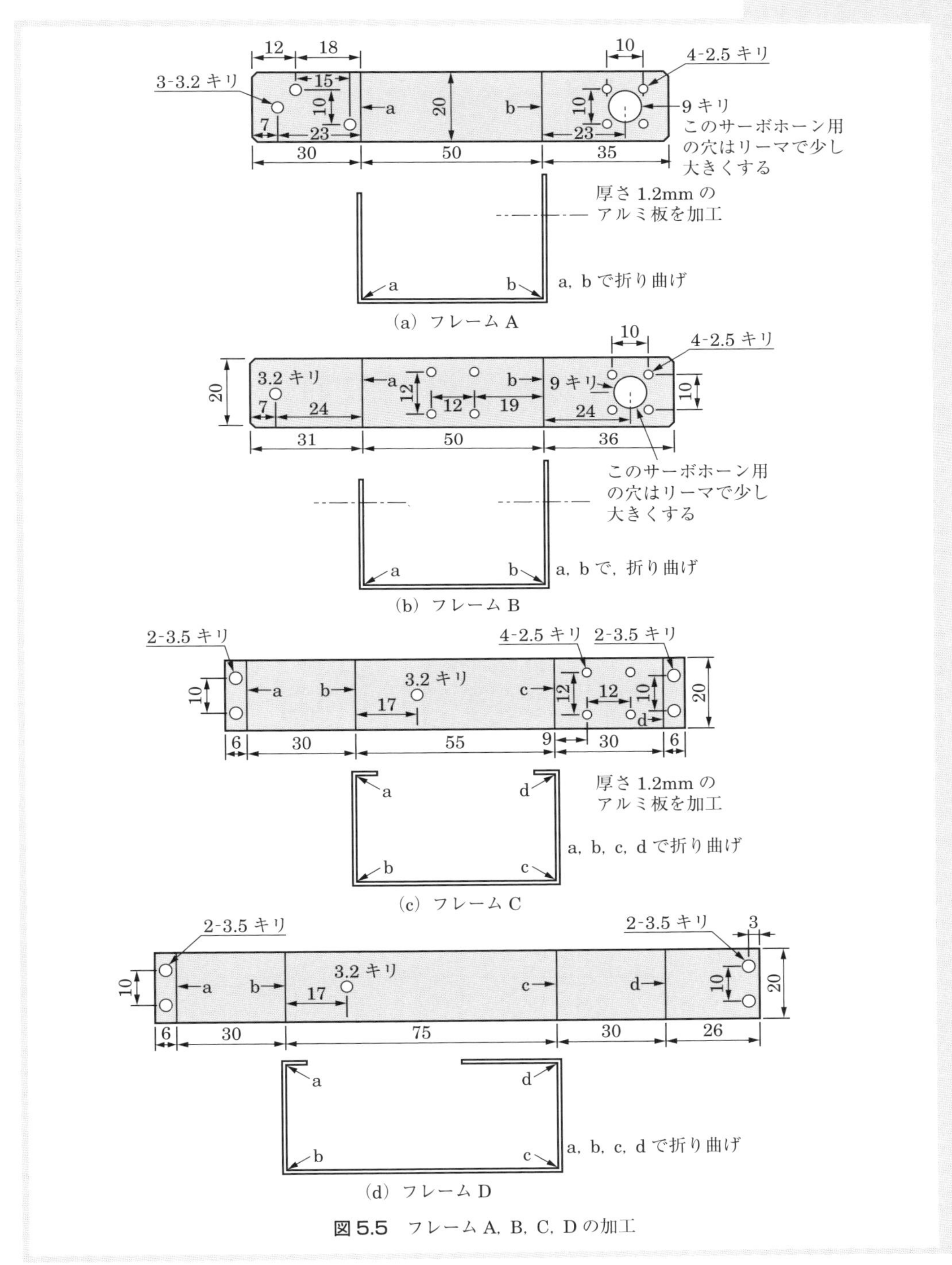

図 5.5 フレーム A, B, C, D の加工

図 5.7 は，3 つ脚ロボットの組み立てである。

◯ 重要　ロボットを組み立てる前に，6 つの RC サーボのサーボホーンの位置を中心位置（90°）にしておく。この方法は，5.6 節を参照。

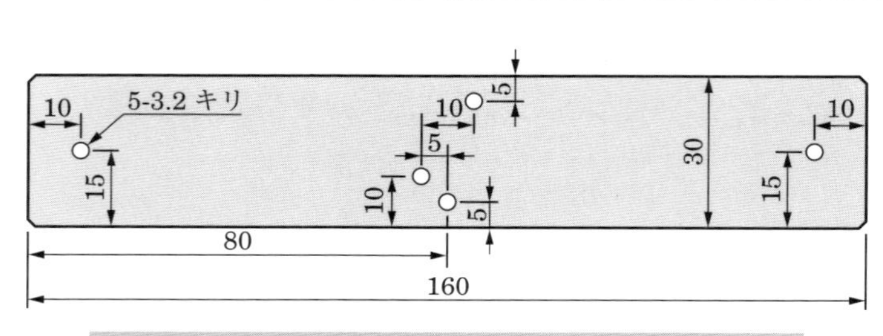

厚さ 2 mm のアルミ板を加工
または，タミヤ ユニバーサルプレートを縦方向に $\frac{1}{2}$ に切断
A, B, C の 3 つを作る

図 5.6　本体フレーム A, B, C の加工

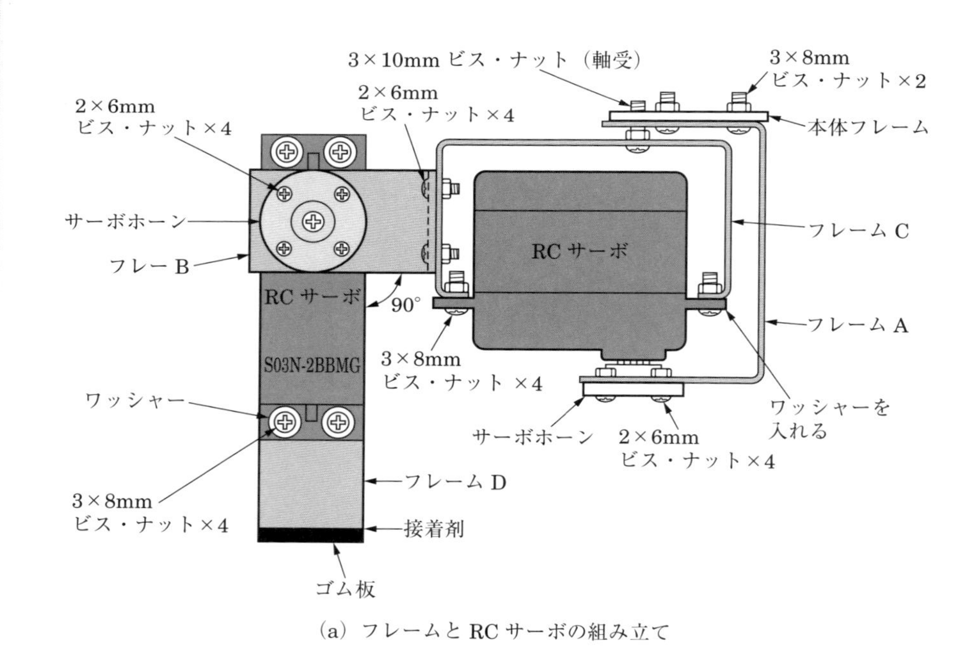

（a）フレームと RC サーボの組み立て

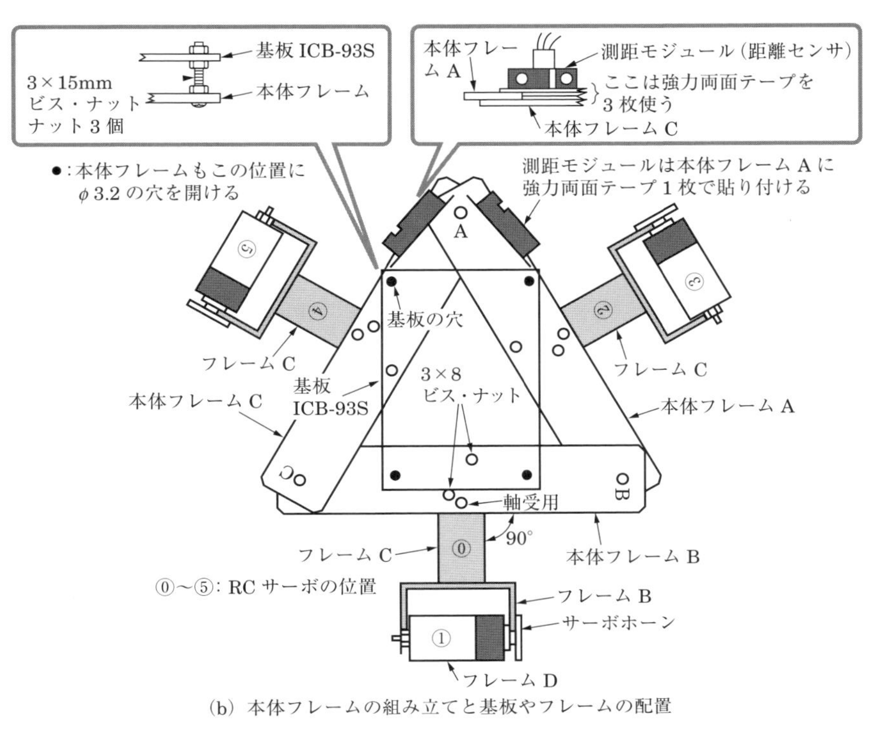

(b) 本体フレームの組み立てと基板やフレームの配置

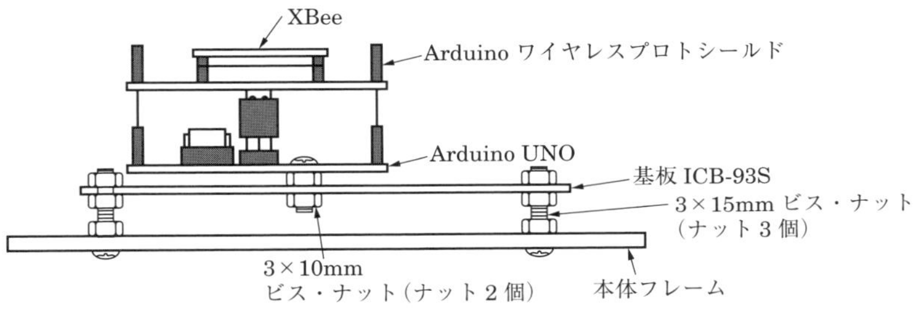

(c) 本体フレーム・基板・Arduino UNO・Arduino ワイヤレスプロトシールドの配置

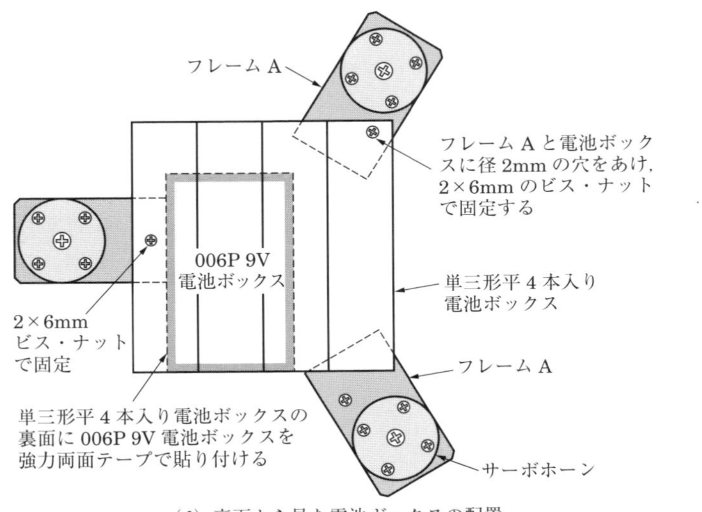

(d) 裏面から見た電池ボックスの配置

図 5.7 3 つ脚ロボットの組み立て

5.4　Arduino ワイヤレスプロトシールド

Arduino ワイヤレスプロトシールドは，XBee を搭載することにより，Arduino と XBee をつなぐことができる。シールド上に 3.3 V の電圧レギュレータが搭載されていて，XBee コネクタに給電される。XBee の電源電圧は最大 3.6 V なので，ここでは 3.3 V にしている。

Arduino ワイヤレスプロトシールドには，SERIAL-SELECT スイッチがあり，通常の使用時と Arduino にプログラムを書き込むときで切り替える。図 5-8 に Arduino ワイヤレスプロトシールドの外観を示す。

■Arduino ⇔ XBee

(SERIAL-SELECT スイッチが MICRO 側のとき
(通常の使用時)

- D0 (RX) ← 2 : DOUT
- D1 (TX) → 3 : DIN

(SERIAL-SELECT スイッチが USB 側のとき
(Arduino にプログラムを書き込むとき)

- D0 (RX) → 3 : DIN
- D1 (TX) → 2 : DOUT

このモードは，Arduino 基板上の USB シリアルと XBee を接続するためにある。

図 5.8　Arduino ワイヤレスプロトシールド

5.5　XBee 送信回路と XBee 受信制御回路の製作

XBee のピッチは 2mm で，ユニバーサル基板のピッチは 0.1 インチ（2.54 mm）になっている。このため，XBee 送信回路で XBee 2.54mm ピッチ変換基板を使う。図 5.9 は 3.3 V 電圧レギュレータ内蔵の XBee 2.54mm ピッチ変換基板 AE-XBee-REG-DIP である。

図 5.10 は，XBee 送信回路の実体配線図である。同様にして，図 5.11（108 ページ）に XBee 受信制御回路の実体配線図を示す。

図 5.9　XBee ピッチ変換基板

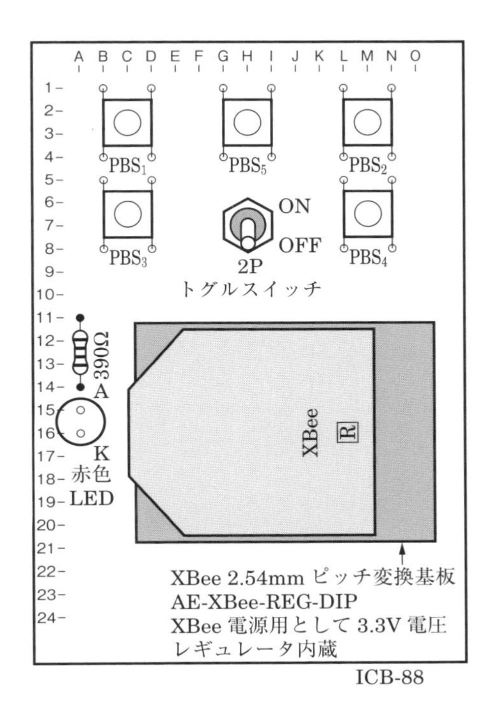

(a) 部品配置

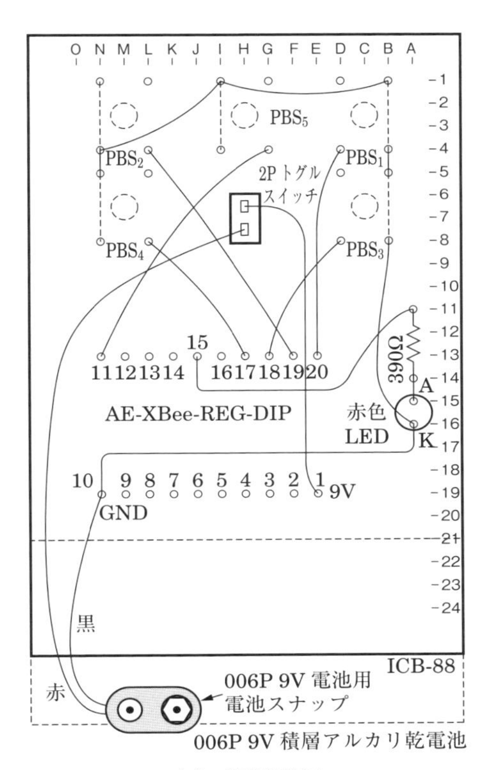

(b) 裏面配線図

図 5.10　XBee 送信回路の実体配線図

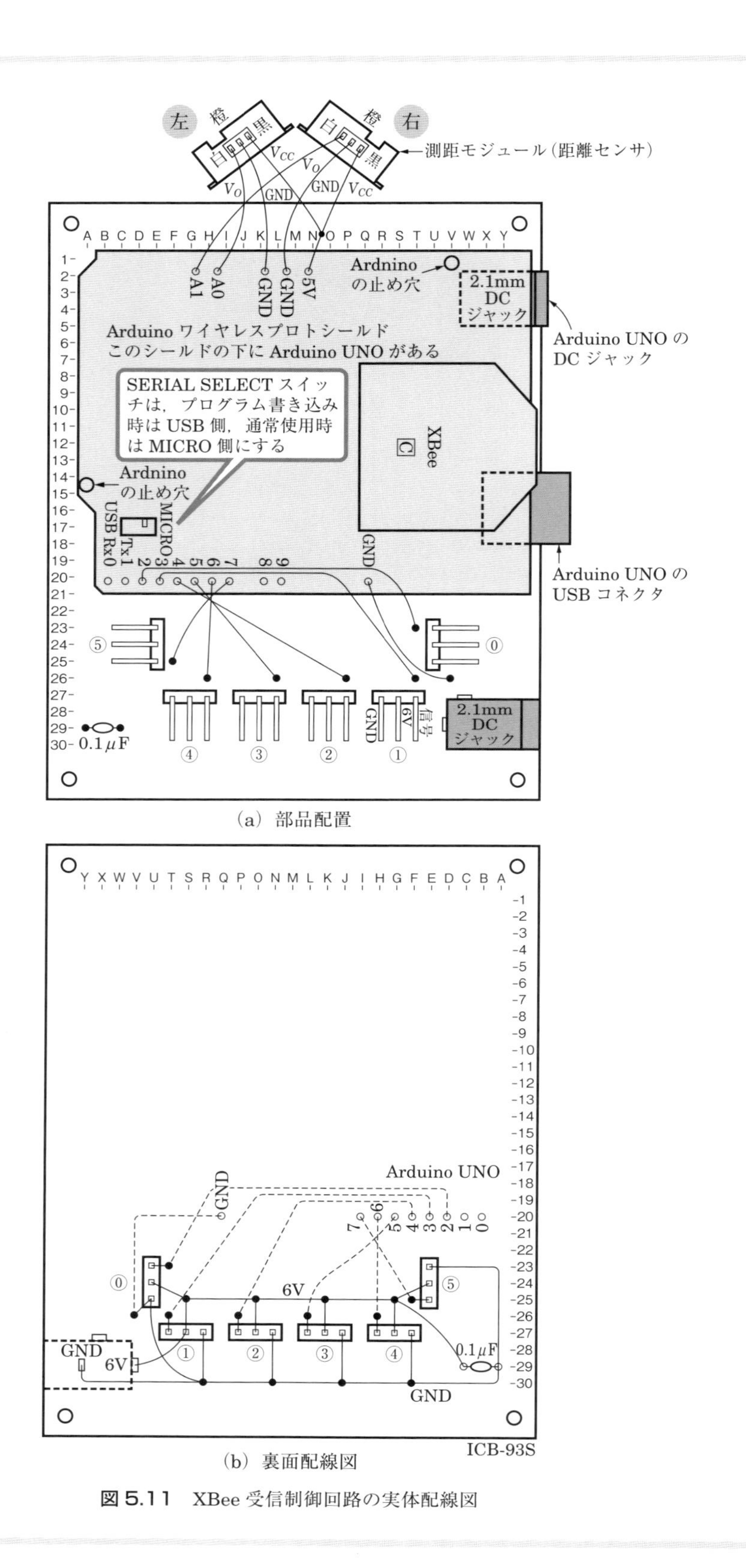

図 5.11　XBee 受信制御回路の実体配線図

5.6 RCサーボの中心位置

図5.12は，ArduinoとRCサーボの接続で，ブレッドボードを使った実体配線図を図5.13に示す。RCサーボのサーボホーンの中心位置を90°にするプログラムは，次の［プログラム5-1］のようになる。

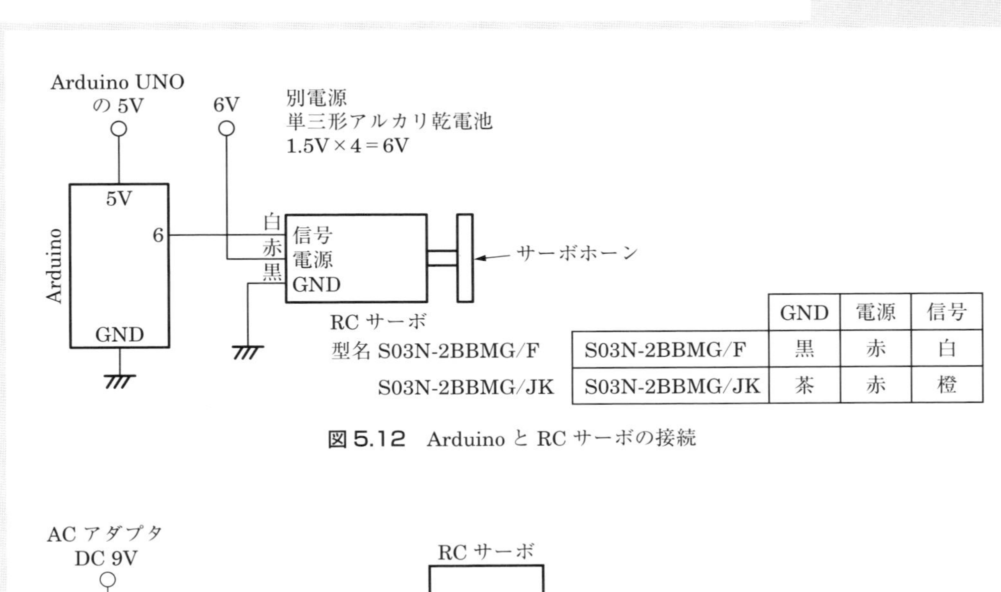

	GND	電源	信号
S03N-2BBMG/F	黒	赤	白
S03N-2BBMG/JK	茶	赤	橙

図5.12　ArduinoとRCサーボの接続

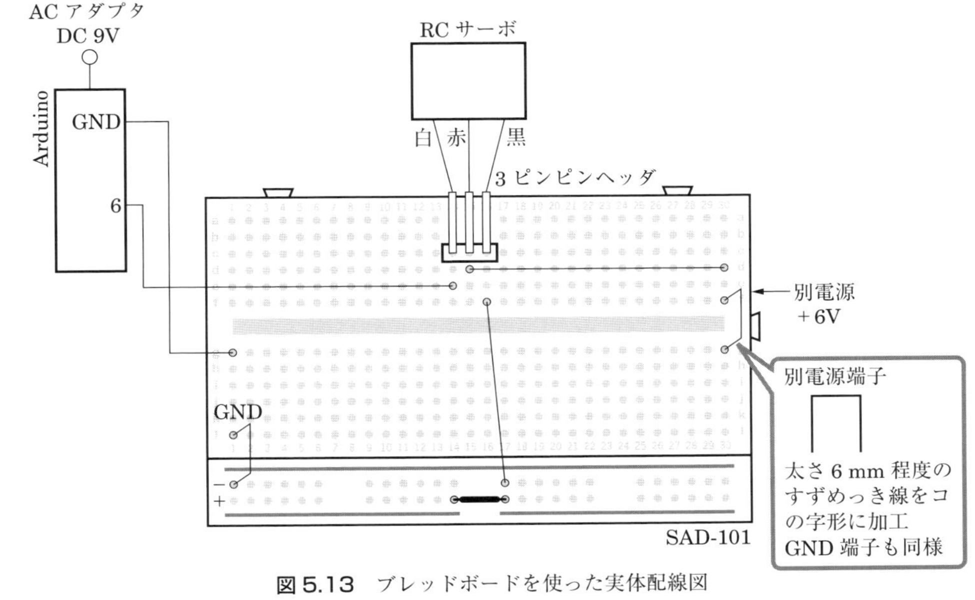

図5.13　ブレッドボードを使った実体配線図

▶プログラム 5-1 ▶　サーボホーンを中心位置 (90°) にするプログラム

```
#include <Servo.h>          // ライブラリの読み込み <Servo.h>
Servo servo0;               // Servo 型の変数は「servo0」とする
void setup()                // 初期設定
{
  servo0.attach(6);         // Servo 型の変数は「servo0」をピン 6 に割り当てる
}
void loop()                 // メインの処理
{
  servo0.write(90);         // サーボ出力。Servo0 の角度は 90°
  delay(500);               // タイマ (0.5s)
}
```

5.7 RC サーボの角度の決め方

3 つ脚ロボットは，1 つの脚に 2 つの関節がある。この関節を動かすのに 2 つの RC サーボを使う。図 5.14 は，1 つの脚の RC サーボの配置と角度 90° の位置を示す。RC サーボが基準位置 90° から角度が増加するか減少するかで，3 つ脚ロボットの歩行動作が決まる。

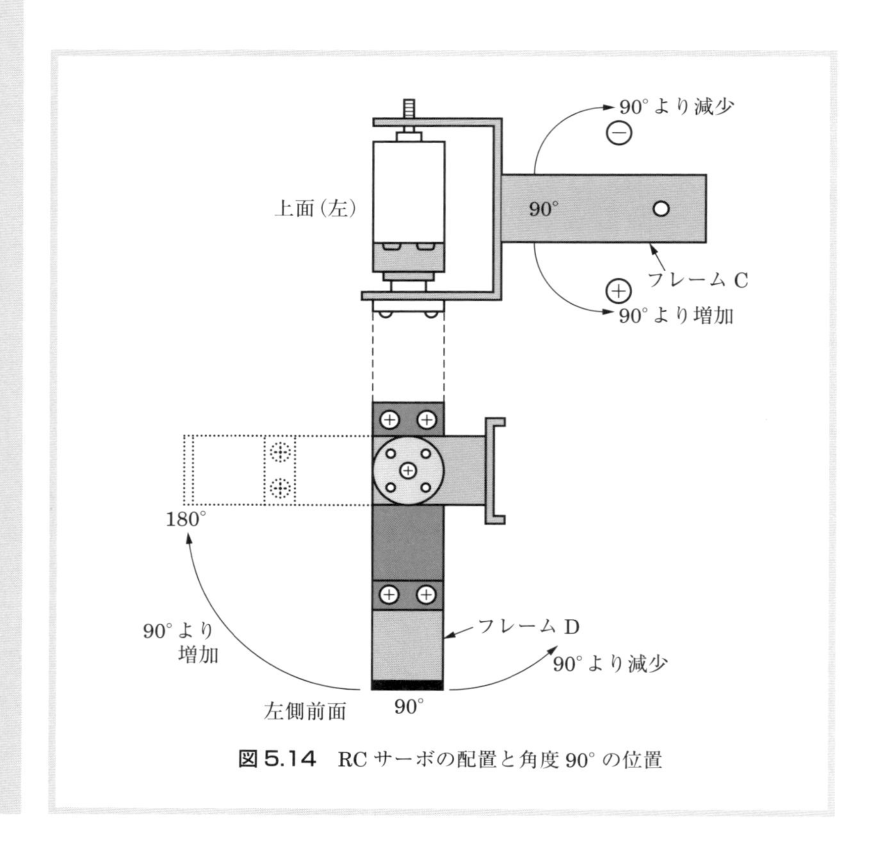

図 5.14　RC サーボの配置と角度 90° の位置

5.8 ATモード（透過モード時）とAPIモードの設定

2.8節と同様に，送信側（ルータⓇ）のXBeeは，XCTUによってATモードに設定し，APIフレームの内容を細かく指定する。受信側（コーディネータⒸ）のXBeeは，APIフレームを受け取る側なので，XCTUによってAPIモードにする。

送受信に使うXBeeのアドレスは表5.1とする。

表5.1 XBeeのアドレス

XBee	高位アドレス	下位アドレス
コーディネータ Ⓒ	0013A200	40B4523C
ルータ Ⓡ	0013A200	40B34026

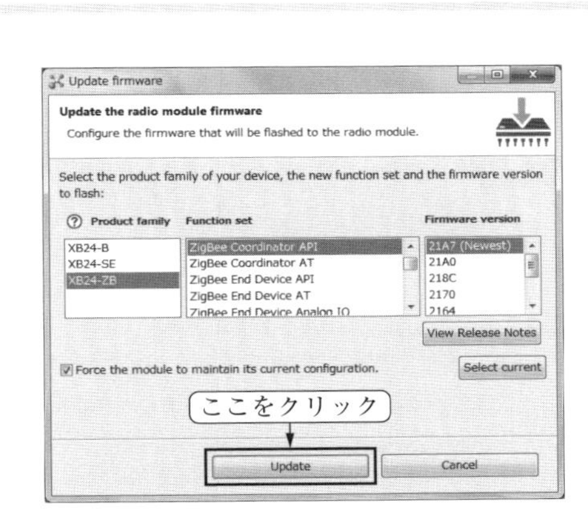

図5.15 ファームウェアの更新画面

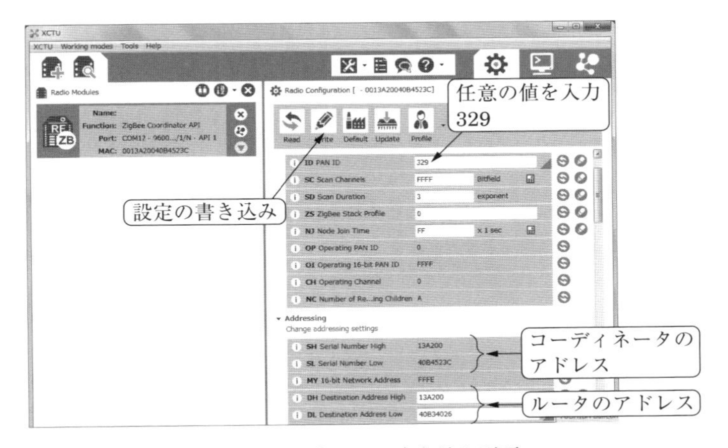

図5.16 コーディネータの書き込み画面

XBee受信側（コーディネータⒸ）の設定，XBee送信側（ルータⓇ）の設定ともに2.8節を参照してほしい。ここでは，書き込み画面を中心に簡単に述べる。

[1] XBee受信側（コーディネータ）の設定

図5.15のファームウェアの更新画面において，「Product family」は「XB24-ZB」，「Function set」は「ZigBee Coordinator API」，「Firmware version」は「21A7」を選択し，「Update」をクリックする。

図5.16は，コーディネータの書き込み画面である。

設定を一括してXBeeモジュールに書き込むために，Working areaの上部にある「設定の書き込み（Write)」ボタンをクリックする。

[2] XBee送信側（ルータ）の設定

図5.17のファームウェアの更新画面において，「Product family」は「XB24-ZB」，「Function set」は「ZigBee Router AT」，「Firmware version」は「22A7」を選択し，「Update」をクリックする。

図5.18，図5.19，図5.20は，ルータの書き込み画面である。

設定を一括してXBeeモジュールに書き込むために，Working areaの上部にある「設定の書き込み（Write)」ボタンをクリックする。

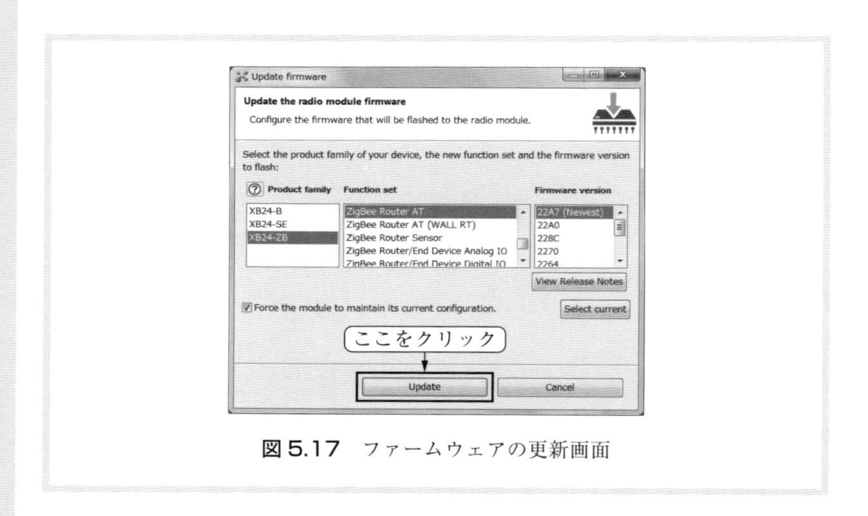

図5.17　ファームウェアの更新画面

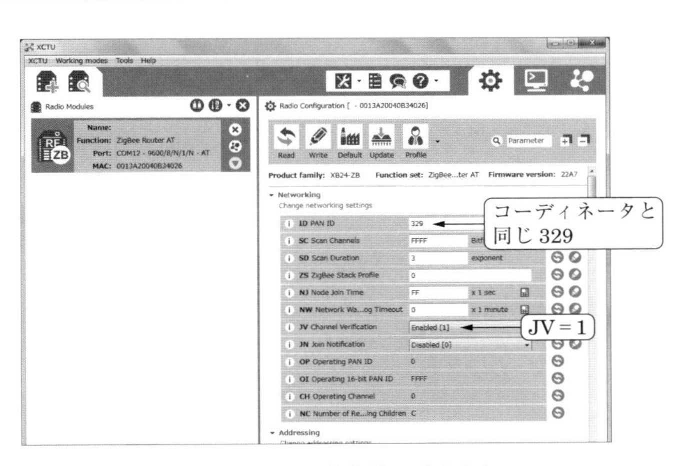

図 5.18　ルータの書き込み画面（1）

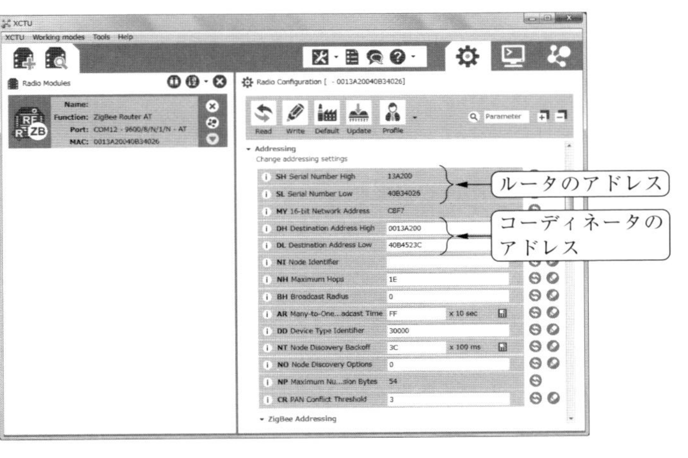

図 5.19　ルータの書き込み画面（2）

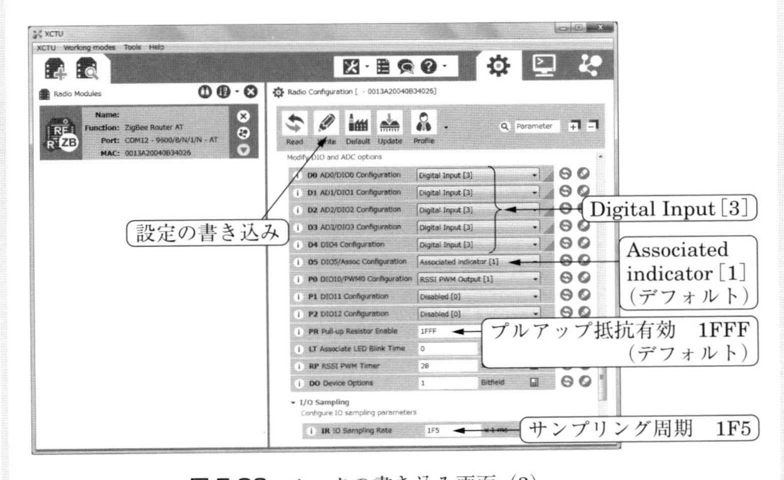

図 5.20　ルータの書き込み画面（3）

5.9 プログラムの作成

図 5.11 (a) に示すように，プログラムの書き込み時には，Arduino ワイヤレスプロトシールドの SERIAL SELECT スイッチは USB 側にする。通常使用時は MICRO 側にする。

図 5.4 の Arduino に［プログラム 5-2］を書き込む。

図 5.3 XBee 送信回路の押しボタンスイッチの操作によって，ロボットを制御する。

▶プログラム 5-2 ▶ 3つ脚ロボットの制御

```
#include <Servo.h>                  // ライブラリの読み込み <Servo.h>
#define analogPin0  0               // 置き換え（analogPin0 → "0"）
#define analogPin1  1               // 置き換え（analogPin1 → "1"）
Servo servo0,servo1,servo2,servo3,servo4,servo5;
                                    // Servo 型の変数は「servo0」～「servo5」にする
int digitalLow,value1,value2;       // 変数「digitalLow」,「value1」,「value2」は int 型
void setup()                        // 初期設定
{
  Serial.begin(9600);               // シリアル通信のデータ転送レートを bps(baud) で指定
  servo0.attach(2);                 // サーボ変数「servo0」をピン 2 に割り当てる (RC サーボ 0)
  servo1.attach(3);                 // サーボ変数「servo1」をピン 3 に割り当てる (RC サーボ 1)
  servo2.attach(4);                 // サーボ変数「servo2」をピン 4 に割り当てる (RC サーボ 2)
  servo3.attach(5);                 // サーボ変数「servo3」をピン 5 に割り当てる (RC サーボ 3)
  servo4.attach(6);                 // サーボ変数「servo4」をピン 6 に割り当てる (RC サーボ 4)
  servo5.attach(7);                 // サーボ変数「servo5」をピン 7 に割り当てる (RC サーボ 5)
  pinMode(8,OUTPUT);                // ピン 8 を出力に設定
  pinMode(9,INPUT);                 // ピン 9 を入力に設定
}
void loop()                         // メインの処理
{
  if(Serial.available() > 21)       // シリアルポートから 0 ～ 22 バイトを受信
  {
    if(Serial.read()==0x7E)         // シリアルバッファの中のスタートバイト (0x7E) を探す
                                    // 0x7E が見つかったなら，次へ行く
    {
      for(int i=1; i<=19; i++)      // for 文。受信したシリアルバッファの中のスタートバイト
                                    // を除いた 1～19 バイトまでの使わない部分を読みとばす。
      {
        byte discard=Serial.read(); // 変数「discard」は byte 型
      }
      digitalLow=Serial.read();     // 20 バイト目のデジタル値を読み込み，digitalLow に代入
      if(digitalLow == 0x1c)        // digitalLow が 0x1c ならば，次へ行く ❶
      {
        frontA();                   // 関数 frontA を呼び出す。( ロボットは A の方向へ前進 )
        delay(10);                  // タイマ (10ms)
```

```
        }
        if(digitalLow == 0x15)      // digitalLow が 0x15 ならば，次へ行く
        {
          frontB();                 // 関数 frontB を呼び出す。(B の方向へ前進 )
          delay(10);                // タイマ (10ms)
        }
        if(digitalLow == 0x1a)      // digitalLow が 0x1a ならば，次へ行く
        {
          frontC();                 // 関数 frontC を呼び出す。(C の方向へ前進 )
          delay(10);                // タイマ (10ms)
        }
        if(digitalLow == 0x16)      // digitalLow が 0x16 ならば，次へ行く
          right();                  // 関数 right を呼び出す。( 右旋回 )
        if(digitalLow == 0x19)      // digitalLow が 0x19 ならば，次へ行く
          left();                   // 関数 left を呼び出す。( 左旋回 )
        if(digitalLow == 0x13)      // digitalLow が 0x13 ならば，次へ行く
          performance();            // 関数 performance を呼び出す。( パフォーマンス )
        if(digitalLow == 0x0e)      // digitalLow が 0x0e ならば，次へ行く
          run();                    // 関数 run を呼び出す。( 自律移動 )
      }
    }
}
void frontA()                       // 関数 frontA の本体 (A 方向へ前進 )
{
  servo4.write(130);                // サーボ出力。servo4 の角度は 130°
  servo5.write(90);                 // servo5 の角度は 90°
  servo2.write(130);                // servo2 の角度は 130°
  servo3.write(150);                // servo3 の角度は 150°
  servo1.write(150);                // servo1 の角度は 150°
  servo0.write(90);                 // servo0 の角度は 90°
  delay(500);                       // タイマ (0.5s)
  servo1.write(70);
  delay(500);
  servo4.write(50);
  servo5.write(150);
  servo2.write(50);
  servo3.write(90);
  servo1.write(150);
  servo0.write(90);
  delay(500);
  servo1.write(70);
  delay(500);
}
void frontB()                       // 関数 frontB の本体 (B 方向へ前進 )
{
  servo2.write(130);
  servo3.write(90);
  servo0.write(130);
  servo1.write(150);
  servo5.write(150);
  servo4.write(90);
```

```
    delay(500);
    servo5.write(70);
    delay(500);
    servo2.write(50);
    servo3.write(150);
    servo0.write(50);
    servo1.write(90);
    servo5.write(150);
    servo4.write(90);
    delay(500);
    servo5.write(70);
    delay(500);
  }
  void frontC()                         // 関数 frontC の本体 (C 方向へ前進 )
  {
    servo0.write(130);
    servo1.write(90);
    servo4.write(130);
    servo5.write(150);
    servo3.write(150);
    servo2.write(90);
    delay(500);
    servo3.write(70);
    delay(500);
    servo0.write(50);
    servo1.write(150);
    servo4.write(50);
    servo5.write(90);
    servo3.write(150);
    servo2.write(90);
    delay(500);
    servo3.write(70);
    delay(500);
  }
  void right()                          // 関数 right の本体 ( 右旋回 )
  {
    servo4.write(130);
    servo5.write(80);
    servo1.write(110);
    servo2.write(50);
    servo3.write(150);
    delay(700);
    servo2.write(130);
    servo3.write(80);
    servo5.write(110);
    servo0.write(50);
    servo1.write(150);
    delay(700);
    servo0.write(130);
    servo1.write(80);
    servo3.write(110);
```

```
    servo4.write(50);
    servo5.write(150);
    delay(700);
}
void left()                          // 関数 left の本体（左旋回）
{
    servo4.write(50);
    servo5.write(80);
    servo1.write(110);
    servo2.write(130);
    servo3.write(150);
    delay(700);
    servo2.write(50);
    servo3.write(80);
    servo5.write(110);
    servo0.write(130);
    servo1.write(150);
    delay(700);
    servo0.write(50);
    servo1.write(80);
    servo3.write(110);
    servo4.write(130);
    servo5.write(150);
    delay(700);
}
void performance()                   // 関数 performance の本体（パフォーマンス）
{
    servo0.write(130);
    servo1.write(150);
    delay(400);
    servo2.write(130);
    servo3.write(150);
    delay(400);
    servo4.write(130);
    servo5.write(150);
    delay(400);
    servo0.write(50);
    servo1.write(80);
    delay(400);
    servo2.write(50);
    servo3.write(80);
    delay(400);
    servo4.write(50);
    servo5.write(80);
    delay(400);
    servo0.write(90);
    servo2.write(90);
    servo4.write(90);
    delay(400);
    servo1.write(180);
    servo3.write(180);
```

```
  servo5.write(180);
  delay(1000);
  servo1.write(90);
  servo3.write(90);
  servo5.write(90);
  delay(400);
}
void run()                                  // 関数 run の本体 ( 自律移動 )
{
  while(1)                                  // ループ (1)
  {
    servo4.write(130);
    servo5.write(90);
    servo2.write(130);
    servo3.write(150);
    servo1.write(150);
    servo0.write(90);
    delay(500);
    value1=analogRead (analogPin0);  // A-D 変換。変換されたデジタル値を value1 に代入 2
    value2=analogRead (analogPin1);  // A-D 変換。変換されたデジタル値を value2 に代入
    if(value1 >= 307)                // value1 >= 307 ならば，次へ行く 3
    {
      frontB(); frontB();            // 関数 frontB を呼び出す (B 方向へ前進 )
      right(); right(); right();     // 関数 right を呼び出す ( 右旋回 )
    }
    if(value2 >= 307)
    {
      frontC(); frontC();            // 関数 frontC を呼び出す (C 方向へ前進 )
      left(); left(); left();        // 関数 left を呼び出す ( 左旋回 )
    }
    servo1.write(70);
    delay(500);
    servo4.write(50);
    servo5.write(150);
    servo2.write(50);
    servo3.write(90);
    servo1.write(150);
    servo0.write(90);
    delay(500);
    value1=analogRead (analogPin0);
    value2=analogRead (analogPin1);
    if(value1 >= 307)
    {
      frontB(); frontB();
      right(); right(); right();
    }
    if(value2 >= 307)
    {
      frontC(); frontC();
      left(); left(); left();
    }
```

```
        servo1.write(70);
        delay(500);
      }
    }
```

▶プログラムの説明

❶ if(digitalLow==0x1c)

digitalLow が 0x1c に等しければ，次へ行く。

表 5.2　デジタル入力データ

ON にした押しボタンスイッチ		DIO4	DIO3	DIO2	DIO1	DIO0	デジタル入力データ	(参考)動作
PBS_1	PBS_2	1	1	1	0	0	0x1c	A 方向前進
PBS_2	PBS_4	1	0	1	0	1	0x15	B 方向前進
PBS_1	PBS_3	1	1	0	1	0	0x1a	C 方向前進
PBS_1	PBS_4	1	0	1	1	0	0x16	右旋回
PBS_3	PBS_2	1	1	0	0	1	0x19	左旋回
PBS_3	PBS_4	1	0	0	1	1	0x13	パフォーマンス
PBS_5	PBS_1	0	1	1	1	0	0x0e	自律移動

押しボタンスイッチが OFF のとき，XBee の DIO4～DIO0 は，XBee 内蔵プルアップ抵抗によって“1”になっている。押しボタンスイッチが ON になると，デジタル入力は“0”になる。DIO4～DIO0 の“1”，“0”のようすを 16 進数であらわしたのが，デジタル入力データである。

❷ value1=analogRead(analogPin0);

analogRead(*pin*) は，指定した *pin*（アナログピン）で，センサからの値を読み取る。ここでは，analogPin0（ピン A0）に入った 0～5 V のアナログ電圧を 0～1023 のデジタル値に変換し，変数 value1 に代入する。

❸ if(value1 >= 307)

3 つ脚ロボットは，前進しているとき，約 17 cm 前方に壁などの障害物があると，障害物を避けるように方向を変える。距離センサ GP2Y0A21YK の距離 L - 出力電圧 V_o 特性※から，$L = 17$ cm のとき V_o は約 1.5 V になっている。Arduino の A-D コンバータは，アナログ電圧 5 V のときデジタル値 1023 に変換する。そこで，次の計算式が成り立つ。

※　図 5.4 参照

$$\frac{\text{value1}}{1023} = \frac{1.5}{5}$$

$$\text{value1} = \left(\frac{1.5}{5}\right) \times 1023 = 306.9$$

よって，if(value1 >= 307) とする。

表5.3 3つ脚ロボット部品リスト

● XBee送信機

部品	型番等	規格等	個数	備　考	参考価格
XBee（シリーズ2）	XBee ZB 2mW PCBアンテナ	秋月電子 XB24-Z7PIT-004	1	秋月電子	2200円
XBee 2.54mmピッチ変換基板	AE-XBee-REG-DIP	3.3V電圧レギュレータ内蔵	1	秋月電子	300円
ユニバーサル基板	ICB-88		1	サンハヤト　切断加工	120円
タクトスイッチ			5	秋月電子	10円
2Pトグルスイッチ	MS-243		1	ミヤマ電器	185円
抵抗	390Ω	1/4W	1	秋月電子（100個入）	100円
LED		赤色 φ5mm	1	秋月電子（10個入）	120円
電池スナップ			1	秋月電子	20円
乾電池	006P 9V	アルカリ電池	1	秋月電子	100円
その他	強力両面テープ，リード線，すずめっき線				

● 3つ脚ロボット本体と制御回路基板

部品	型番等	規格等	個数	備　考	参考価格
Arduino UNO	R3		1	秋月電子	2940円
XBee（シリーズ2）	XBee ZB 2mW PCBアンテナ	秋月電子 XB24-Z7PIT-004	1	秋月電子	2200円
Arduinoワイヤレスプロトシールド			1	スイッチサイエンス	2160円
測距モジュール	GP2Y0A21YK		2	秋月電子	450円
ユニバーサル基板	ICB-93S		1	サンハヤト	310円
DCジャック	MJ-179P	2.1mm標準	1	秋月電子	40円
DCプラグ		2.1mm標準	2	秋月電子	30円
ピンヘッダ		オスL型（3P）	6	秋月電子 40Pを3Pに切断	50円
積層セラミックコンデンサ		0.1μF 50V	1	秋月電子（10本）	100円
RCサーボ	S03N-2BBMG/JR		6	秋月電子 S03N-2BBMG/F可	1000円
アルミ板		厚さ1.2mmアルミ板	1	フレーム用	
		厚さ2mmアルミ板	1	本体フレーム用	
電池ボックス	単三形平4本	横一列・リード付	1	秋月電子	70円
006P電池ボックス		ねじ止めタイプほか可	1	秋月電子	50円
乾電池	単三形	アルカリ電池	4	（4本）	80円
	006P 9V		1		100円
ビス・ナット		3×8mm	30	（3mmのナット計14個）	
		3×10mm	8		
		3×15mm	5		
		2×6mm	38		
ワッシャ		3mmビス用	24		
その他	強力両面テープ，ジャンパー線，リード線，すずメッキ線				

第6章 XBeeによる空き缶搬送ロボットの制御

6.1 XBee送信機と空き缶搬送ロボットの概要

図6.1は，空き缶搬送ロボットの外観である。空き缶搬送ロボット本体は，タミヤの「ユニバーサルプレート」，「ツインモータギヤボックス（低速ギヤ比203：1）」，および「スポーツタイヤセット（56 mm径）」，小型プラスチックキャスタ（自在25 mm径）※より構成される。このロボット本体には空き缶をつかむ腕と手があり，この機構は3つのRCサーボとアルミ板を加工したフレームを利用する。

※ ホームセンターなどで購入。

ロボットに搭載したXBee受信制御回路基板には，Arduino UNO,

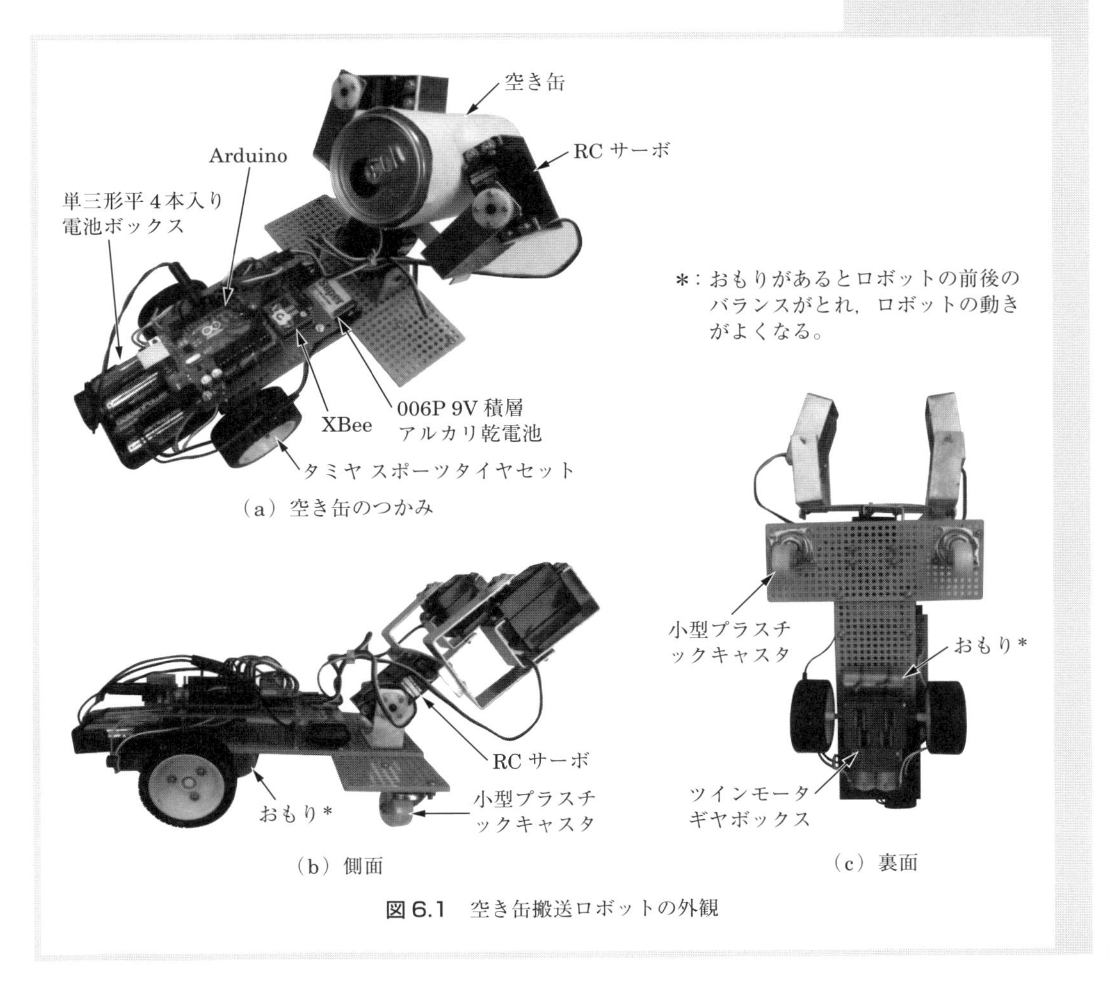

図6.1 空き缶搬送ロボットの外観

XBee，DC モータドライブ IC などがある。Arduino の電源は，006P 9 V 積層アルカリ乾電池より供給され，RC サーボと DC モータドライブ IC のモータ側電源は単三形アルカリ乾電池 1.5 V × 4 = 6 V より供給される。

図 6.2 に示す XBee 送信機（XBee Ⓡ）からの信号を XBee 受信制御回路（XBee Ⓒ）で受信し，XBee 送信機にある 4 つの押しボタンスイッチの ON・OFF や可変抵抗器（ボリューム）のつまみの操作によって，空き缶搬送ロボットは，前進，後進，右旋回，左旋回，空き缶のつかみ，放し，持ち上げ，持ち下げができる。

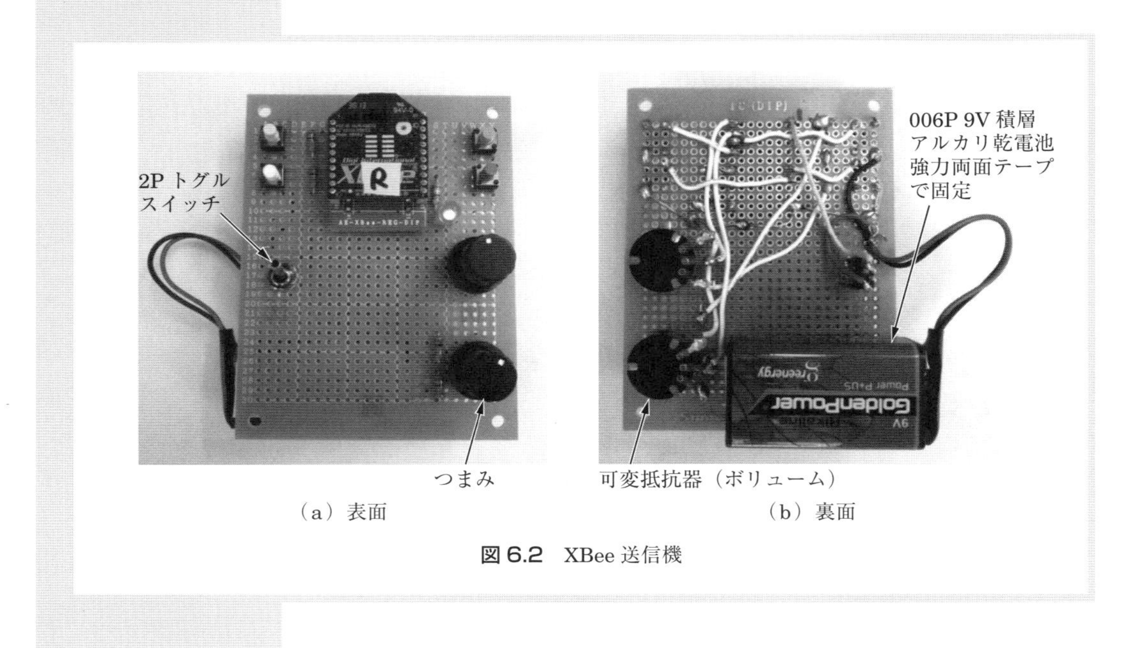

図 6.2 XBee 送信機

6.2 XBee 送信回路と XBee 受信制御回路

図 6.3 は，XBee 送信回路である。4 つある押しボタンスイッチの 2 つの組み合わせや可変抵抗器（ボリューム）のつまみの操作によって，空き缶搬送ロボットの動作を決める。XBee の電源電圧は DC 2.1 V ～ 3.6 V なので，XBee 2.54 mm ピッチ変換基板に付属する 3.3 V 電圧レギュレータによって，電源電圧を 3.3 V にしている。XBee のアナログ入力ピンは AD0 ～ AD3 までの 4 本あるが，ここでは AD0 と AD1 を使う。このアナログ入力ピンは，0 V から最大 1.2 V までのアナログ電圧を読み取ることができる。このため，20 kΩ の抵抗と 10 kΩ のボリュームを使った分圧回路で，XBee の A-D コンバータの入力電圧を 1.2 V 以下にしている。

10 kΩ の可変抵抗器（ボリューム）を右回しいっぱいにすると，AD0

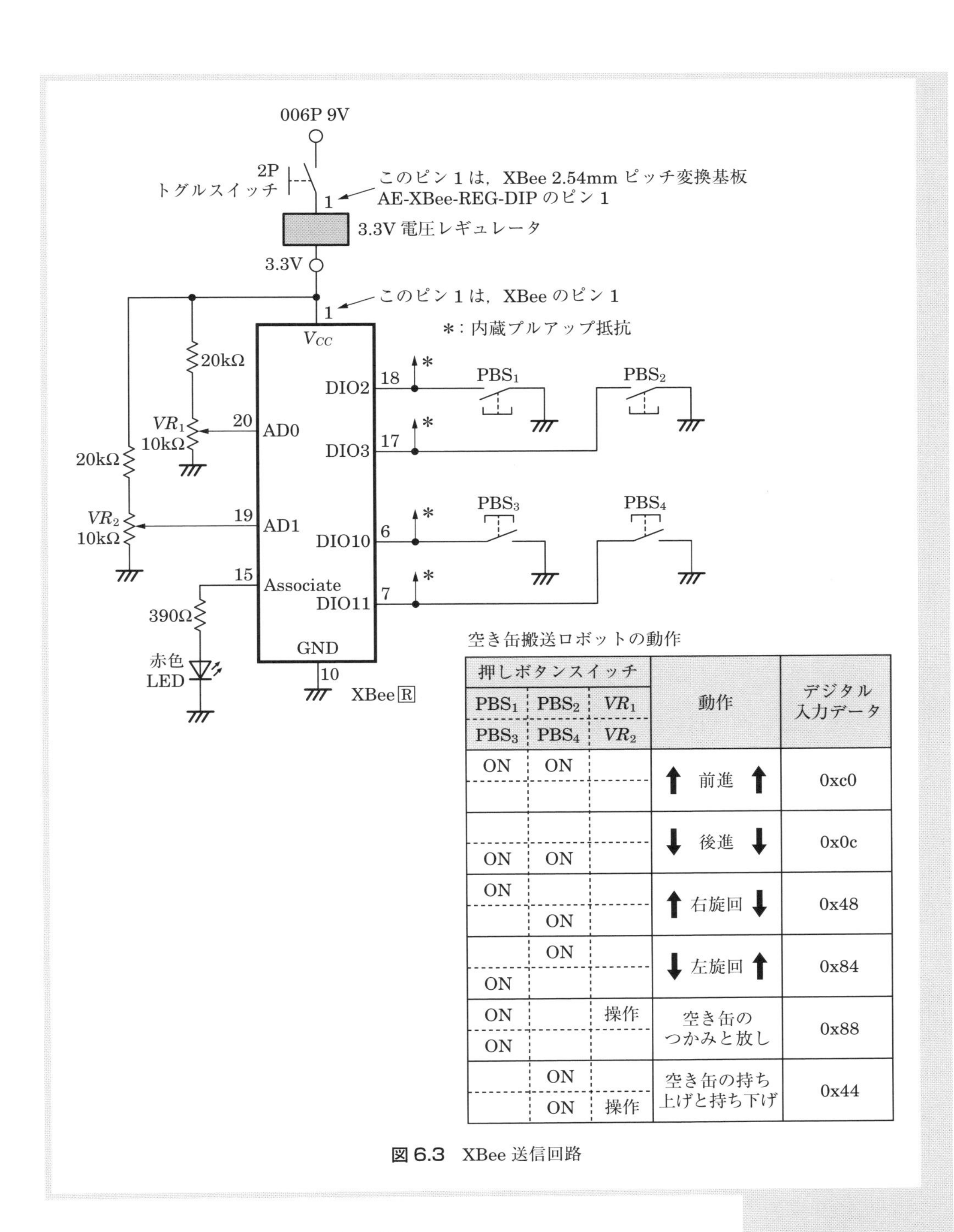

押しボタンスイッチ			動作	デジタル入力データ
PBS_1	PBS_2	VR_1		
PBS_3	PBS_4	VR_2		
ON	ON		↑ 前進 ↑	0xc0
			↓ 後進 ↓	0x0c
ON	ON			
ON			↑ 右旋回 ↓	0x48
	ON			
	ON		↓ 左旋回 ↑	0x84
ON				
ON		操作	空き缶のつかみと放し	0x88
ON				
	ON		空き缶の持ち上げと持ち下げ	0x44
	ON	操作		

図 6.3 XBee 送信回路

のアナログ入力電圧 V_1 は次の式で計算できる。

$$V_1 = \frac{10}{10 + 20} \times 3.3 = 1.1\ \mathrm{V}$$

アナログ入力ピン AD0 の最大入力電圧は 1.2 V であり，このとき，XBee の A-D コンバータはデジタル値 1023 に変換する。アナログ入力電圧 $V_1 = 1.1\ \mathrm{V}$ のときの変換デジタル値 value は次の式で計算できる。

$$\frac{\text{value}}{1023} = \frac{1.1}{1.2} \qquad \text{value} = \frac{1.1}{1.2} \times 1023 \fallingdotseq 938$$

ピン15のLED回路は，XBeeが通信可能状態になるとLEDが点滅する。

図6.4は，XBee受信制御回路である。ロボットの走行には，DCモータドライブICやツインモータギヤボックスを利用し，空き缶のつかみや持ち上げには3つのRCサーボを利用する。

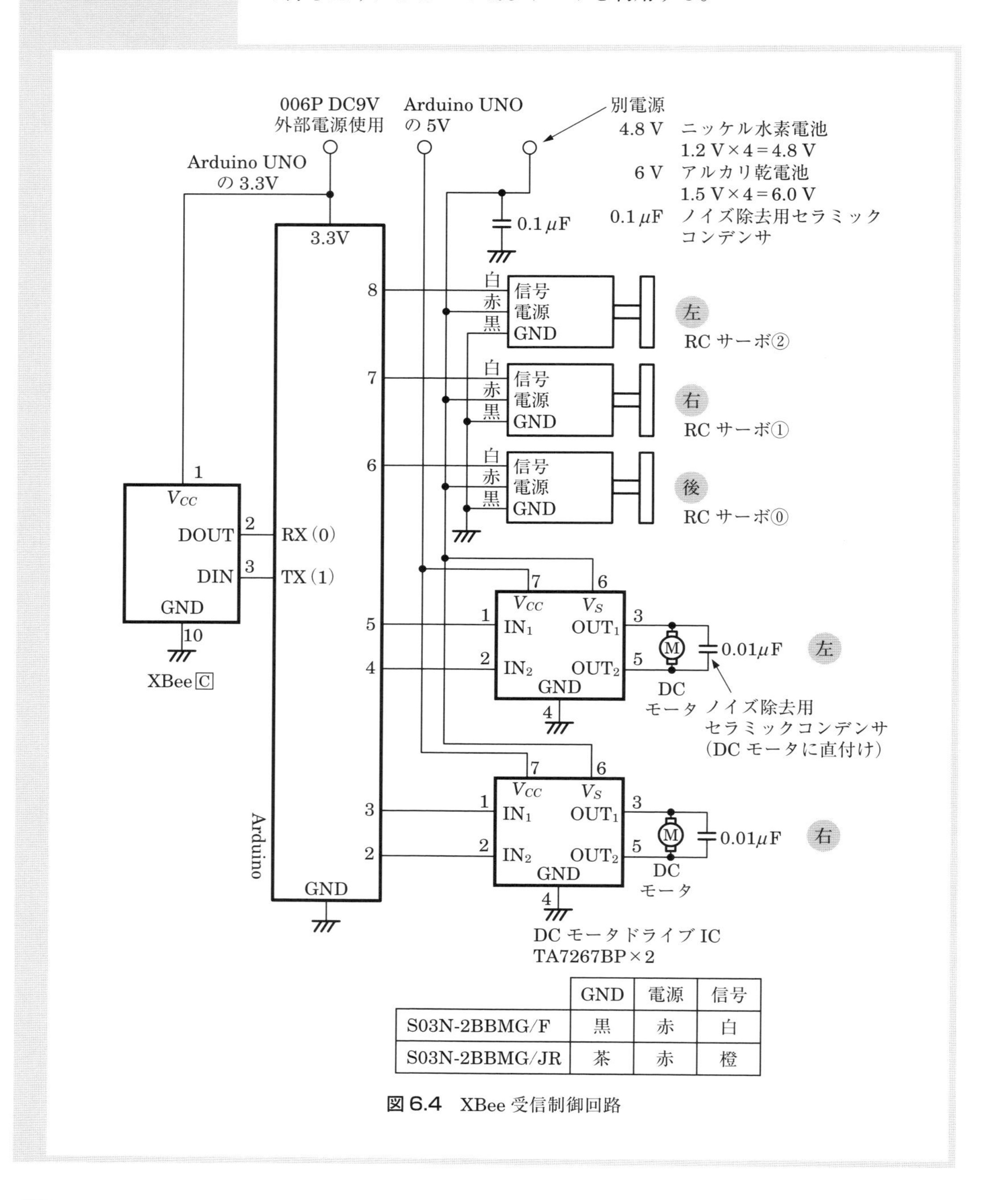

	GND	電源	信号
S03N-2BBMG/F	黒	赤	白
S03N-2BBMG/JR	茶	赤	橙

図6.4 XBee受信制御回路

6.3 フレームの加工とロボットの組み立て

図6.5は，空き缶搬送ロボットのフレームの加工である。

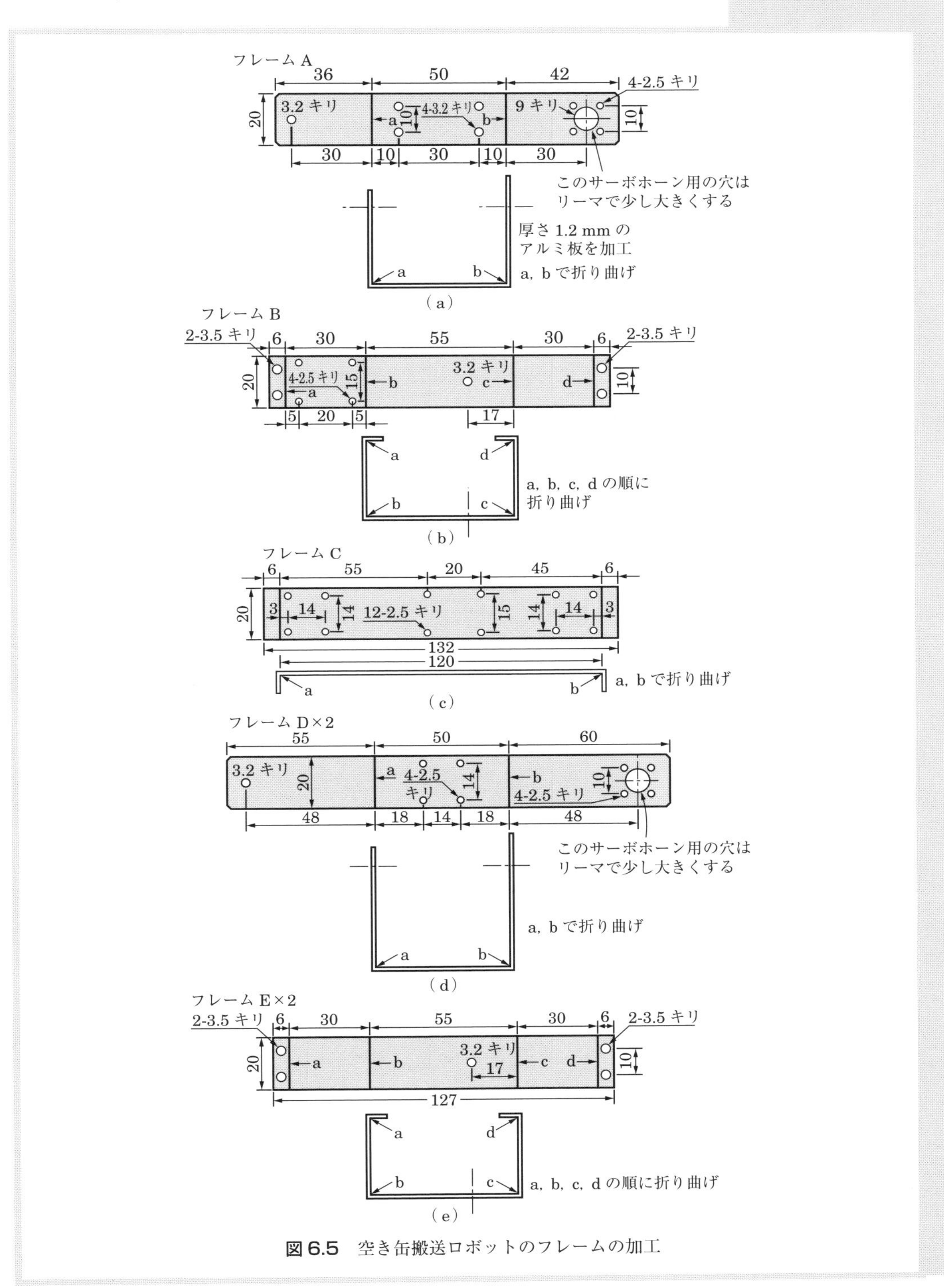

図6.5 空き缶搬送ロボットのフレームの加工

図 6.6 に，フレーム A とサーボホーンの結合を示す。フレーム D とサーボホーンの結合も同様である。

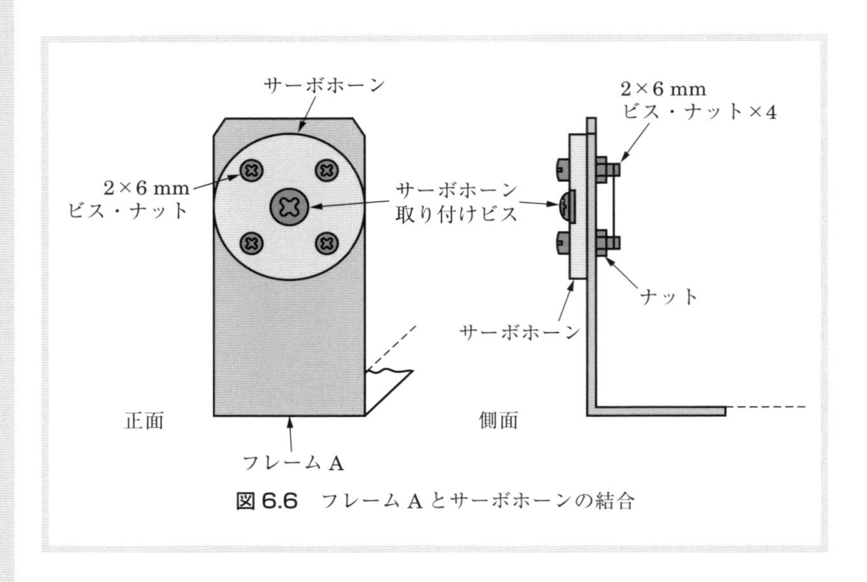

図 6.6 フレーム A とサーボホーンの結合

図 6.7 はロボット本体の組み立てで，図 6.8 にフレームに取り付けた RC サーボを示す。3 つの RC サーボがロボットの腕と手を構成する。RC サーボ⓪は腕，RC サーボ①と RC サーボ②は空き缶をつかむ手に相当する。

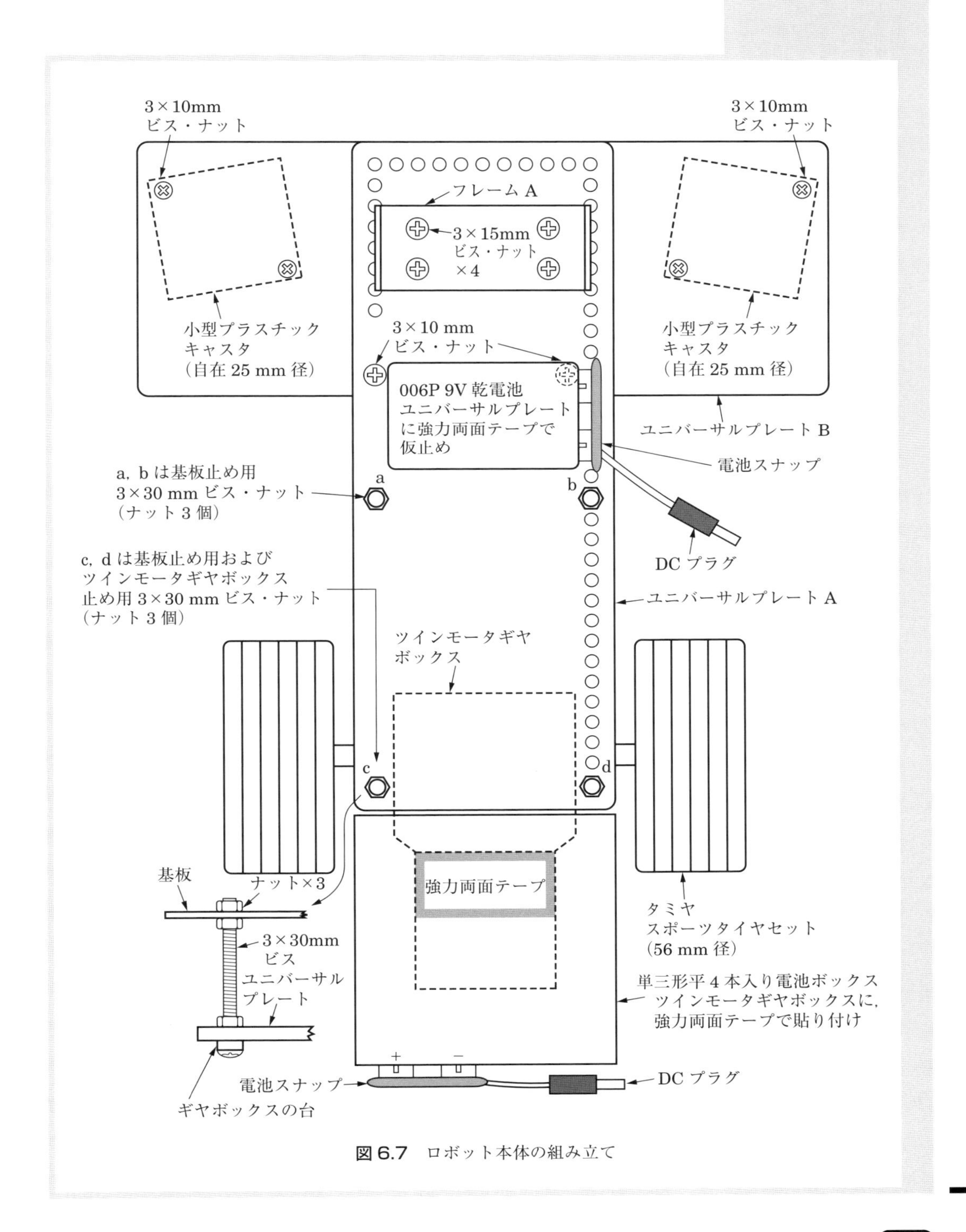

図 6.7　ロボット本体の組み立て

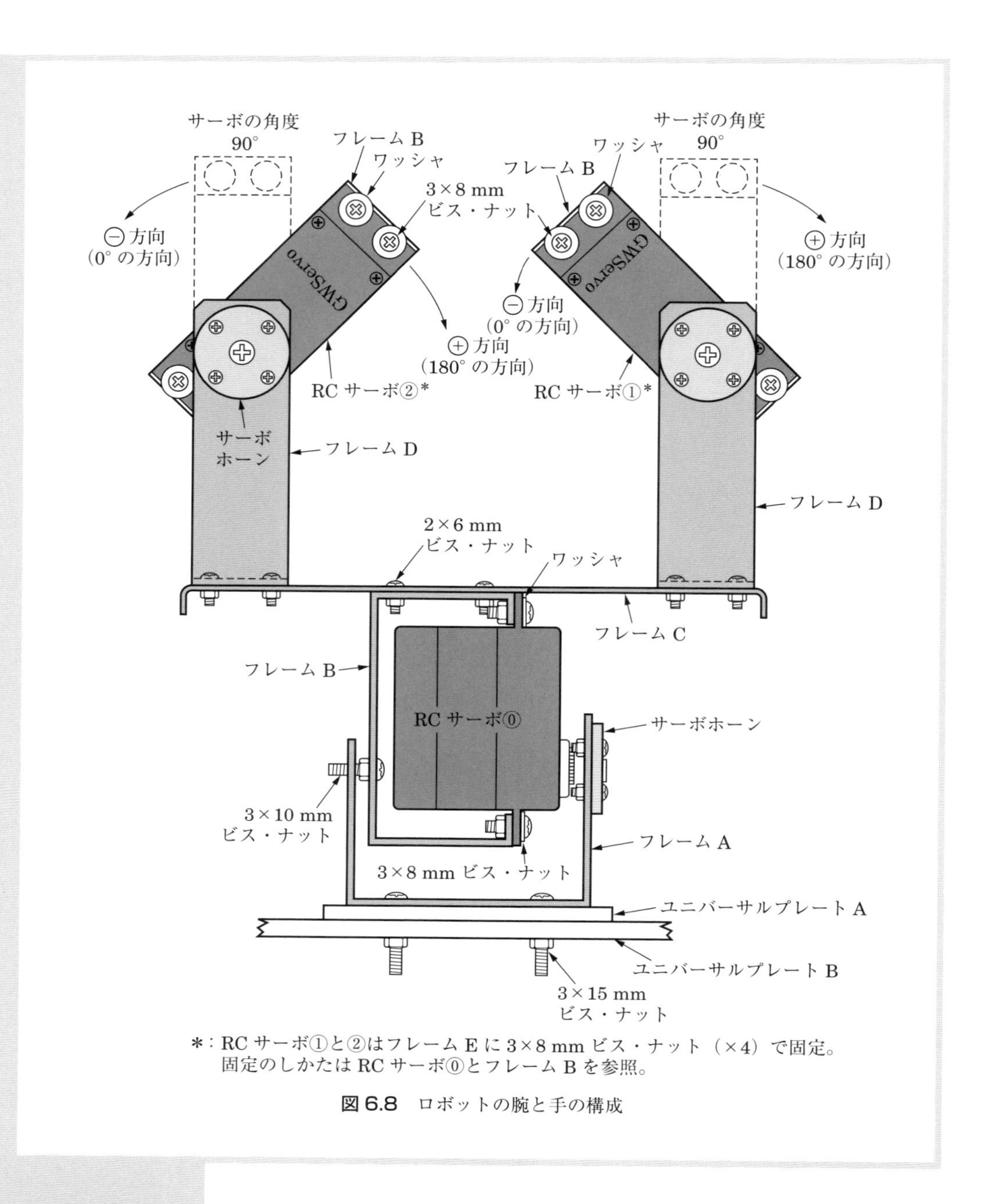

*：RCサーボ①と②はフレームEに3×8 mmビス・ナット（×4）で固定。
固定のしかたはRCサーボ⓪とフレームBを参照。

図6.8 ロボットの腕と手の構成

図 6.9 は，ロボット本体の側面図である。

◯重要　ロボットを組み立てる前に，3 つのサーボホーンの位置を中心位置（90°）にする。5.6 節参照。

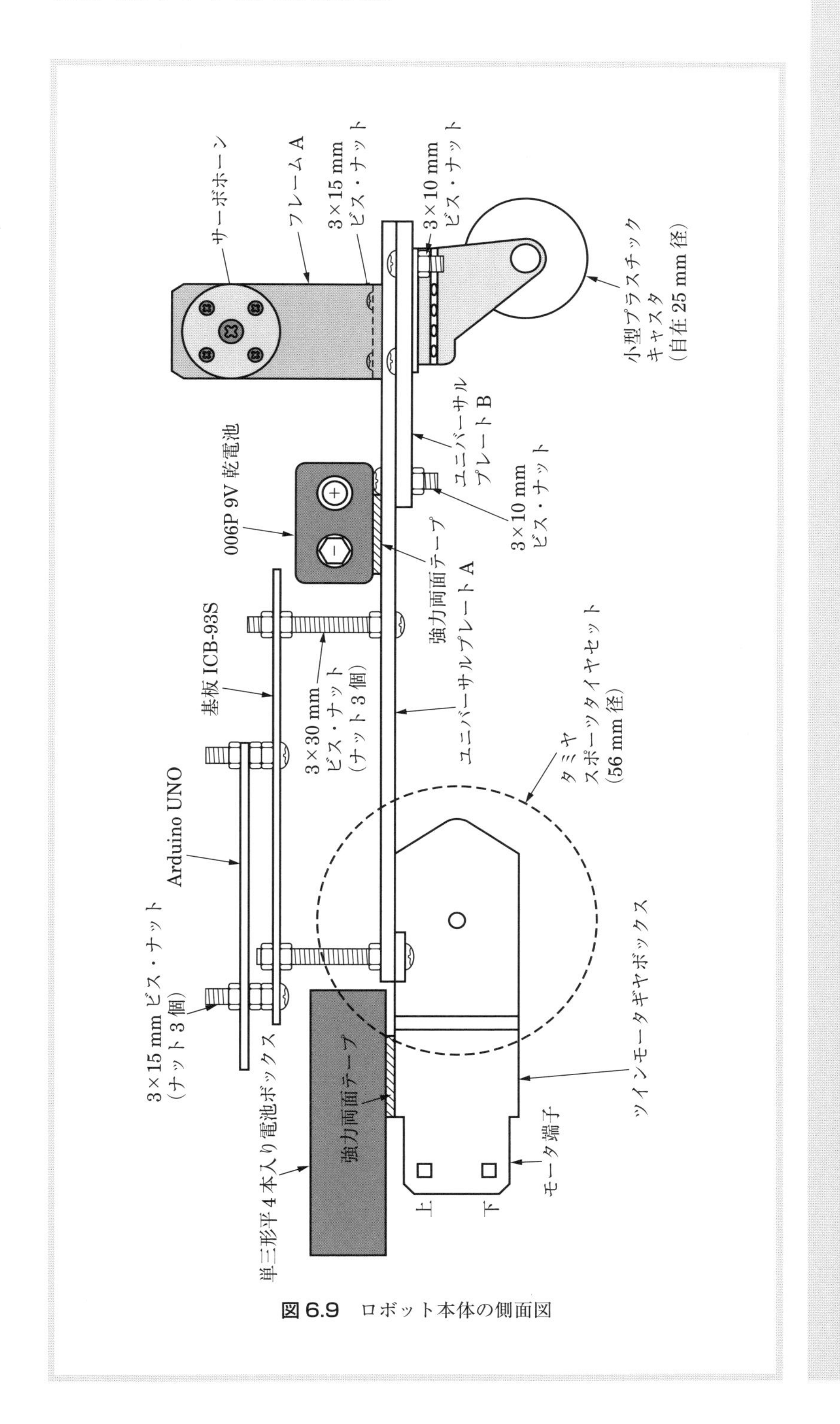

図 6.9　ロボット本体の側面図

6.4 送信回路と受信制御回路の製作

図6.10は，XBee送信回路の実体配線図である。この送信回路で使われるXBee 2.54 mmピッチ変換基板AE-XBee-REG-DIPは，3.3 V電圧レギュレータが内蔵され，XBeeのピン1には3.3 Vが印加される。この3.3 Vを図6.10のように配線し，XBee送信回路の電源電圧にする。

図6.11は，AE-XBee-REG-DIPから3.3 Vを引き出す方法を示している。XBeeのソケット下のピン1に，すずめっき線をはんだ付けし，基板裏に3.3 V出力端子を設ける。

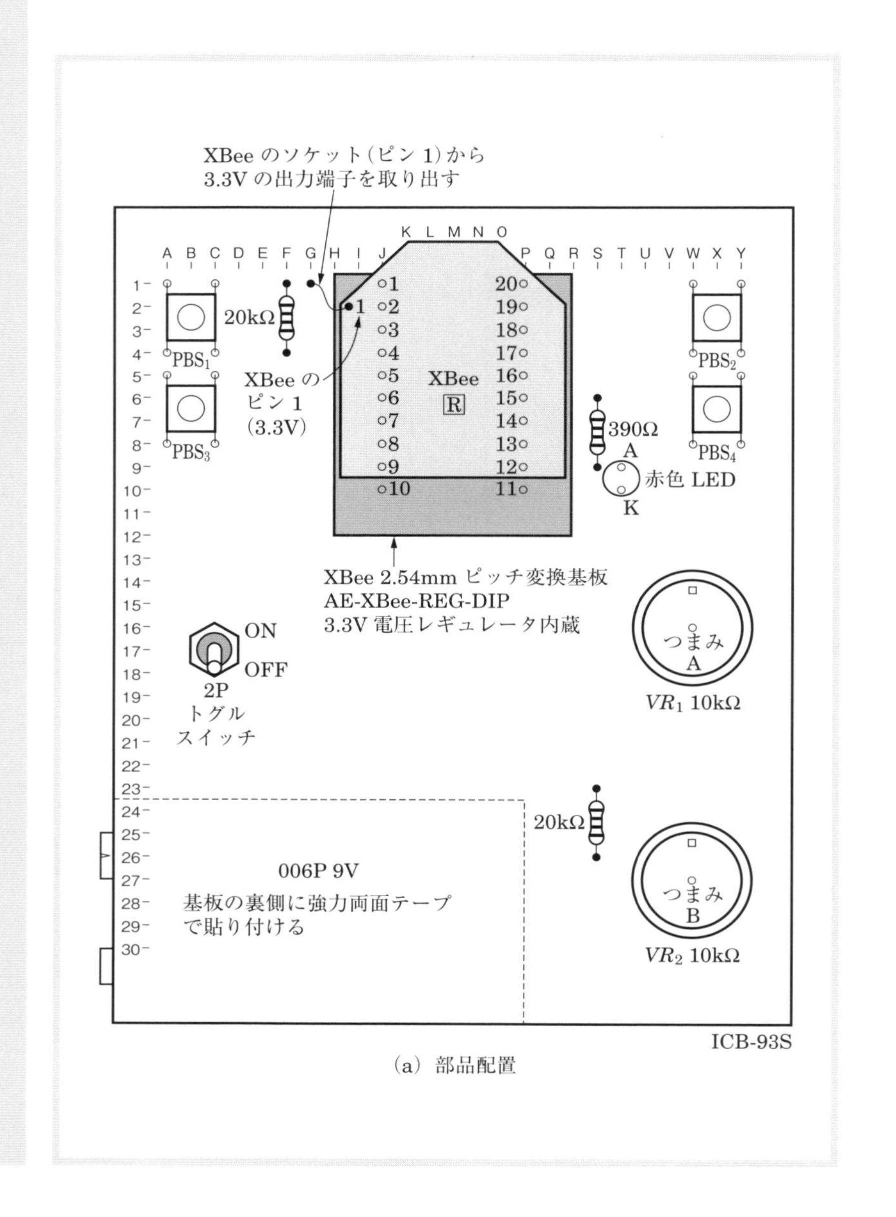

(a) 部品配置

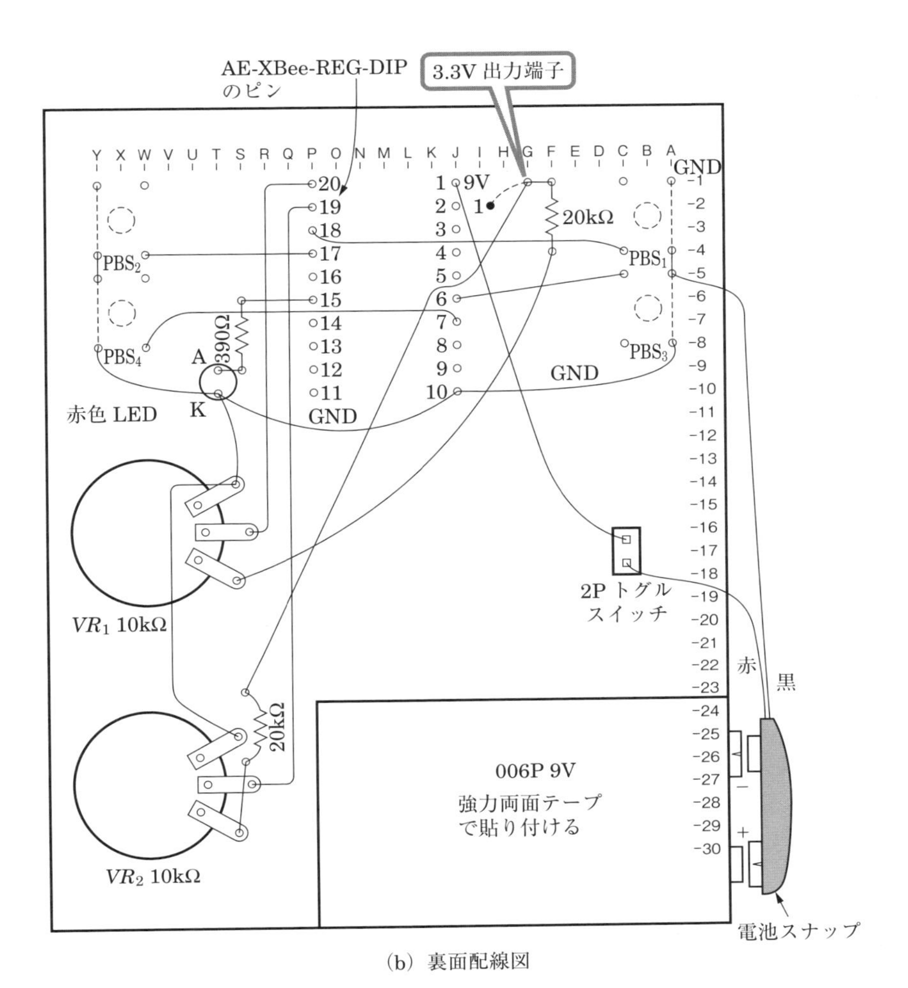

(b) 裏面配線図

図 6.10 XBee 送信回路の実体配線図

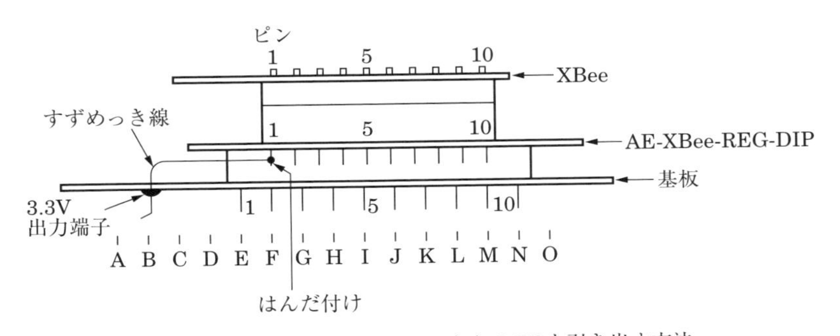

図 6.11 AE-XBee-REG-DIP から 3.3V を引き出す方法

図 6.12 は，XBee 受信制御回路の実体配線図である。

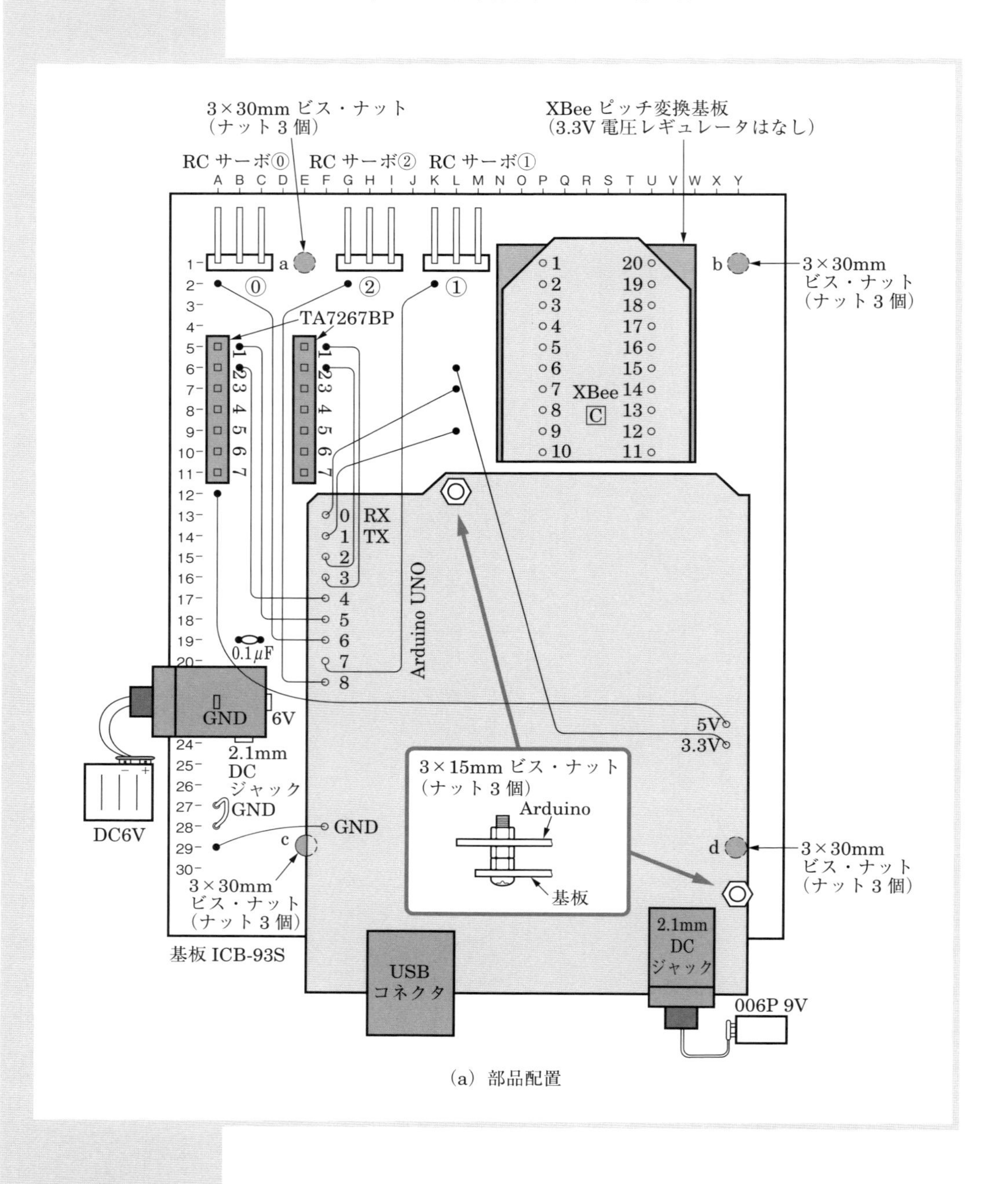

（a）部品配置

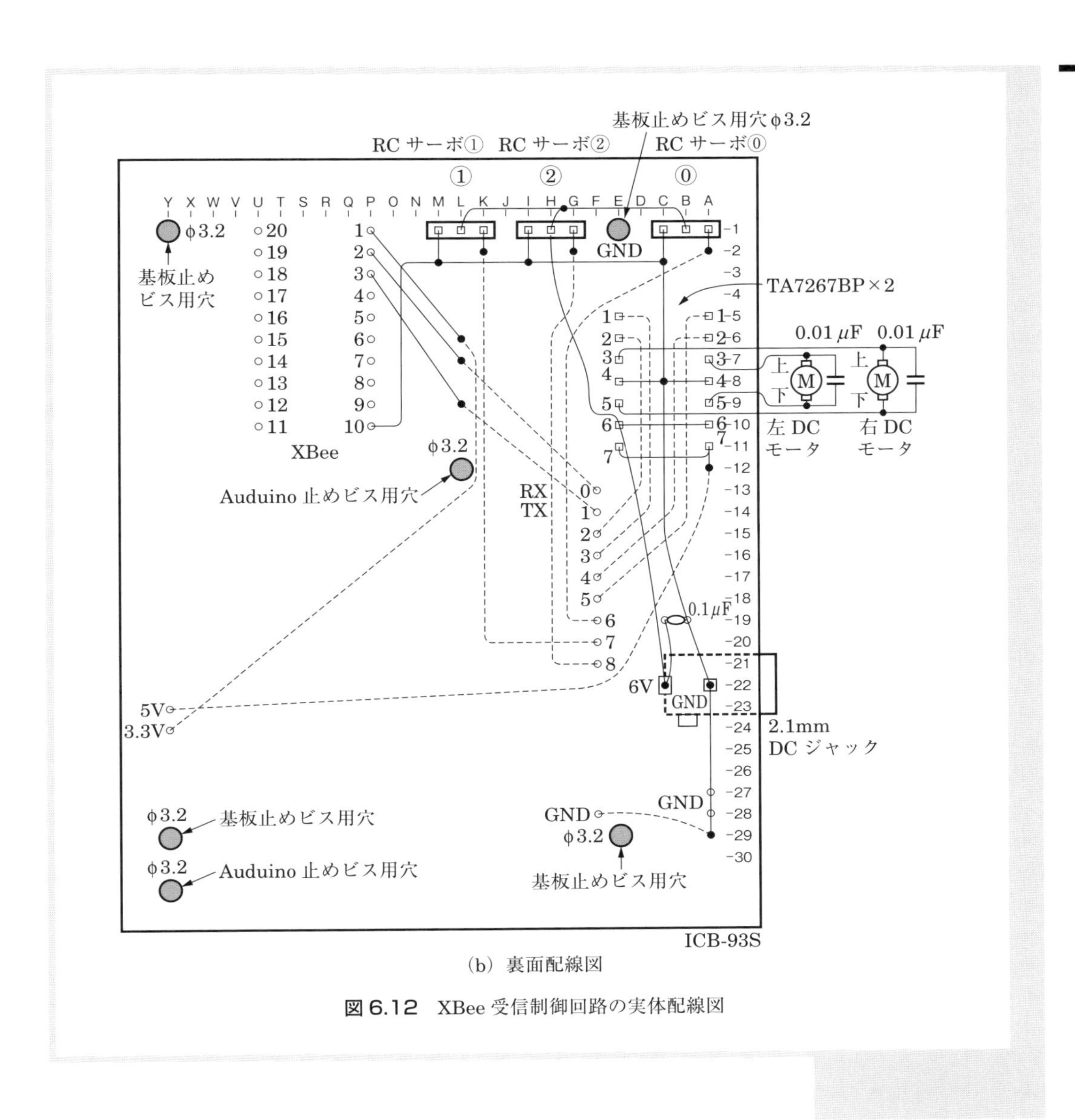

(b) 裏面配線図

図 6.12 XBee 受信制御回路の実体配線図

6.5 AT モード(透過モード時)と API モードの設定

2.8 節と同様に,送信側(ルータ🅁)の XBee は,XCTU によって AT モードに設定し,API フレームの内容を細かく指定する。受信側(コーディネータ🄲)の XBee は,API フレームを受け取る側なので,XCTU によって API モードにする。

送受信に使う XBee のアドレスは表 6.1 とする。

XBee 受信側(コーディネータ🄲)の設定,XBee 送信側(ルータ🅁)の設定ともに 2.8 節を参照してほしい。ここでは,書き込み画面を中心に簡単に述べる。

表 6.1　XBee のアドレス

XBee	高位アドレス	下位アドレス
コーディネータ Ⓒ	0013A200	40C05D67
ルータ Ⓡ	0013A200	40C05CCD

[1] XBee 受信側（コーディネータ）の設定

図 6.13 のファームウェアの更新画面において，「Product family」は「XB24-ZB」，「Function set」は「ZigBee Coordinator API」，「Firmware version」は「21A7」を選択し，「Update」をクリックする。

図 6.14 は，コーディネータの書き込み画面である。

設定を一括して XBee モジュールに書き込むために，Working area の上部にある「設定の書き込み（Write）」ボタンをクリックする。

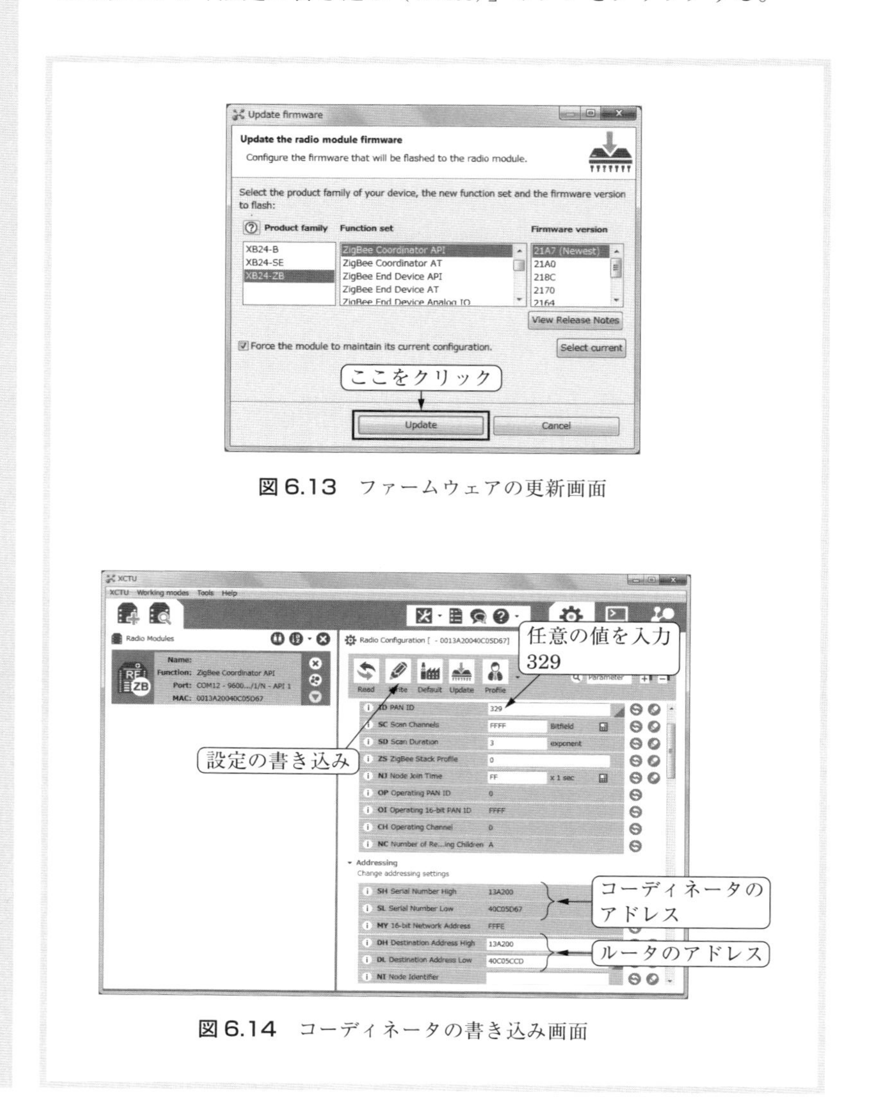

図 6.13　ファームウェアの更新画面

図 6.14　コーディネータの書き込み画面

[2] XBee 送信側（ルータ）の設定

図 6.15 のファームウェアの更新画面において，「Product family」は「XB24-ZB」，「Function set」は「ZigBee Router AT」，「Firmware version」は「22A7」を選択し，「Update」をクリックする。

図 6.16，図 6.17，図 6.18 は，ルータの書き込み画面である。

設定を一括して XBee モジュールに書き込むために，Working area の上部にある「設定の書き込み（Write）」ボタンをクリックする。

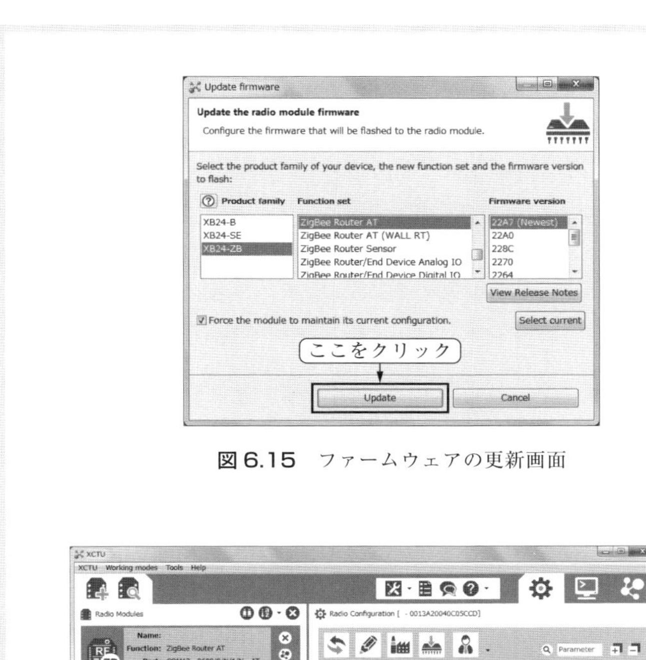

図 6.15　ファームウェアの更新画面

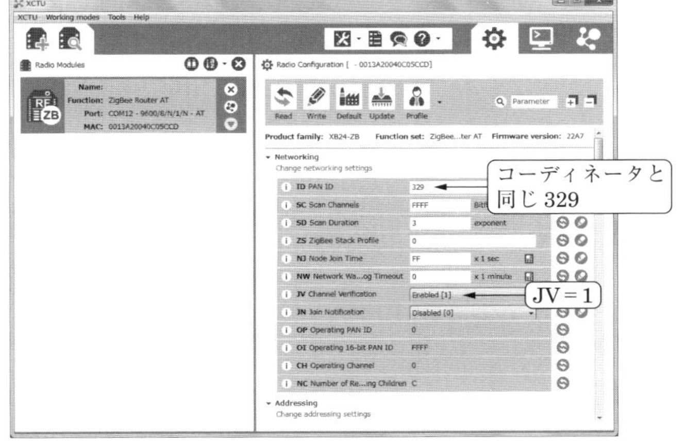

図 6.16　ルータの書き込み画面（1）

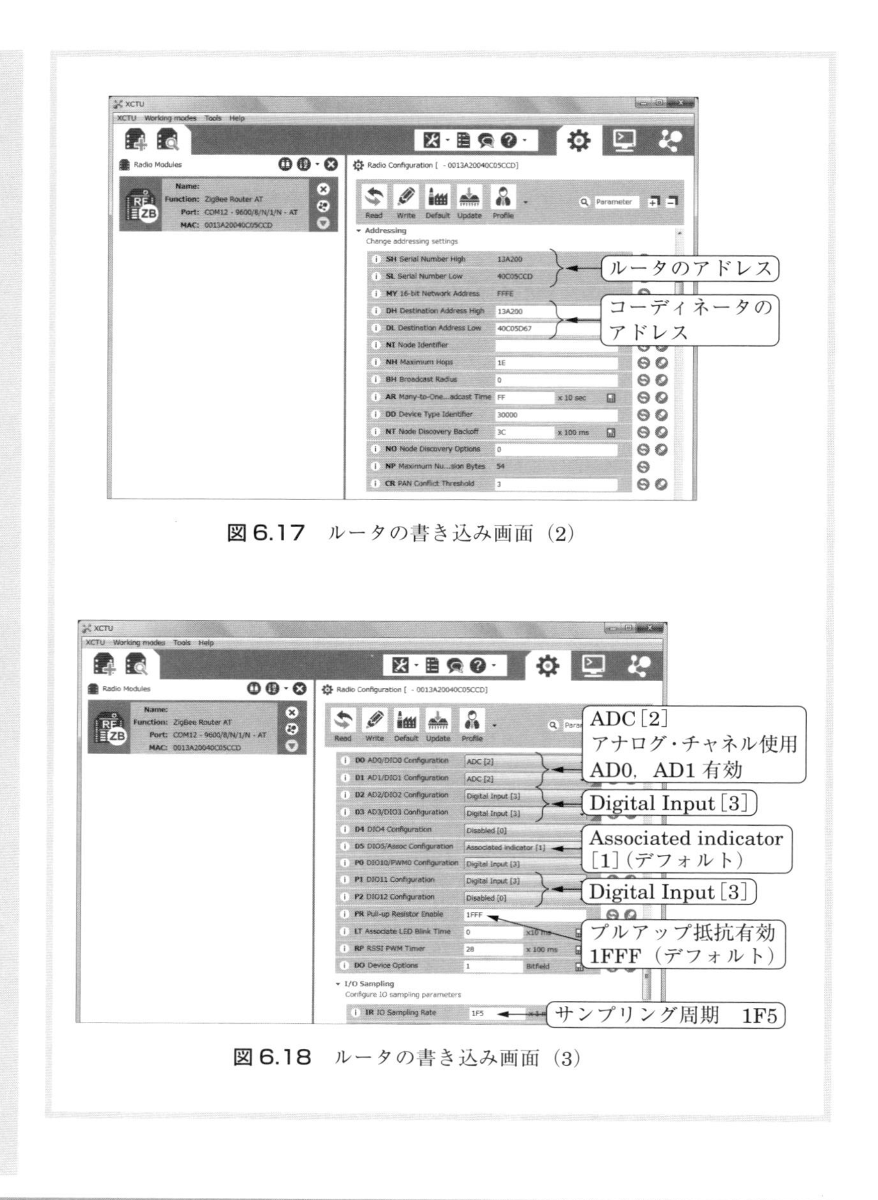

図 6.17　ルータの書き込み画面（2）

図 6.18　ルータの書き込み画面（3）

6.6　ルータからコーディネータに送られた API フレームの確認

表 6.2 は，ルータⓇ（送信側）からコーディネータⓒ（受信側）に送られた API フレームである。

この API フレームは次の［プログラム 6-1］で確認できる。コーディネータ側の Arduino に［プログラム 6-1］を書き込み，ルータ側の XBee 送信回路の押しボタンスイッチと可変抵抗器（ボリューム）を図 6.3 のように操作する。そして，シリアルモニタで確認する。図 6.19 のシリアルモニタ画面のように API フレームを見ることができる。開始コード（スタートバイト）の 0x7E はシリアルモニタ画面には出てこない。

表 6.2 ルータⓇからコーディネータⒸに送られた API フレーム

フレームフィールド		オフセット	例	解　説
開始コード		0	0x7E	
フレーム長		MSB 1	0x00	フレームタイプからカウントし，チェックサムの直前までのバイト数。例は 22 バイト
		LSB 2	0x16	
フレームデータ	フレームタイプ	3	0x92	デジタルやアナログのサンプリングデータの受信時に使う（RX 入出力データ受信）
	64 ビット送信元アドレス	4	0x00	ルータ（送信元）のアドレス 「高位」は 0013A200 「下位」は 40C05CCD
		5	0x13	
		6	0xA2	
		7	0x00	
		8	0x40	
		9	0xC0	
		10	0x5C	
		11	0xCD	
	16 ビット送信元アドレス	MSB 12	0x4C	ネットワーク内アドレス
		LSB 13	0x5E	
	受信オプション	14	0x01	0x01 は確認応答を返す
	サンプル数	15	0x01	サンプル数。常に 1
	デジタル・チャネル・マスク	MSB 16	0x0C	デジタル・チャネルの使用状況。例えば，高位 4 ビットは 0x0C，下位 4 ビットは 0x0C
		LSB 17	0x0C	
	アナログ・チャネル・マスク	18	0x03	アナログ・チャネルの使用状況。下位 2 ビット有効，AD0，AD1 有効
	デジタル・サンプル（存在する場合）	MSB 19	0x0C	デジタル・チャネル・マスクが 0 でない場合，サンプリングデータが入る。高位 4 ビットは 0x0C，下位 4 ビットは 0x00
		LSB 20	0x00	
	アナログ・サンプル（存在する場合）	MSB 21	0x02	2 本のアナログピン AD0 と AD1 を使うので，全部で 4 バイトのデータを受信する。各サンプルは 2 バイトからなり，計 4 バイトになる
		LSB 22	0x71	
		MSB 23	0x02	
		LSB 24	0xA3	
チェックサム		25	0xA4	フレームの最後のバイト

▶プログラム 6-1 ▶　XBee API フォーマットの確認

＊＊＊プログラムの書き込み時には，Arduino の RX（ピン 0）のジャンパー線を外す。＊＊＊

```
void setup()                        // 初期設定
{
  Serial.begin(9600);               // シリアル通信のデータ転送レートを bps(baud) で指定
}
void loop()                         // メインの処理
{
  if(Serial.available() > 25)       // シリアルポートから 0 ～ 26 バイトを受信
  {
```

```
    if(Serial.read() == 0x7E)      // シリアルバッファの中のスタートバイト(0x7E)を探
                                   // す。0x7E が見つかったら，次へ行く
    {
      for(int i=1; i<26; i++)      // for 文。i=1 から 25 までループをまわる。i++ は i の
                                   // インクリメント
      {
        Serial.print(Serial.read(), HEX); // 受信データを読み込み，16 進数でシリ
                                          // アルポートに出力
        Serial.print(" ");         // スペースを送信
      }
      Serial.println();            // 改行を送信
    }
  }
}
```

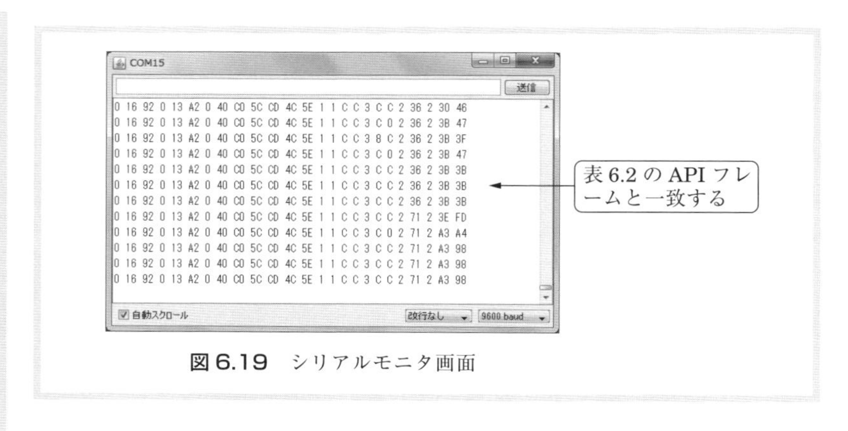

図 6.19 シリアルモニタ画面

6.7 プログラムの作成

図 6.4 の Arduino に［プログラム 6-2］を書き込む。

図 6.3 XBee 送信回路の押しボタンスイッチや可変抵抗器（ボリューム）の操作によって，ロボットを制御する。

▶プログラム 6-2 ▶ 空き缶搬送ロボットの制御

```
    ＊＊＊プログラムの書き込み時には，Arduino の RX（ピン 0）のジャンパー線を外す。＊＊＊
#include <Servo.h>                 // ライブラリの読み込み ＜Servo.h＞
Servo servo0,servo1,servo2;        // Servo 型の変数は「servo0」～「servo2」にする
void setup()                       // 初期設定
{
  Serial.begin(9600);              // シリアル通信のデータ転送レートを bps(bald) で指定
  servo0.attach(6);                // サーボ変数「servo0」をピン 6 に割り当てる (RC サーボ 0)
  servo1.attach(7);                // サーボ変数「servo1」をピン 7 に割り当てる (RC サーボ 1)
  servo2.attach(8);                // サーボ変数「servo2」をピン 8 に割り当てる (RC サーボ 2)
  pinMode(2,OUTPUT);               // ピン 2 を出力に設定
  pinMode(3,OUTPUT);               // ピン 3 を出力に設定
```

```
  pinMode(4,OUTPUT);                 // ピン 4 を出力に設定
  pinMode(5,OUTPUT);                 // ピン 5 を出力に設定
}
void loop()                          // メインの処理
{
  if(Serial.available() > 25)        // シリアルポートから 0 ～ 26 バイトを受信
  {
    if(Serial.read()==0x7E)          // シリアルバッファの中からスタートバイト (0x7E) を
                                     // 探す。0x7E が見つかったら，次へ行く
    {
      for(int i=1; i<=18; i++)       // for 文。受信したシリアルバッファの中のスタートバイト
                                     // を除いた 1 ～ 18 バイトまでの使わない部分を読みとばす。
      {
        byte discard=Serial.read();      // 変数「discard」は byte 型
      }
      int digitalHigh=Serial.read();     // 19 バイト目のデジタル値を読み込み，digital
                                         // High に代入。digitalHigh は int 型  1
      int digitalLow=Serial.read();      // 20 バイト目のデジタル値を読み込み，digital
                                         // Low に代入。digitalLow は int 型
      int analogHigh1=Serial.read()      // 21 バイト目。A-D 変換された受信  ┐
                                         // データ (MSB) を読み込む          │
      int analogLow1=Serial.read();      // 22 バイト目。A-D 変換された受信  ├ 2
                                         // データ (LSB) を読み込む          ┘
      int analogHigh2=Serial.read();     // 23 バイト目。(MSB) を読み込む
      int analogLow2=Serial.read();      // 24 バイト目。(LSB) を読み込む
      int value=digitalLow + (digitalHigh*16);  // 2 バイトのデジタル値の再構築 3
      int AD1=analogLow1 + (analogHigh1*256);   // A-D 変換されたデジタル値の再構築
                                                                                4
      int AD2=analogLow2 + (analogHigh2*256);   // A-D 変換されたデジタル値の再構築
      if(value == 0xc0)              // value が 0xc0 ならば，次へ行く（0xc0 は送信機の
                                     // PBS1 と PBS2 が ON のとき） 5
      {
        digitalWrite(5,HIGH);        // ピン 5 に "HIGH" を出力  ┐
        digitalWrite(4,LOW);         // ピン 4 に "LOW" を出力   │
        digitalWrite(3,HIGH);        // ピン 3 に "HIGH" を出力  ├ ロボットは前進
        digitalWrite(2,LOW);         // ピン 2 に "LOW" を出力   ┘
        delay(500);                  // タイマ（0.5s）
        PORTD=0;                     // PORTD をクリア (0)         ロボットは停止
      }
      else if(value == 0x0c)         // value が 0x0c ならば，次へ行く (0x0c は送信機の
                                     // PBS3 と PBS4 が ON のとき )
      {
        digitalWrite(5,LOW);         // ピン 5 に "LOW" を出力   ┐
        digitalWrite(4,HIGH);        // ピン 4 に "HIGH" を出力  │
        digitalWrite(3,LOW);         // ピン 3 に "LOW" を出力   ├ ロボットは後進
        digitalWrite(2,HIGH);        // ピン 2 に "HIGH" を出力  ┘
        delay(500);                  // タイマ（0.5s）
        PORTD=0;                     // PORTD をクリア (0)
      }
```

```
      else if(value == 0x48)      // value が 0x48 ならば，次へ行く (0x48 は送信機の
                                  // PBS1 と PBS4 が ON のとき )
      {
        digitalWrite(5,HIGH);     // ピン 5 に "HIGH" を出力 ┐
        digitalWrite(4,LOW);      // ピン 4 に "LOW" を出力  │ ロボットは右旋回
        digitalWrite(3,LOW);      // ピン 3 に "LOW" を出力  │
        digitalWrite(2,HIGH);     // ピン 2 に "HIGH" を出力 ┘
        delay(200);               // タイマ (0.2s)
        PORTD=0;                  // PORTD をクリア (0)       ロボットは停止
      }
      else if(value == 0x84)      // value が 0x84 ならば，次へ行く (0x84 は送信機の
                                  // PBS3 と PBS2 が ON のとき )
      {
        digitalWrite(5,LOW);      // ピン 5 に "LOW" を出力  ┐
        digitalWrite(4,HIGH);     // ピン 4 に "HIGH" を出力 │ ロボットは左旋回
        digitalWrite(3,HIGH);     // ピン 3 に "HIGH" を出力 │
        digitalWrite(2,LOW);      // ピン 2 に "LOW" を出力  ┘
        delay(200);               // タイマ (0.2s)
        PORTD=0;                  // PORTD をクリア (0)       ロボットは停止
      }
      else if(value == 0x88)      // value が 0x88 ならば，次へ行く (0x88 は送信機の
                                  // PBS1 と PBS3 が ON のとき )
      {
        int X1=map(AD1,0,938,0,180);  // map 関数。数値をある範囲から別の範囲に
                                      // 変換する  6
        int X2=map(AD1,0,938,180,0);  // map 関数
        servo2.write(X1);         // servo2 の角度は X1 の値 ┐ 空き缶のつかみと放し 7
        servo1.write(X2);         // servo1 の角度は X2 の値 ┘
        delay(100);               // タイマ (0.1s)
      }
      else if(value == 0x44)      // value が 0x44 ならば，次へ行く (0x44 は送信機の
                                  // PBS2 と PBS4 が ON のとき )
      {
        AD2=map(AD2,0,938,180,0);   // map 関数
        servo0.write(AD2);        // servo0 の角度は AD2 の値
                                  // 空き缶の持ち上げと持ち下げ
        delay(100);               // タイマ (0.1s)
      }
    }
  }
}
```

▶プログラムの説明

1 int digitalHigh=Serial.read();

19 バイト目（MSB19）の受信デジタルデータを読み込み，int 型の変数 digitalHigh に代入。

表 6.2 の API フレームでは，MSB19 は 0x0C である。

int digitalLow=Serial.read();

20バイト目（LSB20）の受信デジタルデータを読み込み，int型の変数digitalLowに代入。

表6.2のAPIフレームでは，LSB20は0x00である。

❷ int analogHigh1=Serial.read();

21バイト目（MSB21）のA-D変換された受信デジタルデータを読み込み，int型の変数analogHigh1に代入。

表6.2のAPIフレームでは，MSB21は0x02である。

int analogLow1=Serial.read();

22バイト目（LSB22）のA-D変換された受信デジタルデータを読み込み，int型の変数analogLow1に代入。

表6.2のAPIフレームでは，LSB22は0x71である。

❸ int value= digitalLow+(digitalHigh*16);

受信デジタルデータdigitalLowとdigitalHighの値から2バイトのデジタル値を再構築し，int型の変数valueに代入。

❶のデータ，MSBは0x0C，LSBは0x00から次のように計算する。

16進数の0x0Cは10進数では12

16進数の0x00は10進数では0

value = 0 + 12 × 16 = 192　になる。

10進数192は，2進数では1100 0000。これを16進数に変換すると0xC0。

0xC0は送信機の押しボタンスイッチPBS_1とPBS_2がONのときである。

❹ int AD1=analogLow1+(analogHigh1*256);

10ビットのデジタル値（0～1023）に再構築する。この計算式で計算された値をint型の変数AD1に代入する。

❷のデータ，MSBは0x02，LSBは0x71から次のように計算する。

16進数の0x02は10進数では2

16進数の0x71は10進数では113※

❹の式からAD1 = 113 + 2 × 256 = 625　になる。

※ 7×16+1=113

❺ if(value==0xc0)

valueが0xc0に等しければ，次へいく。

押しボタンスイッチがOFFのとき，XBeeのDIO11，DIO10，DIO3，DIO2はXBee内蔵プルアップ抵抗によって，“1”になっている。押しボタンスイッチがONになると，デジタル入力は“0”になる。DIO11～DIO2の“1”，“0”のようすを16進数であらわしたのが表6.3に示すデジタル入力データである。

表 6.3　デジタル入力データ

ONにした押しボタンスイッチ		DIO11	DIO10	…	DIO3	DIO2	…	デジタル入力データ	(参考)動作
PBS_1	PBS_2	1	1	…	0	0	…	0xc0	前進
PBS_3	PBS_4	0	0	…	1	1	…	0x0c	後進
PBS_1	PBS_4	0	1	…	1	0	…	0x48	右旋回
PBS_3	PBS_2	1	0	…	0	1	…	0x84	左旋回
PBS_1	PBS_3	1	0	…	1	0	…	0x88	空き缶のつかみと放し
PBS_2	PBS_4	0	1	…	0	1	…	0x44	空き缶の持ち上げと持ち下げ

6 int X1=map(AD1,0,938,0,180);

構文　map(*value*,*fromLow*,*fromHigh*,*toLow*,*toHigh*);

value　：変換したい数値

fromLow　：現在の範囲の下限

fromHigh：現在の範囲の上限

toLow　：変換後の範囲の下限

toHigh　：変換後の範囲の上限

ここで，変換したい数値は，A-D変換されたAD1の読み取り値0～938である。この値をサーボホーンの角度0～180に変換し，変数X1に代入する。X1はint型。

938は，6.2節で計算したアナログ入力電圧 $V_1 = 1.1\,\mathrm{V}$ のときの変換デジタル値である。

int X2=map(AD1,0,938,180,0);

ここで，変換したい数値は，AD1の読み取り値0～938である。この値を180～0に変換し，X2に代入する。

7 servo2.write(X1);

servo1.write(X2);

servo2の角度は変換されたX1の値になる。

Servo1の角度は変換されたX2の値になる。

このようにして，可変抵抗器 VR_1 を右方向にまわすことによりRCサーボ②は ⊕ 方向（180°の方向）にまわり，RCサーボ①は ⊖ 方向（0°の方向）にまわり，空き缶をつかむことができる。

表 6.3　空き缶搬送ロボット部品リスト

● XBee送信機

部品	型番等	規格等	個数	備　考	参考価格
XBee（シリーズ2）	XBee ZB 2mW PCBアンテナ	秋月電子 XB24-Z7PIT-004	1	秋月電子	2200円
XBee 2.54mmピッチ変換基板	AE-XBee-REG-DIP	3.3V電圧レギュレータ内蔵	1	秋月電子	300円
ユニバーサル基板	ICB-88		1	サンハヤト	310円

表 6.3　空き缶搬送ロボット部品リスト（つづき）

小型ボリューム 10kΩ（B 型）		軸 φ6mm，長さ 13.5mm	2	秋月電子	40 円
小型ボリューム用ツマミ		15mm	2	秋月電子	20 円
タクトスイッチ			4	秋月電子	10 円
2P トグルスイッチ	MS-243		1	ミヤマ電器	185 円
抵抗	390 Ω	1/4W	1	秋月電子（100 個入）	100 円
	20 kΩ	1/4W	2	秋月電子（100 個入）	100 円
LED		赤色 φ5mm	1	秋月電子（10 個入）	120 円
電池スナップ			1	秋月電子	20 円
乾電池	006P 9V	アルカリ電池	1	秋月電子	100 円
その他	強力両面テープ，リード線，すずめっき線				

●空き缶搬送ロボット本体と制御回路基板

部品	型番等	規格等	個数	備　考	参考価格
Arduino UNO	R3		1	秋月電子	2940 円
XBee（シリーズ 2）	XBee ZB 2mW PCB アンテナ	秋月電子 XB24-Z7PIT-004	1	秋月電子	2200 円
XBee ピッチ変換基板	BOB-08276	3.3V 電圧レギュレータなし	1	ストロベリーリナックス	320 円
ユニバーサル基板	ICB-93S		1	サンハヤト	310 円
DC モータドライブ IC	TA7267BP		2	秋月電子（2 個入）	300 円
DC ジャック	MJ-179P	2.1mm 標準	1	秋月電子	40 円
DC プラグ		2.1mm 標準	2	秋月電子	30 円
ピンヘッダ		オス L 型（3P）	3	秋月電子 40P を 3P に切断	50 円
積層セラミックコンデンサ		0.1μF 50V	1	秋月電子（10 本）	100 円
		0.01μF 50V	2	秋月電子（10 本） DC モータ直付け	100 円
RC サーボ	S03N-2BBMG/JR		6	秋月電子 S03N-2BBMG/F 可	1000 円
ツインモータギヤーボックス			1	タミヤ（千石電商）	830 円
ユニバーサルプレートセット			2	秋月電子	330 円
小型プラスチックキャスタ		25mm 自在	2	ホームセンター等	120 円
スポーツタイヤセット			1	タミヤ（千石電商）	520 円
電池ボックス	単三形平 4 本	横一列・リード付	1	秋月電子	70 円
電池スナップ			2	秋月電子	20 円
乾電池	単三形	アルカリ電池	4	秋月電子（4 本）	80 円
	006P 9V		1	秋月電子	100 円
アルミ板		厚さ 1.2mm アルミ板	1	フレーム用	
ビス・ナット		3 × 8mm	12		
		3 × 10mm	9		
		3 × 15mm	6	ナット計 10 個	
		3 × 30mm	4	ナット計 12 個	
		2 × 6mm	24		
ワッシャ		3mm ビス用	24		
その他	強力両面テープ，ジャンパー線，リード線，すずメッキ線，おもり				

第7章 XBeeによる単相誘導モータの正転・逆転回路

7.1 リレーの基本回路

[1] 押しボタンスイッチによる電球のON-OFF制御

図7.1は，押しボタンスイッチによる電球のON-OFF制御である。図(a)は，押しボタンスイッチPBS_1を押すと接点がONになり，電球L_1は点灯する。PBS_1から手を離すと接点はOFFになり，L_1は消灯する。このような接点をa接点またはメイク接点という。図(b)は，電球L_2は点灯している。押しボタンスイッチPBS_2を押すと接点はOFFになり，電球L_2は消灯する。PBS_2から手を離すと接点はONになり，L_2は点灯する。このような接点をb接点またはブレーク接点という。

図7.2はこの章で使う押しボタンスイッチであり，a接点b接点(1a1b)を持っているので，どちらにも利用できる。定格はAC 125 V，3 A（抵抗負荷）である。

※ 人間の皮膚の状態が汗ばんだり，水で濡れていたりすると，皮膚の接触抵抗が数百Ωに低下することがある。このような手で100Vに感電すると危険なので，十分注意が必要である。

AC100Vでも場合によって感電死はありえる。
- 豆電球点灯
  DC3V 250mA
- 白熱電球点灯
  AC100V
  60W
  0.6A＝600mA
- 人間の心臓
  50～100mAで感電死といわれる

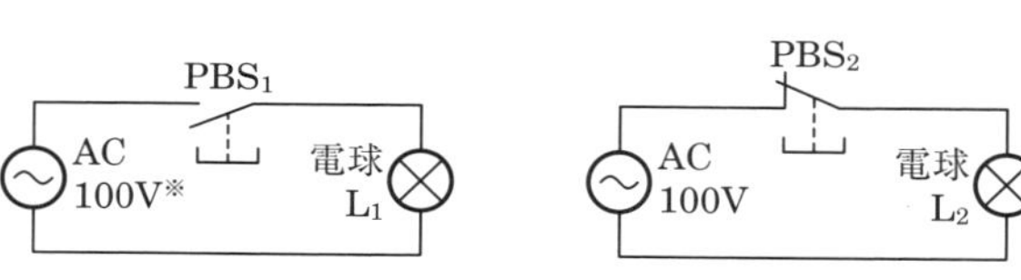

（a）a接点（メイク接点）　（b）b接点（ブレーク接点）

図7.1 押しボタンスイッチによる電球のON-OFF制御

図7.2 押しボタンスイッチ 形A2A

[2] リレーの構造と動作

リレー※は，電磁石を形成する鉄心とコイル，電気回路の開閉を行う可動鉄片と接点とで構成されている。図 7.3 は，リレーの構造およびリレーと端子台（ソケット）の外観である。このリレーは 2 組の a，b，c 接点を持っている。ここで，リレーの動作を見てみよう。

※ 電磁継電器，電磁リレーとも呼ばれる。

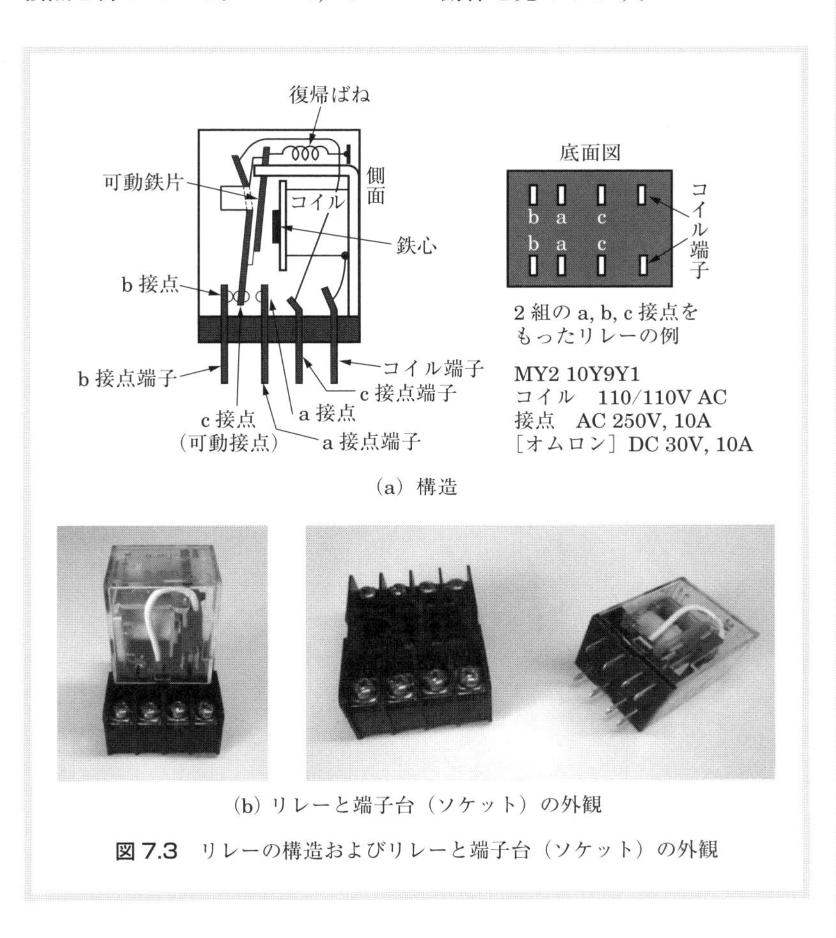

(a) 構造

(b) リレーと端子台（ソケット）の外観

図 7.3 リレーの構造およびリレーと端子台（ソケット）の外観

◆ リレーの動作

① コイル端子に AC（交流）100 V を印加する。

② コイルに電流が流れ，鉄心は電磁石になる。リレーのコイルに電流を流すことを，リレーを励磁するという。

③ 電磁石によって可動鉄片は吸引され，可動鉄片と連動する c 接点（可動接点）は a 接点とつながる。

④ 同時に，b 接点と c 接点は離れる。

⑤ AC 100 V を OFF にし，コイルの電源を切る。コイルの電流は 0 になり，電磁石は消磁する。

⑥ 電磁石の吸引力はなくなり，c 接点は復帰ばねの働きで図の状態に戻る。

[3] シーケンス図

※ sequence：機器を自動制御する際，あらかじめ設定しておく動作の順序。

図 7.4 は，リレーシーケンス回路のシーケンス※図であり，リレーの励磁回路と，リレーの接点で ON-OFF する負荷回路を示す。シーケンス図は，電気回路を展開式にあらわしたもので，機器の働きや電流の流れなどがよくわかる。図 7.4 は横書きシーケンス図といい，R，T または P，N と記された直線は電源ラインであり，制御母線という。制御母線が単相交流の場合は R，T，直流の場合は P，N の記号を付ける。

いま，押しボタンスイッチ PBS_1 を「ON」操作すると PBS_1 の接点が ON になり，リレー R_1 のコイル部は励磁され，リレーは働く。その結果，リレーの a 接点は閉じ，b 接点は開く。よって，電球 L_1 は点灯し，L_2 は消灯する。しかし，PBS_1 を押した手を離すと励磁回路は OFF になり，元の無励磁に戻ってしまう。そこで自己保持回路が必要となる。

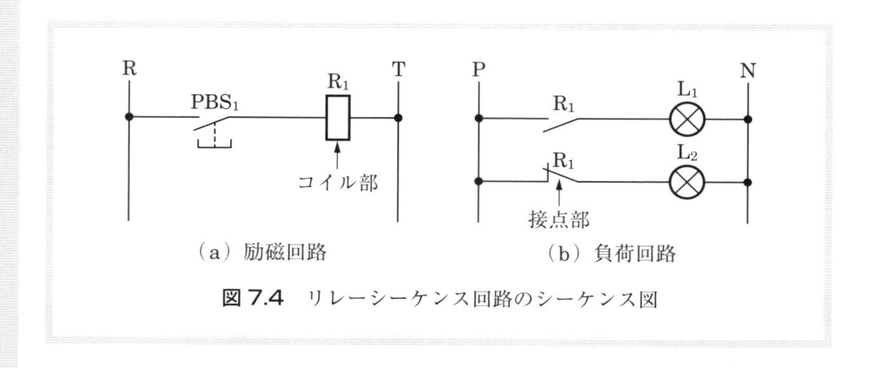

図 7.4 リレーシーケンス回路のシーケンス図

[4] 自己保持回路

図 7.1 で取り上げた押しボタンスイッチは，「ON」操作している間だけ接点が開閉し，手を離すと操作部分と接点は元の状態に戻ってしまう。このため，リレーの自己の接点を利用して，リレーの励磁を続ける回路が必要になる。このような回路を自己保持回路という。図 7.5 は，自己保持回路と負荷回路であり，リレー R_1 はコイル部と 3 つの a 接点を持っている※。この回路の動作を見てみよう。

※ 図 7.8 参照

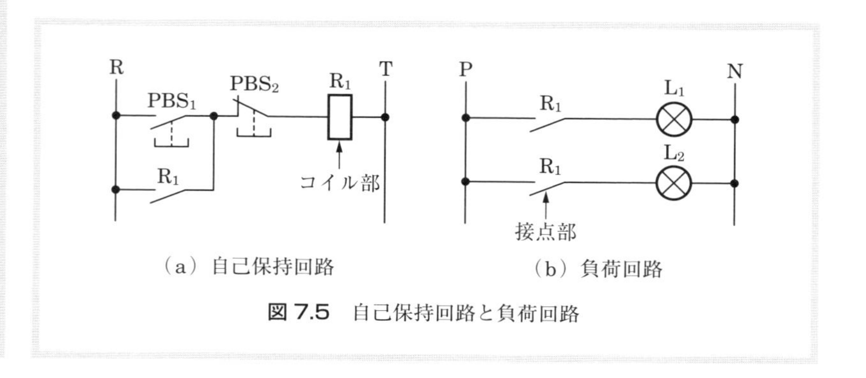

図 7.5 自己保持回路と負荷回路

◆ 回路の動作

① 押しボタンスイッチ PBS_1 を押す。

② PBS_1 の a 接点は閉じ，押しボタンスイッチ PBS_2 の b 接点を通じて，リレー R_1 のコイル部は励磁される。

③ このため，R_1 の 3 つの a 接点はすべて閉じる。

④ PBS_1 を押した手を離しても，自己保持回路の R_1 の a 接点は ON になっているので，R_1 は励磁を続けることができる。

⑤ 負荷回路の 2 つの a 接点も ON になっているので，2 つの電球 L_1，L_2 は点灯を続ける。

⑥ 自己保持回路を解除するには，PBS_2 を押す。

⑦ PBS_2 が開くので，R_1 のコイル部は消磁され，R_1 の 3 つの a 接点はすべて開き，元の状態に戻る。

7.2 リレーシーケンス回路

[1] 自己保持回路とインタロック回路

図 7.6 は，自己保持回路とインタロック回路であり，そのタイムチャートを図 7.7 に示す。この回路の動作を見てみよう。

◆ 回路の動作

① 押しボタンスイッチ PBS_1 を押すとリレー R_1 は励磁され，a 接点 R_1 は ON になる。PBS_1 を押した手を離しても，自己保持回路の R_1 の a 接点は ON になっているので，R_1 は励磁を続けることができる。

② リレー R_1 と電球 L_1 は並列接続しているので，R_1 が ON と同時に L_1 は点灯する。

③ PBS_3 は b 接点であり，PBS_3 ON でリレー R_1 の自己保持は解除され，R_1 は OFF，L_1 は消灯する。

④ PBS_2 を押すとリレー R_2 は励磁され，a 接点 R_2 は ON になる。PBS_2 を押した手を離しても，自己保持回路の R_2 の a 接点は ON になっているので，R_2 は励磁を続けることができる。

⑤ リレー R_2 と電球 L_2 は並列接続しているので，R_2 が ON と同時に L_2 は点灯する。

⑥ PBS_3 ON でリレー R_2 の自己保持は解除され，R_2 は OFF，L_2 は消灯する。

⑦ この回路は，リレー R_1 側にリレー R_2 の b 接点があり，リレー R_2 側にリレー R_1 の b 接点がある。これは，一方のリレーが励磁されると，他方の回路が開いて動作ができないようにしている。このような

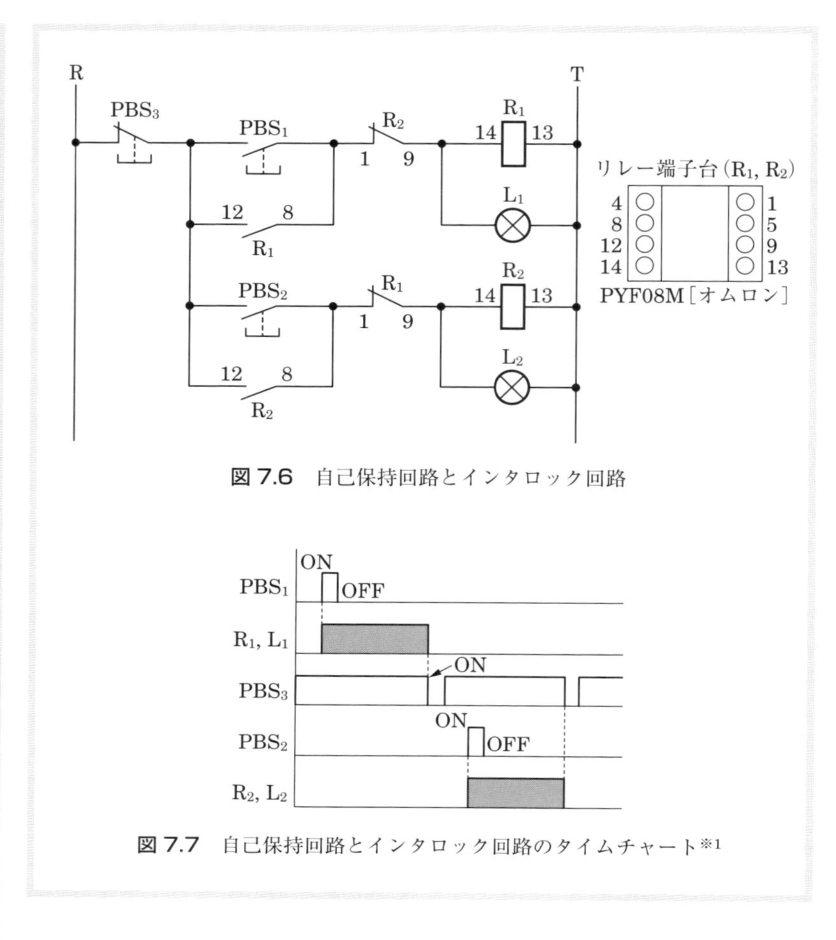

図 7.6　自己保持回路とインタロック回路

図 7.7　自己保持回路とインタロック回路のタイムチャート※1

※1　ここでのタイムチャートは，押しボタンスイッチの ON・OFF によって，リレーや電球の ON・OFF がどうなるかを，時間の経過に合わせて図示している。

ことを「インタロックをかける」といい，そのための回路をインタロック回路と呼んでいる。

⑧　また，この回路は 2 つの自己保持回路・インタロック回路が並列にあり，PBS_1 あるいは PBS_2 のどちらを先に押すかによって優先度が与えられる。このため，並列優先回路ともいう。

⑨　並列優先回路は互いにインタロックをかけあっているため，インタロックをかけられた回路を動作させるには，b 接点の PBS_3 を押し，インタロックを外す必要がある。

7.3　単相誘導モータの正転・逆転回路

※2　リレーと同じで，電磁石による可動鉄片の吸引を利用して，接点の開閉を行う機器である。大電流用に使用される主接点と，制御回路に使われる小電流用の補助接点を有している。

図 7.8 は，リレーを 2 つ使用した単相誘導モータの正転・逆転回路である。本来，リレーではなく電磁接触器※2 を使用すべきであるが，実験で使用する単相誘導モータ IH6PF6 の定格は，AC 100 V，0.3 A と小

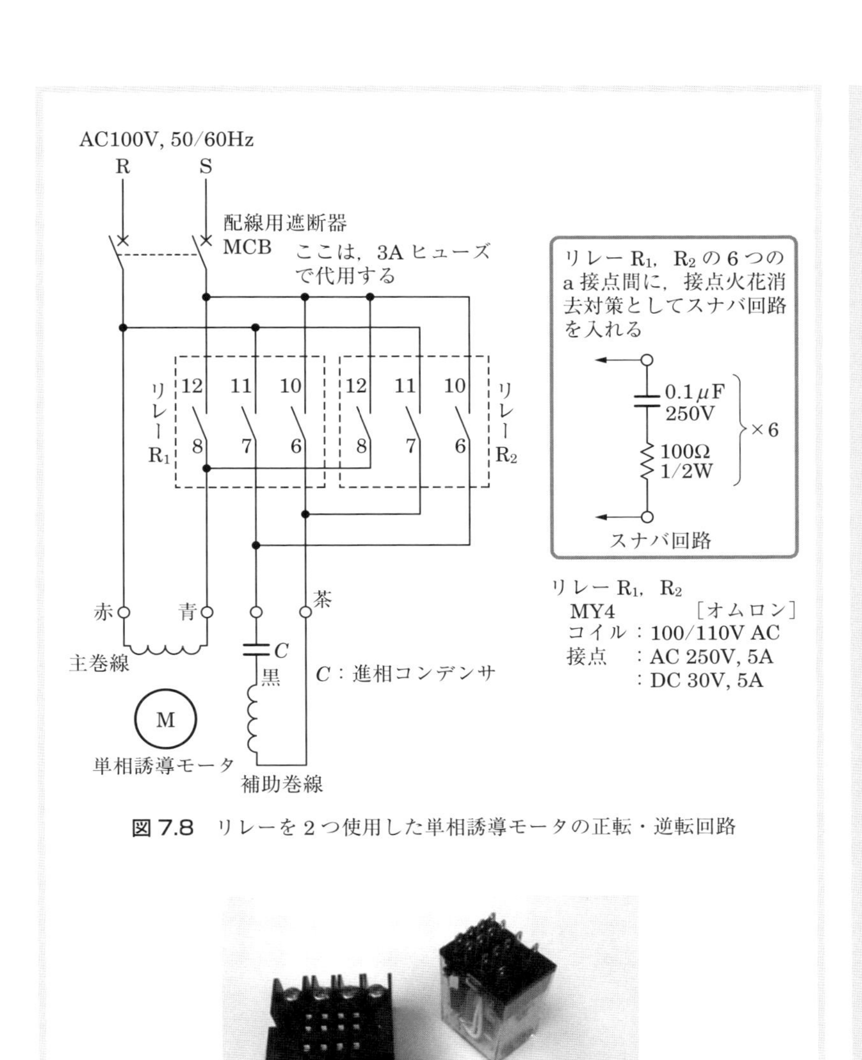

図 7.8 リレーを2つ使用した単相誘導モータの正転・逆転回路

図 7.9 リレーと端子台（ソケット）の外観

さいため，リレーを代用する。また，配線用遮断器※の代わりにヒューズを用いる。図 7.9 にこの回路で使うリレーと端子台（ソケット）の外観を示す。図 7.8 は，3つのa接点をもった2組のリレーを使用している。図には記されていないが，さらにもう1つのb接点をもったリレーを使用する。これは，後述する図 7.11 に示すように，リレー R_1 のコイルと直列にリレー R_2 のb接点，リレー R_2 のコイルと直列にリレー R_1 のb接点を接続し，インタロック回路にするためである。

※ ブレーカともいわれ，過負荷やショートなどで過電流が流れたとき回路を切る。

図 7.10 は，単相誘導モータの正転・逆転回路である。図 7.8 において，3 つの a 接点をもったリレー R_1 が ON になると，図 7.10 (a) の正転の回路になる。リレー R_1 が OFF でリレー R_2 が ON になると，図 7.10 (b) の逆転の回路になる。このように，単相誘導モータの正転・逆転の切り替えは，進相コンデンサ※1 がつながれた補助巻線に流れる電流の向きを変えている。この回路では，進相コンデンサは補助巻線と常に直列なので，正転時と逆転時のトルクは同じで，どちらも連続運転ができる。

※1　進相コンデンサは，補助巻線が接続されているため，補助巻線に流れる電流 i_2 は主巻線に流れる電流 i_1 より約 90°進み位相になる。そのため，進相コンデンサと呼ばれる。

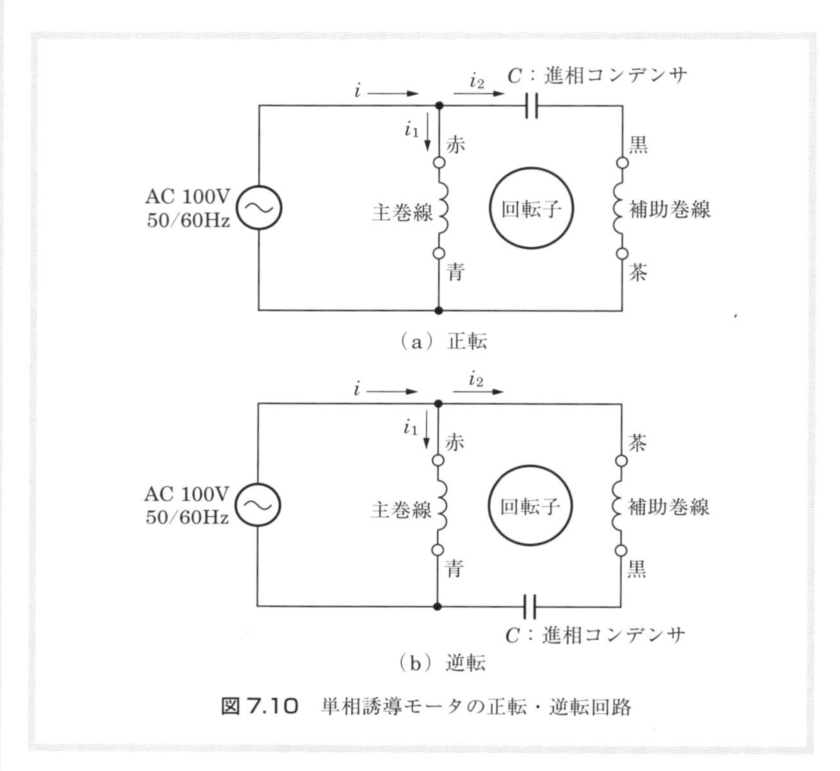

図 7.10　単相誘導モータの正転・逆転回路

7.4　XBee による単相誘導モータの正転・逆転実用回路

図 7.11 は，XBee による単相誘導モータの正転・逆転回路で，その外観を図 7.12 に示す。この回路は，マイクロコントローラとして Arduino を使用し，2 つのリレーや SSR※2，XBee などを使った実用回路である。回路の動作を見てみよう。

※2　7.5 節参照

◆ 回路の動作

① XBee 送信回路（XBee Ⓡ）からのデジタル値を XBee 受信回路（XBee Ⓒ）で受信する。

② 受信したデジタル値をプログラムが正転と判断したら，1 秒後に Arduino のピン 3 に“HIGH”，ピン 4 に“LOW”を出力する。

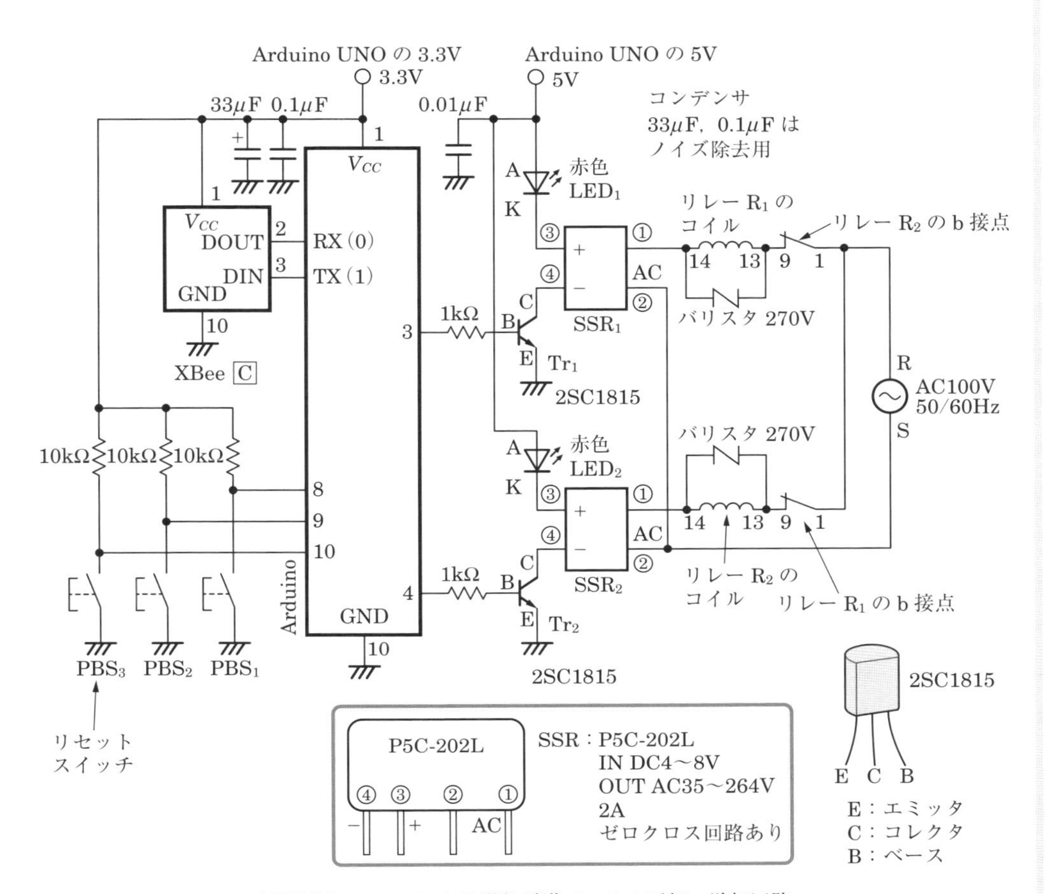

図 7.11　XBee による単相誘導モータの正転・逆転回路

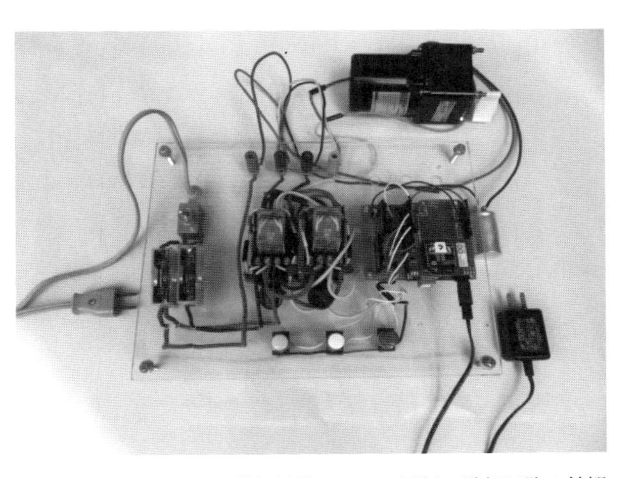

図 7.12　XBee による単相誘導モータの正転・逆転回路の外観

※1　トランジスタは，電流増幅作用を利用した半導体増幅素子である。

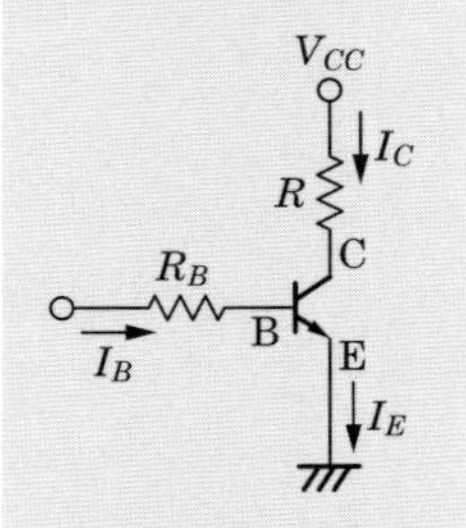

上図のNPN形トランジスタの場合，小さなベース電流 I_B がベースBに流れると，電流増幅された大きなコレクタ電流 I_C がコレクタCに流れ，エミッタEにエミッタ電流 $I_E=I_B+I_C$ が流れる。I_B の値に対して，何倍の I_C が流れるかという比率を直流電流増幅率 h_{FE} といい，次の関係式がある。

$$I_C=h_{FE}\cdot I_B$$

$$h_{FE}=\frac{I_C}{I_B}$$

③ トランジスタ[※1] Tr_1 のベースBにベース電流 I_B が流れ，電流増幅された大きなコレクタ電流 I_C が赤色 LED_1，SSR_1 の＋－間，およびコレクタCに流れる。I_B+I_C はエミッタ電流 I_E になる。

④ SSR_1 のAC間は導通し，リレー R_1 のコイルは励磁される。このため，リレー R_1 の3つのa接点はONになり，単相誘導モータは正転する。

⑤ このとき，リレー R_1 のb接点は開き，インタロック回路が働く。ピン4は“LOW”なのでトランジスタ Tr_2 はOFF，SSR_2 はOFF。インタロック回路とともに，二重にリレー R_2 を無励磁にしている。

⑥ 受信したデジタル値をプログラムが逆転と判断したら，1秒後にArduinoのピン3に“LOW”，ピン4に“HIGH”を出力する。

⑦ トランジスタ Tr_2 のベースBにベース電流 I_B が流れ，電流増幅された大きなコレクタ電流 I_C が赤色 LED_2，SSR_2 の＋－間，およびコレクタCに流れる。I_B+I_C はエミッタ電流 I_E になる。

⑧ SSR_2 のAC間は導通し，リレー R_2 のコイルは励磁される。このため，リレー R_2 の3つのa接点はONになり，単相誘導モータは逆転する。

⑨ このとき，リレー R_2 のb接点は開き，インタロック回路が働く。Tr_1，SSR_1 ともにOFF。

⑩ 受信したデジタル値をプログラムが停止と判断したら，ピン3に“LOW”，ピン4に“LOW”を出力する。単相誘導モータは停止する。

⑪ ここまで，XBee送受信回路による単相誘導モータの正転・逆転回路を見てきたが，この回路には，Arduinoのピン8，9，10に押しボタンスイッチ PBS_1～PBS_3 が接続している。PBS_1 のONで正転，PBS_2 のONで逆転，PBS_3 のONで停止する。

⑫ この回路はArduinoによるプログラム制御なので，リレーシーケンス回路で必要な自己保持回路はいらない。

⑬ Arduinoの電源をACアダプタやパソコンのUSBケーブルからとる場合，同じAC電源に大きなサージ電流[※2]が流れる負荷があると，Arduinoが誤作動を起こすことがある。この場合，Arduinoの電源は異なるAC電源からとるとよい。

※2　スイッチの開閉などにより，電流の大きさや方向を急激に変化させることにより発生する。電磁誘導によって発生したサージ電圧に基づく。

7.5 SSR

※3　solid state relay

図7.11において，SSR（ソリッドステートリレー[※3]）を使用する。SSRの一般的な構成を図7.13に示す。図において，SSRの動作原理

を述べよう。

◆ 回路の動作

① 入力側のスイッチがONになると，光電変換素子であるフォトカプラのLEDに直流電流が流れる。すると，光学的に結合されたフォトトランジスタがONになる。フォトカプラは，入力側と出力側を電気的に絶縁している。

② 次にゼロクロス回路※が動作して，交流電源電圧の0Vの近傍で，出力回路のトライアックがONになる。

③ トライアックは，ゲートトリガ電圧によって制御する双方向性の半導体スイッチであり，トライアックがONになれば交流電源から負荷に電流が流れる。

④ 入力側のスイッチをOFFにすると，ゼロクロス回路によって，トライアックは交流電源電圧の0V近傍でOFFになり，負荷電流も0になる。

※ ゼロクロス機能を有した回路。本書で使用するSSRは単相誘導モータの誤作動を防ぐため，ゼロクロス回路が必要である。ゼロクロス機能については後述。

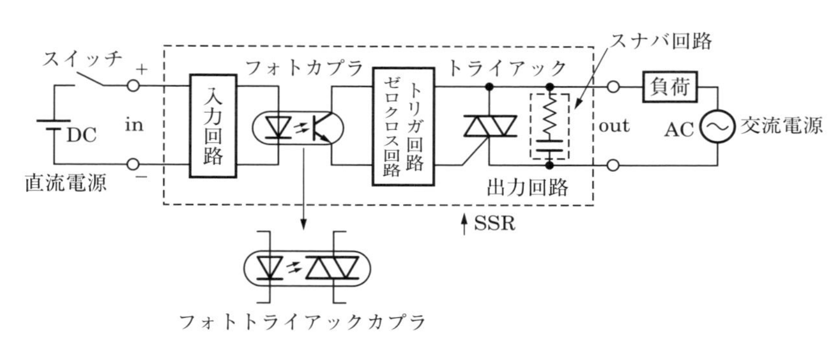

図7.13 SSRの一般的な構成

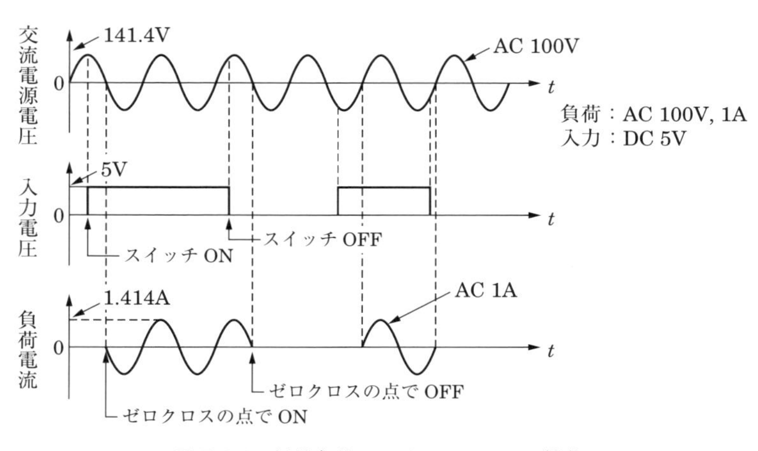

図7.14 抵抗負荷におけるゼロクロス機能

⑤ スナバ回路は，出力側のノイズ環境がわるいとき，瞬間的に高い電圧が発生するのを防ぐサージ吸収の働きがある。

⑥ 図に示したように，光電変換素子がフォトカプラではなく，フォトトライアックカプラで構成されることも多い。

図7.14に，抵抗負荷の場合のゼロクロス機能を示す。図において，入力電圧が交流電源電圧の最大値近傍で印加されたとすると，ゼロクロス回路の働きにより，負荷電流はすぐには流れない。

交流電源電圧が最大値近傍から減少して0V近くになると，ゼロクロス回路が動作してトライアックはONとなり，負荷電流が流れる。

次に，入力電圧が交流電源電圧の最大値手前でOFFになっても，負荷電流は流れ続け，負荷電流は最大値を通過し，減少してトライアックの保持電流以下になったゼロクロス点で0になる。

このように，ゼロクロス回路を使用したSSRは，0V近くで負荷電流のON，OFFができるので，ON，OFFにともなう突入電流が少なく，ノイズの影響も少なくできる。

7.6 XBeeによる単相誘導モータの正転・逆転実用回路の組み立て

[1] XBee送信回路

図7.15はXBee送信回路で，図7.16はXBee送信回路の実体配線図

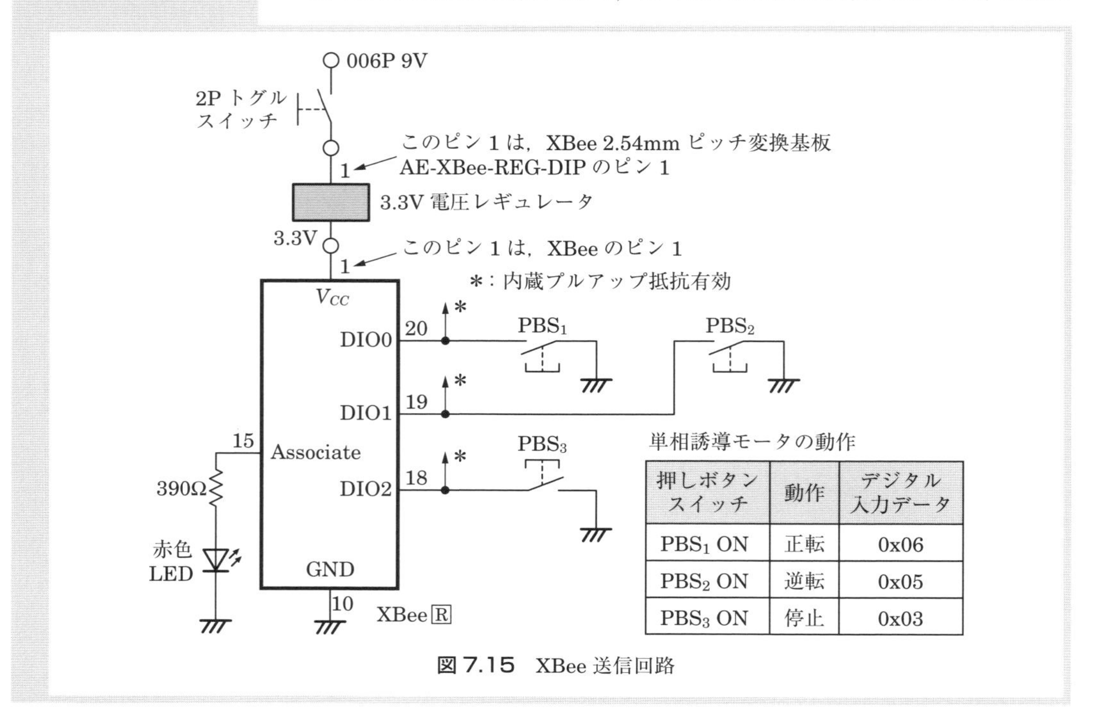

押しボタンスイッチ	動作	デジタル入力データ
PBS_1 ON	正転	0x06
PBS_2 ON	逆転	0x05
PBS_3 ON	停止	0x03

図7.15 XBee送信回路

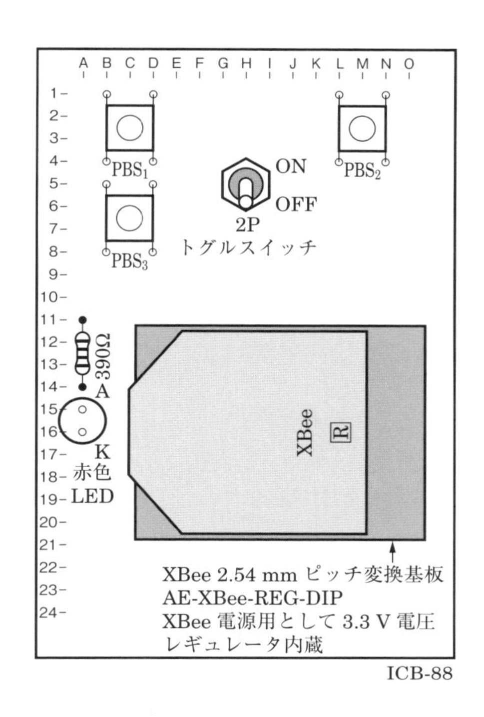

（a）部品配置

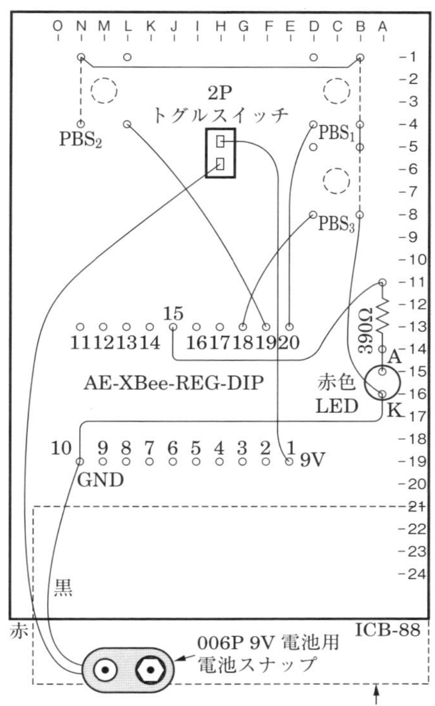

（b）裏面配線図

図 7.16　XBee 送信回路の実体配線図

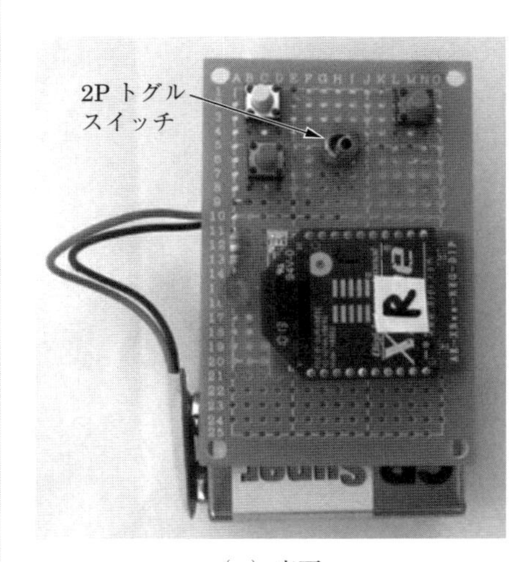

（a）表面

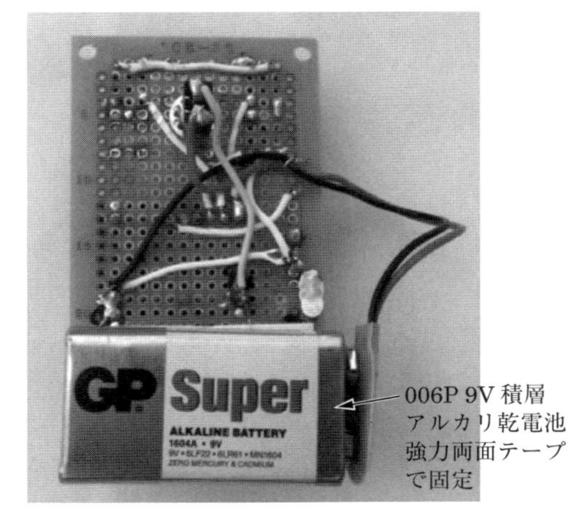

（b）裏面

図 7.17　XBee 送信機の外観

である。XBee 送信機の外観を図 7.17 に示す。ここで使う XBee 送信回路は，3.6 節の XBee 送信回路を代用することもできる。

[2] XBee による単相誘導モータの正転・逆転装置

図 7.18 は，XBee による単相誘導モータの正転・逆転装置の部品配置と一部の配線を示す。各部品はアクリル板に搭載されている。

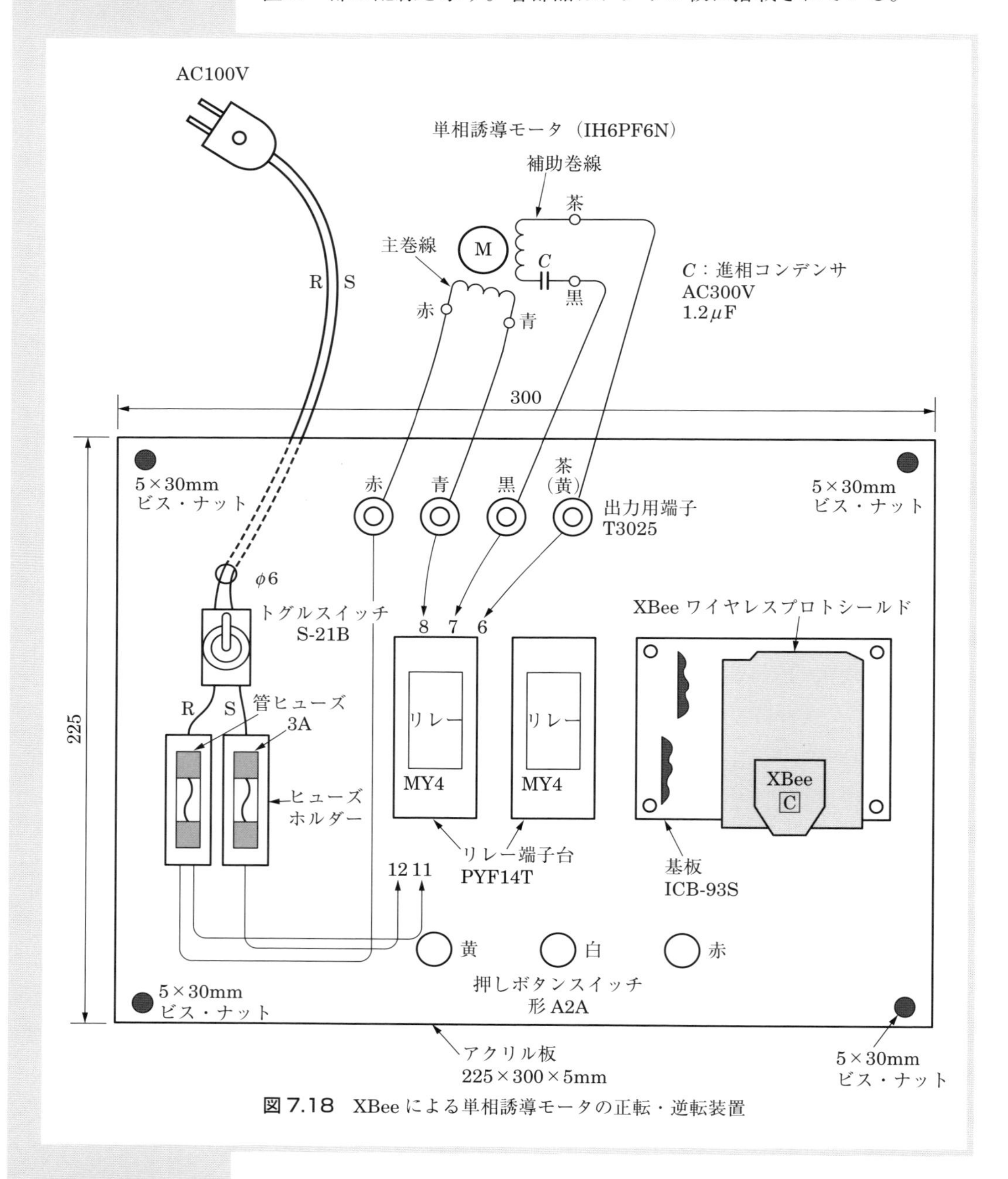

図 7.18 XBee による単相誘導モータの正転・逆転装置

図 7.19 は，リレー R_1，R_2 の端子台の接続を示している。各リレーの端子番号 12-8，11-7，10-6 は a 接点で，その接続は図 7.8 の回路図に従う。また，各リレーの 9-1 は b 接点で，各リレーの 14-13 はコイル部

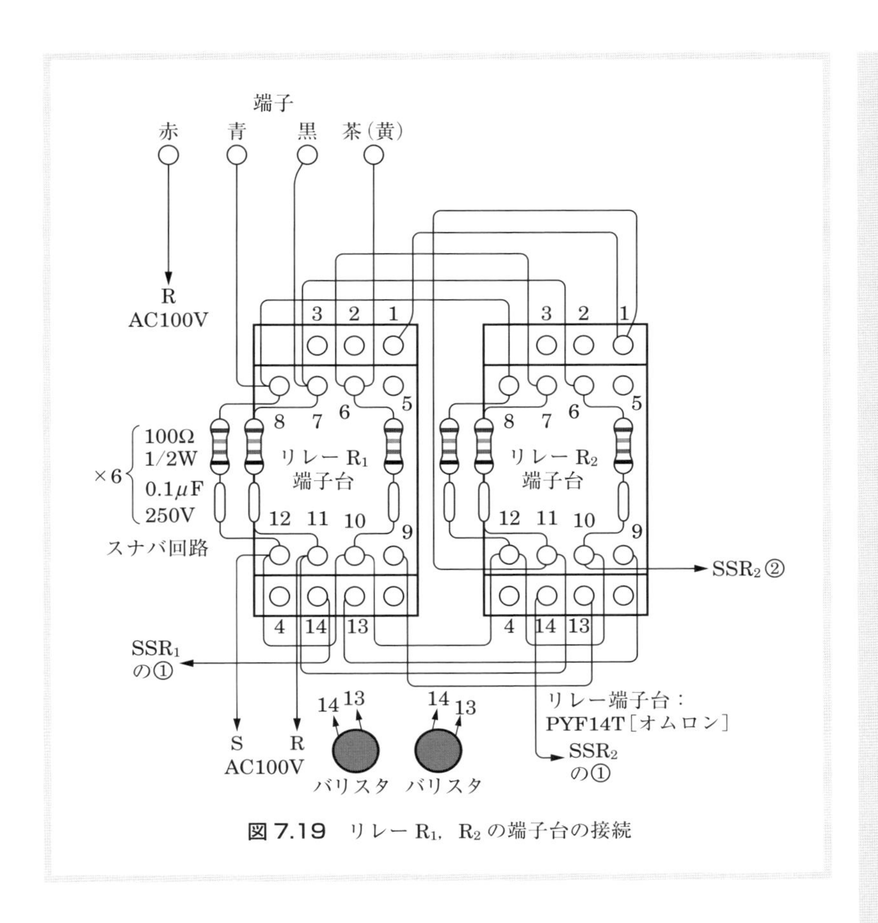

図 7.19　リレー R_1，R_2 の端子台の接続

につながる。これらの接続は，前述の図 7.11 に記してある。

図 7.19 に示すように，リレー R_1，R_2 の 6 つの a 接点間にスナバ回路を入れる。ここで使うスナバ回路は，抵抗とコンデンサを直列にした RC スナバ回路で，電流の流れを ON-OFF するスイッチング回路において，切り替わりの過渡状態で発生するサージ電圧や接点火花を防止する回路である。

さらに，端子番号 14-13 のリレーのコイルと並列にバリスタを入れる。これは，リレーのコイルはインダクタンス成分を含むため，リレーのスイッチングの OFF 時に，コイルに発生する高いサージ電圧を抑制するためである。

バリスタは，印加電圧によってその抵抗値が変化する電圧依存性抵抗であり，図 7.20 のような電圧-電流特性をもっている。バリスタの特性は，印加電圧がある電圧（バリスタ電圧）を超えると，急にその抵抗値を低下させ，電流を流すようになる。このため，回路のサージ電圧を吸収することができる。バリスタの外観を図 7.21 に示す。

図 7.22 は，XBee による単相誘導モータの正転・逆転回路の実体配線図である。

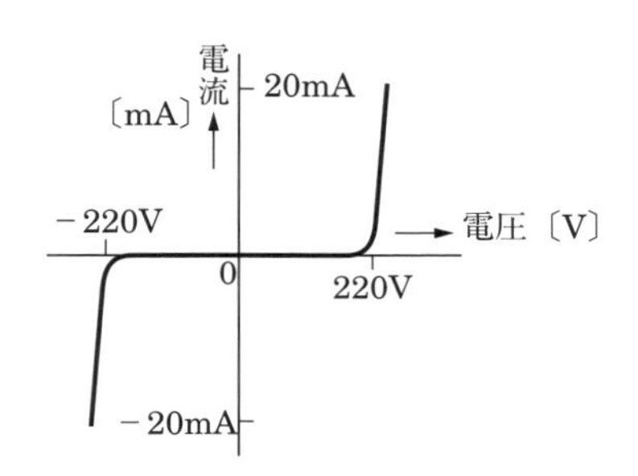

図 7.20 バリスタの電圧 - 電流特性の一例

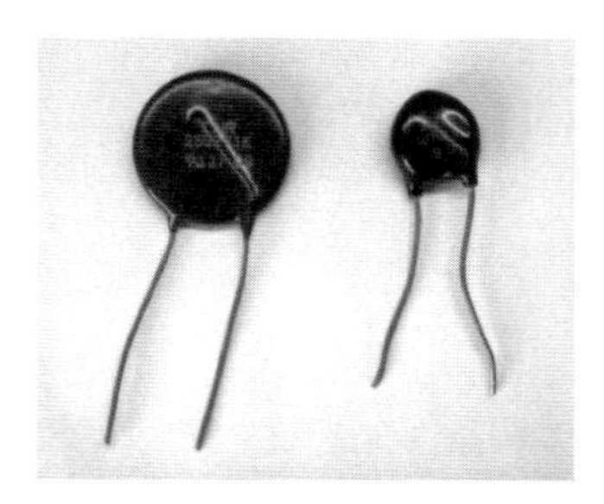

図 7.21 バリスタの外観

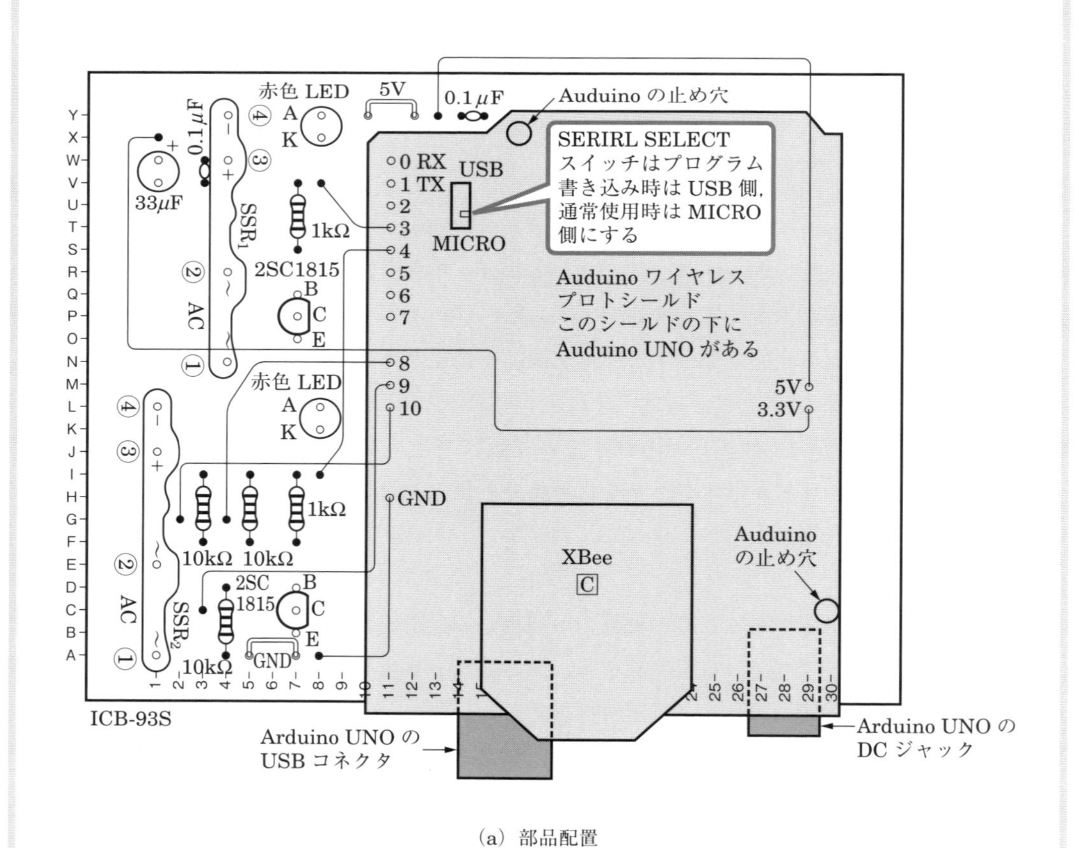

(a) 部品配置

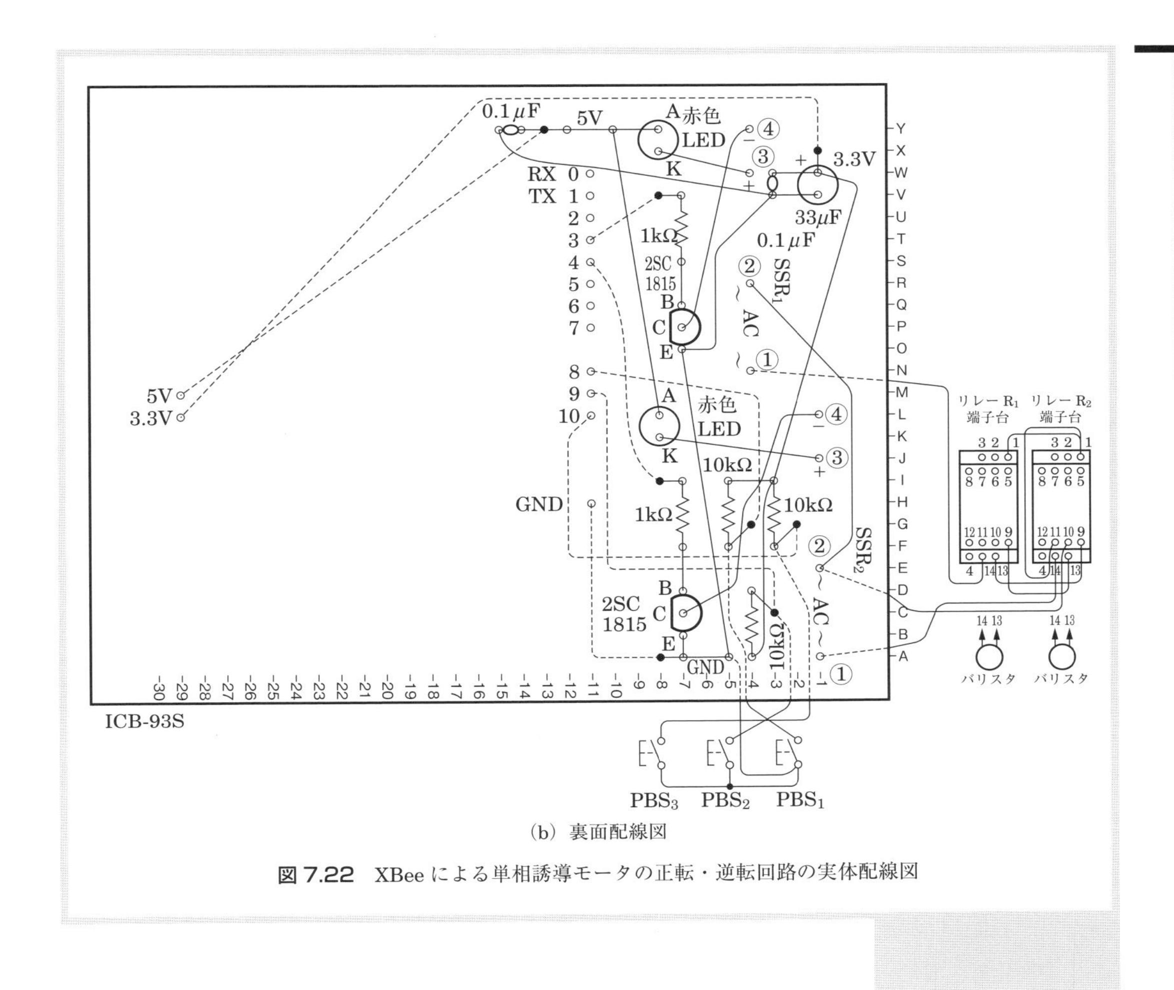

(b) 裏面配線図

図 7.22 XBeeによる単相誘導モータの正転・逆転回路の実体配線図

7.7 ATモード（透過モード時）とAPIモードの設定

2.8節と同様に，送信側（ルータ R）のXBeeは，XCTUによってATモードに設定し，APIフレームの内容を細かく指定する。受信側（コーディネータ C）のXBeeは，APIフレームを受け取る側なので，XCTUによってAPIモードにする。

送受信に使うXBeeのアドレスは表7.1とする。

XBee受信側（コーディネータ C）の設定，XBee送信側（ルータ R）の設定ともに2.8節を参照してほしい。ここでは，書き込み画面を中心に簡単に述べる。

表 7.1 XBeeのアドレス

XBee	高位アドレス	下位アドレス
コーディネータ C	0013A200	40C05D5D
ルータ R	0013A200	40A69324

[1] XBee 受信側（コーディネータ）の設定

図 7.23 のファームウェアの更新画面において，「Product family」は「XB24-ZB」，「Function set」は「ZigBee Coordinator API」，「Firmware version」は「21A7」を選択し，「Update」をクリックする。

図 7.24 は，コーディネータの書き込み画面である。

設定を一括して XBee モジュールに書き込むために，Working area の上部にある「設定の書き込み（Write）」ボタンをクリックする。

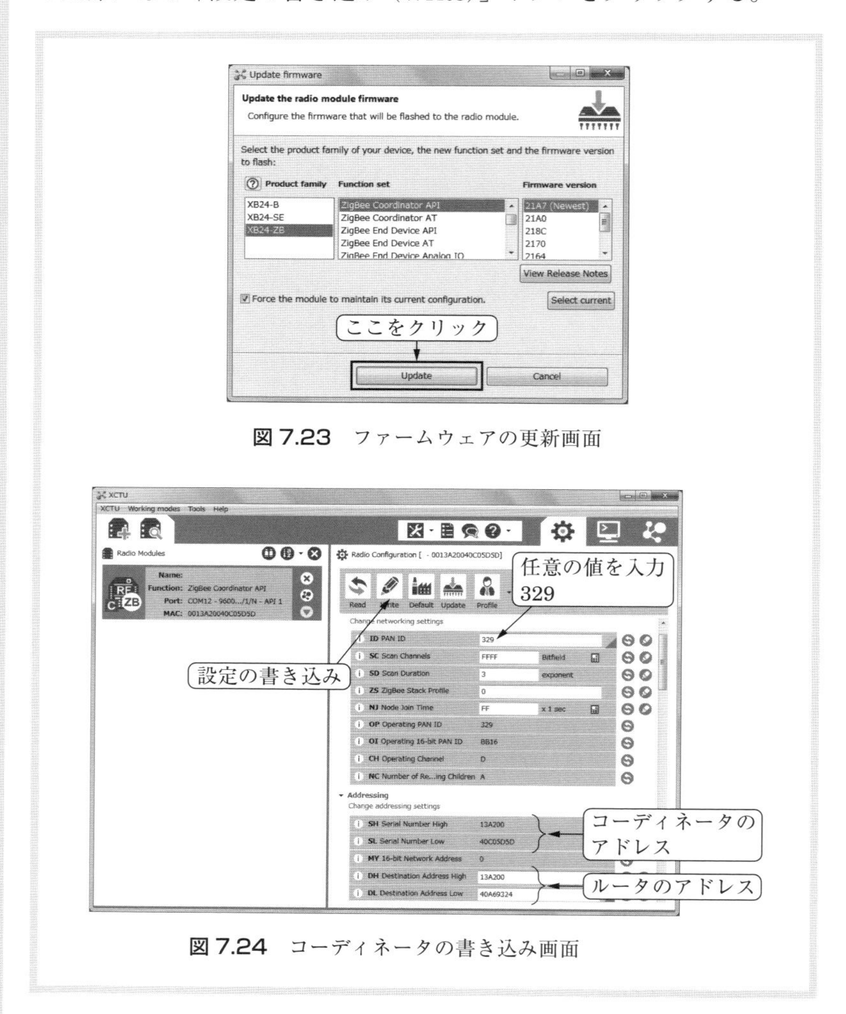

図 7.23　ファームウェアの更新画面

図 7.24　コーディネータの書き込み画面

[2] XBee 送信側（ルータ）の設定

図 7.25 のファームウェアの更新画面において，「Product family」は「XB24-ZB」，「Function set」は「ZigBee Router AT」，「Firmware version」は「22A7」を選択し，「Update」をクリックする。

図 7.26，図 7.27，図 7.28 は，ルータの書き込み画面である。

設定を一括して XBee モジュールに書き込むために，Working area の上部にある「設定の書き込み（Write）」ボタンをクリックする。

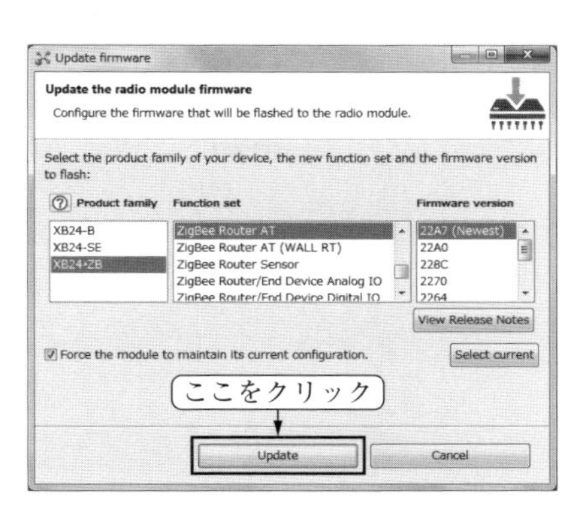

図 7.25　ファームウェアの更新画面

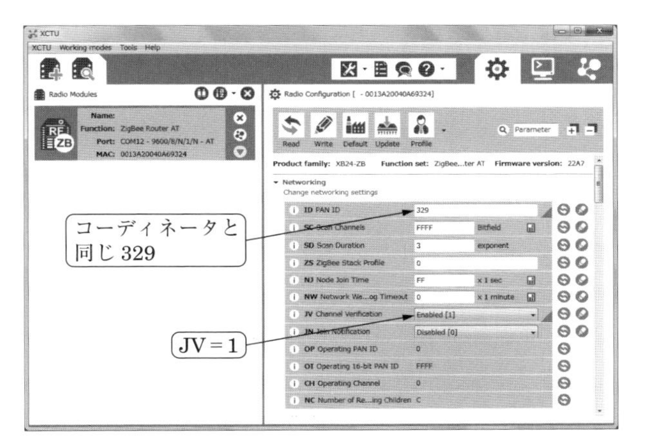

図 7.26　ルータの書き込み画面（1）

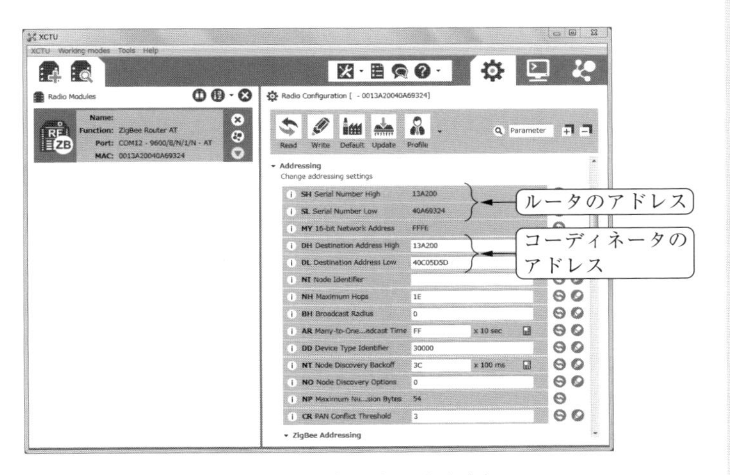

図 7.27　ルータの書き込み画面（2）

図 7.28 ルータの書き込み画面（3）

7.8 ルータからコーディネータに送られた API フレームの確認

表 7.2 は，ルータ R（送信側）からコーディネータ C（受信側）に送られた API フレームである。この API フレームは次の［プログラム 7-1］で確認できる。コーディネータ C の Arduino に［プログラム 7-1］を書き込み，ルータ R の XBee 送信回路の押しボタンスイッチを図 7.15 に示すように押す。そして，シリアルモニタで確認する。図 7.29 のシリアルモニタ画面のように API フレームを見ることができる。開始コード（スタートバイト）の 0x7E はシリアルモニタ画面には出てこない。API フレームの確認ができたら［プログラム 7-2］をコーディネータ C の Arduino に書き込む。

プログラムの書き込み時には，Arduino ワイヤレスプロトシールドのある SERIRL SELECT スイッチは USB 側にする。通常使用時は MICRO 側にする。

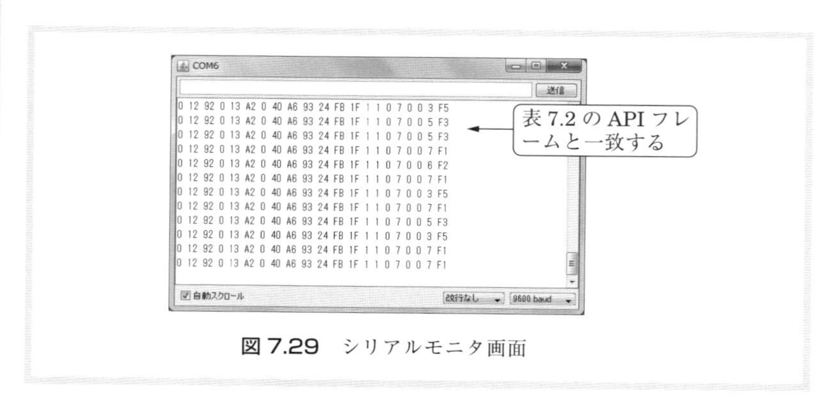

図 7.29 シリアルモニタ画面

表 7.2 ルータⓇからコーディネータⒸに送られた API フレーム

フレームフィールド		オフセット	例	解 説
開始コード		0	0x7E	
フレーム長		MSB 1	0x00	フレームタイプからカウントし，チェックサムの直前までのバイト数。例は 18 バイト
		LSB 2	0x12	
フレームデータ	フレームタイプ	3	0x92	デジタルやアナログのサンプリングデータの受信時に使う（RX 入出力データ受信）
	64 ビット送信元アドレス	4	0x00	ルータ（送信元）のアドレス 「高位」は 0013A200 「下位」は 40A69324
		5	0x13	
		6	0xA2	
		7	0x00	
		8	0x40	
		9	0xA6	
		10	0x93	
		11	0x24	
	16 ビット送信元アドレス	MSB 12	0xFB	ネットワーク内アドレス
		LSB 13	0x1F	
	受信オプション	14	0x01	0x01 は確認応答を返す
	サンプル数	15	0x01	サンプル数。常に 1
	デジタル・チャネル・マスク	MSB 16	0x00	デジタル・チャネルの使用状況。例えば，高位 4 ビットは 0x00，下位 4 ビットは 0x07
		LSB 17	0x07	
	アナログ・チャネル・マスク	18	0x00	アナログ・チャネルの使用状況。0x00 はアナログ入力は無効
	デジタル・サンプル（存在する場合）	MSB 19	0x00	デジタル・チャネル・マスクが 0 でない場合，サンプリングデータが入る。下位 4 ビットは 0x06
		LSB 20	0x06	
	アナログ・サンプル（存在する場合）		↑ 今回つめる	A-D 変換された値を示す 2 バイトの値。今回はアナログデータはないので上につめる
チェックサム		21	0xF2	フレームの最後のバイト

▶プログラム 7-1 ▶ XBee API フレームの確認

```
void setup()                      // 初期設定
{
  Serial.begin(9600);             // シリアル通信のデータ転送レートを bps(baud) で指定
}
void loop()                       // メインの処理
{
  if(Serial.available() > 21)     // シリアルポートから 0 〜 22 バイトを受信
  {
    if(Serial.read() == 0x7E)     // シリアルバッファの中のスタートバイト (0x7E) を探
                                  // す。0x7E が見つかったら，次へ行く
    {
```

```
      for(int i=1; i<22; i++)    // for 文。i=1 から 21 までループをまわる。i++ は i の
                                 // インクリメント
      {
        Serial.print(Serial.read(), HEX); // 受信データを読み込み，16 進数で
                                          // シリアルポートに出力
        Serial.print(" ");       // スペースを送信
      }
      Serial.println();          // 改行を送信
    }
  }
}
```

7.9 プログラムの作成

図 7.11 の Arduino に［プログラム 7-2］を書き込む。図 7.15 XBee 送信回路の押しボタンスイッチを押すことにより，単相誘導モータの正転・逆転・停止制御ができる。

また，XBee 通信ではなく，単相誘導モータの正転・逆転回路に付属する押しボタンスイッチによっても正転・逆転・停止制御ができる。

▶プログラム 7-2 ▶ XBee による単相誘導モータの正転・逆転回路

```
#define PBS1 8                    // 置き換え (PBS1 → "8")
#define PBS2 9                    // 置き換え (PBS2 → "9")
#define PBS3 10                   // 置き換え (PBS3 → "10")
int s1,s2,s3;                     // 変数「s1, s2, s3」は int 型
int digitalLow;                   // 変数「digitalLow」は int 型
void setup()                      // 初期設定
{
  Serial.begin(9600);             // シリアル通信のデータ転送レートを bps(baud) で指定
  pinMode(3,OUTPUT);              // ピン 3 を出力に設定
  pinMode(4,OUTPUT);              // ピン 4 を出力に設定
  pinMode(PBS1,INPUT);            // PBS1 を入力に設定
  pinMode(PBS2,INPUT);            // PBS2 を入力に設定
  pinMode(PBS3,INPUT);            // PBS3 を入力に設定
  PORTD=0;                        // PORTD をクリア (0)
}
void loop()                       // メインの処理
{
  s1=digitalRead(PBS1);           // PBS1（ピン 8）の値を読み込み，s1 に代入
  s2=digitalRead(PBS2);           // PBS2（ピン 9）の値を読み込み，s2 に代入
  s3=digitalRead(PBS3);           // PBS3（ピン 10）の値を読み込み，s3 に代入
  if(s1==0)                       // s1 が 0（PBS1 が ON）ならば，次へ行く
  {
```

```
    PORTD=0;                         // PORTD をクリア (0)
    delay(1000);                     // タイマ (1s)
    digitalWrite(3,HIGH);            // ピン 3 に "HIGH" を出力 ┐ モータ正転
    digitalWrite(4,LOW);             // ピン 4 に "LOW" を出力  ┘
    delay(100);                      // タイマ (0.1s)
  }
  if(s2==0)                          // s2 が 0(PBS2 が ON) ならば，次へ行く
  {
    PORTD=0;                         // PORTD をクリア (0)
    delay(1000);                     // タイマ (1s)
    digitalWrite(3,LOW);             // ピン 3 に "LOW" を出力  ┐ モータ逆転
    digitalWrite(4,HIGH);            // ピン 4 に "HIGH" を出力 ┘
    delay(100);                      // タイマ (0.1s)
  }
  if(s3==0)                          // s3 が 0(PBS3 が ON) ならば，次へ行く
  {
    PORTD=0;                         // PORTD をクリア (0)        モータ停止
    delay(100);                      // タイマ (0.1s)
  }
  if(Serial.available() > 21)        // シリアルポートから 0 ～ 22 バイトを受信
  {
    if(Serial.read()==0x7E)          // シリアルバッファの中のスタートバイト (0x7E) を
                                     // 探す。0x7E が見つかったら，次へ行く
    {
      for(int i=1; i<=19; i++)       // for 文。受信したシリアルバッファの中のスタートバ
                                     // イトを除いた 1 ～ 19 バイトまでの使わない部分を読
                                     // みとばす。
      {
        byte discard=Serial.read();  // 変数「discard」は byte 型
      }
      digitalLow=Serial.read();      // 20 バイト目のデジタル値を読み込み，digitalLow に代入
      if(digitalLow==0x06)           // digitalLow が 0x06 ならば，次へ行く。(0x06 は送信
                                     // 機の PBS1 が ON のとき )
      {
        PORTD=0;                     // PORTD をクリア (0)
        delay(1000);                 // タイマ (1s)
        digitalWrite(3,HIGH);        // ピン 3 に "HIGH" を出力 ┐ モータ正転
        digitalWrite(4,LOW);         // ピン 4 に "LOW" を出力  ┘
        delay(100);                  // タイマ (0.1s)
      }
      if(digitalLow==0x05)           // digitalLow が 0x05 ならば，次へ行く。(0x05 は送信
                                     // 機の PBS2 が ON のとき )
      {
        PORTD=0;                     // PORTD をクリア (0)
        delay(1000);                 // タイマ (1s)
        digitalWrite(3,LOW);         // ピン 3 に "HIGH" を出力 ┐ モータ逆転
        digitalWrite(4,HIGH);        // ピン 4 に "LOW" を出力  ┘
        delay(100);                  // タイマ (0.1s)
      }
```

```
        if(digitalLow==0x03)        // digitalLowが0x03ならば，次へ行く（0x03は送信
                                    // 機のPBS3がONのとき）。
        {
          PORTD=0;                  // PORTDをクリア(0)
          delay(100);               // タイマ(0.1s)
        }
      }
    }
}
```

表7.3 単相誘導モータの正転・逆転回路部品リスト

●XBee送信機

部品	型番等	規格等	個数	備　考	参考価格
XBee（シリーズ2）	XBee ZB 2mW PCBアンテナ	秋月電子 XB24-Z7PIT-004	1	秋月電子	2200円
XBee 2.54mmピッチ変換基板	AE-XBee-REG-DIP	3.3V電圧レギュレータ内蔵	1	秋月電子	300円
ユニバーサル基板	ICB-88		1	サンハヤト	120円
タクトスイッチ			3	秋月電子	10円
抵抗	390Ω	1/4W	1	秋月電子（100個入）	100円
LED		赤色 ϕ5mm	1	秋月電子（10個入）	120円
電池スナップ			1	秋月電子	20円
乾電池	006P 9V	アルカリ電池	1	秋月電子	100円
その他	強力両面テープ，リード線，すずめっき線				

●Arduinoと制御回路基板

部品	型番等	規格等	個数	備　考	参考価格
Arduino UNO	R3		1	秋月電子	2940円
XBee（シリーズ2）	XBee ZB 2mW PCBアンテナ	秋月電子 XB24-Z7PIT-004	1	秋月電子	2200円
Arduinoワイヤレスプロトシールド			1	スイッチサイエンス	2160円
ユニバーサル基板	ICB-93S		1	サンハヤト	310円
SSR	P5C-202L	ジェルシステム製	2	ゼロクロス回路内蔵ならばほかのSSR代用可	520円
トランジスタ	2SC1815		2	秋月電子（20個入）	100円
LED		赤色 ϕ5mm	2	秋月電子（10個入）	120円
抵抗	10kΩ	1/4W	3	秋月電子（100個入）	100円
	1kΩ		1		
電解コンデンサ	33μF	16V	1	秋月電子	10円
積層セラミックコンデンサ	0.1μF	50V	1	秋月電子（10本）	100円
	0.01μF		1		
ビス・ナット		3×20mm	4	ナット計12個（基板止め）	
		3×10mm	2	ナット計4個（Arduino止め）	
その他	リード線，すずメッキ線				

表 7.3　単相誘導モータの正転・逆転回路部品リスト（つづき）

●単相誘導モータとリレー回路

部品	型番等	規格等	個数	備　考	参考価格
単相誘導モータ	IH6PF6N	6W, 0.3A, 1.2μF	1	6W 程度の同等品可	6000 円程
リレー	MY4	AC100/110	2	オムロン	1445 円
リレー端子台	PYF14T		2	オムロン	740 円
小形トグルスイッチ	S-21B		1	NKK スイッチズ	360 円
出力用端子	T3025	赤，青，黒，黄	4	サトウパーツ	170 円
ガラス管ヒューズ		0.4×30mm 3A	2	6.35×31.8mm 可	35 円
ヒューズホルダー	MF-550C	基板取り付け	2	マル信無線電機	90 円
押しボタンスイッチ	A2A	黄，白，赤	3	オムロン	215 円
抵抗	100 Ω	1/2W	6	秋月電子（100 個入）	100 円
コンデンサ	0.1μF	250V	6	秋月電子	40 円
バリスタ	AVR-G05D221KAPN	ブレークダウン電圧 220V	2	秋月電子（4 個入）	100 円
アクリル板		225×300×5mm	1		1000 円
AC プラグコード		AC125V, 7A	1	秋月電子	140 円
ビス・ナット		5×30mm	4	アクリル板用	
		4×20mm	4	リレー端子台用	
		4×25mm	2	ヒューズホルダー用	
その他	リード線（1A 程度）				

7.10 リバーシブルモータ

[1] リバーシブルモータの正転・逆転回路

リバーシブルモータ※1 は単相誘導モータと回転原理は同じであり，一定速の正転・逆転運転や間欠運転※2 用に設計されている。このため，ひんぱんな正転・逆転に耐え，右回転・左回転どちらの方向でも同じ特性が得られるように工夫されている。また。ブレーキ機構をもち，起動トルクは大きいが，通常の単相誘導モータより温度上昇が高くなり，時間定格は 30 分程度になっている。時間定格が短いので，単相誘導モータのような連続運転には向かない。リバーシブルモータのおもな用途は，洗濯機の渦流発生モータや各種の自動機器の駆動源などである。

※1　レバーシブルモータともいう。

※2　連続運転ではなく，運転と停止を繰り返す運転。

リバーシブルモータは単相誘導モータのように主巻線，補助巻線の関係はなく，2 つの主巻線 L_1，L_2 をもっている。このため，正転時と逆転時のトルクは同じである。図 7.30 のリバーシブルモータの正転・逆転回路において回路の動作を見てみよう。

◆ 回路の動作

① 端子 1 に正転信号電圧 5 V を入力させると，トランジスタ Tr_1 にベース電流 I_B が流れ，電流増幅されたコレクタ電流 I_C が V_{CC} 5 V から SSR_1 の＋－間 およびコレクタに流れる。$I_B + I_C$ の値はエミッタ

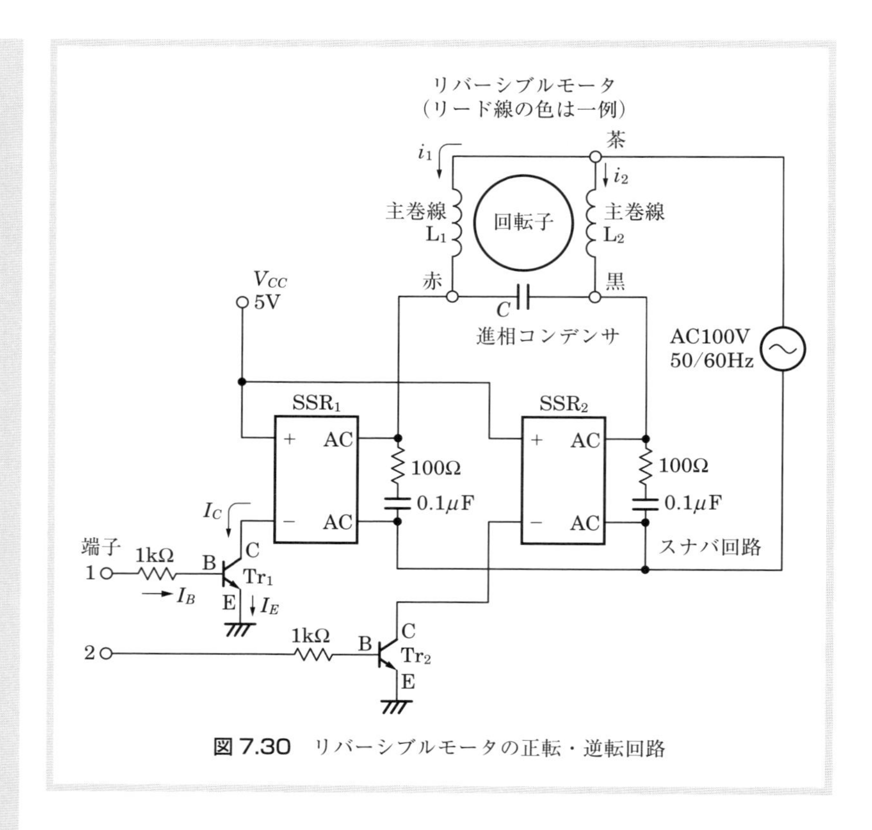

図 7.30　リバーシブルモータの正転・逆転回路

電流 I_E となり，トランジスタ Tr_1 は ON になる。

② 同時に SSR_1 は ON になり，進相コンデンサ C は主巻線 L_2 に直列接続された状態になる。

③ このため，主巻線 L_1 に流れる電流 i_1 に対し，L_2 に流れる電流 i_2 は位相が約 90° 進む。このように 2 相交流が流れる。

④ この 2 相交流により回転磁界が作られ，モータは正転する。

⑤ 端子 1 に印加した正転信号電圧 5 V を 0 にし，Tr_1 を OFF にする。そして端子 2 に逆転信号電圧 5 V を入力させる。

⑥ トランジスタ Tr_2 は ON になり，V_{CC} 5 V からコレクタ電流 I_C が SSR_2 の＋－間および Tr_2 に流れる。

⑦ 同時に SSR_2 は ON になり，進相コンデンサ C は主巻線 L_1 に直列接続された状態になる。

⑧ すると，これまでとは逆に，主巻線 L_1 に流れる電流 i_1 のほうが L_2 に流れる電流 i_2 よりも約 90° 位相が進む。

⑨ この 2 相交流により，逆方向の回転磁界が作られ，モータは逆転する。

⑩ AC 端子間のスナバ回路は，ノイズを除去するためのもので，SSR に内蔵されていることもある。この場合はスナバ回路はいらない。

7.11 XBeeによるリバーシブルモータの正転・逆転回路

図7.31は，XBeeによるリバーシブルモータの正転・逆転回路である。ここでは，リバーシブルモータの代わりに単相誘導モータを使うことにする。このため，図7.32に示すように，単相誘導モータの結線を代用リバーシブルモータの結線に替える。

図7.33は，XBeeによるリバーシブルモータの正転・逆転回路の外観である。図7.34に，回路基板の外観を示す。

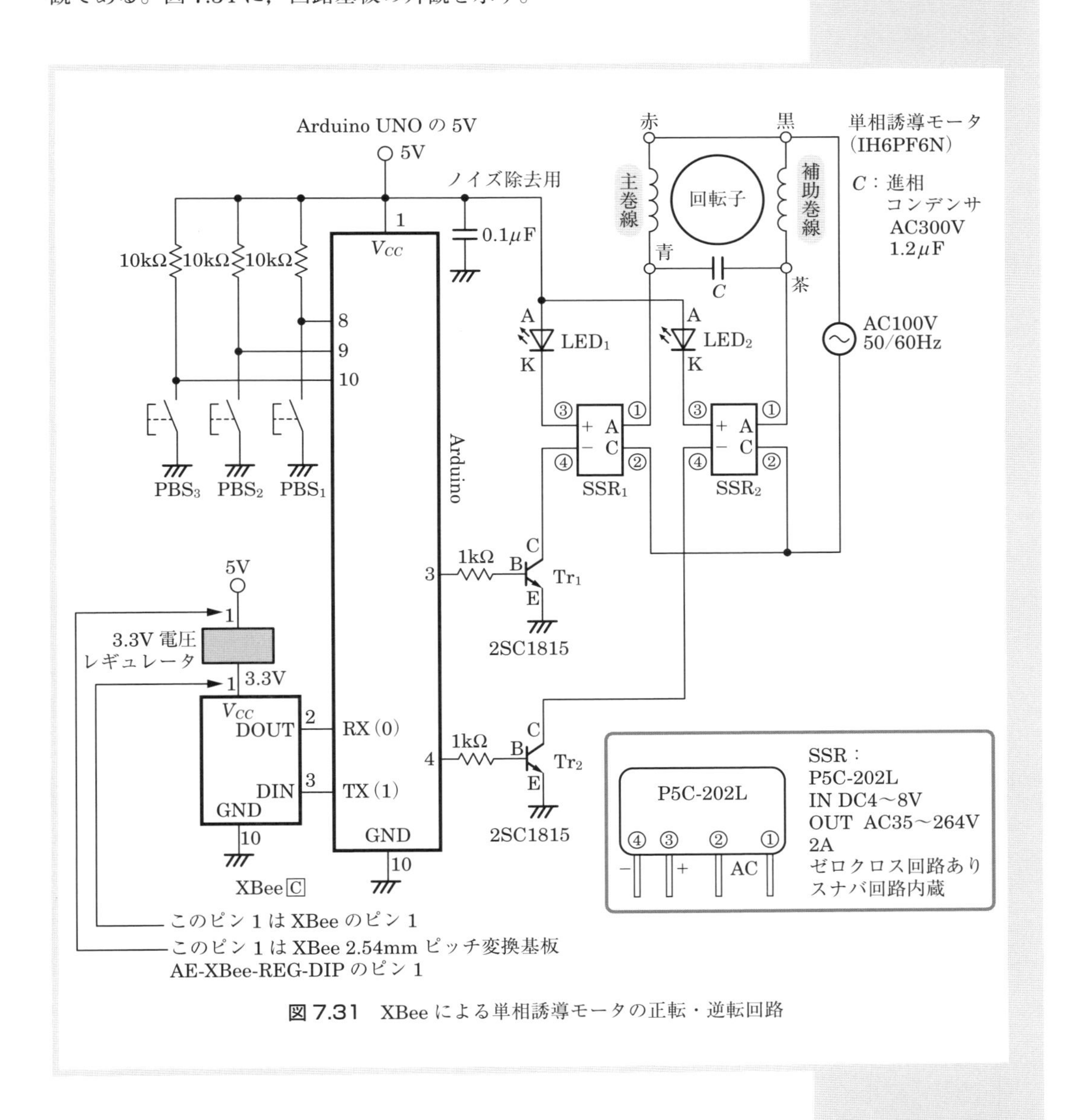

図7.31 XBeeによる単相誘導モータの正転・逆転回路

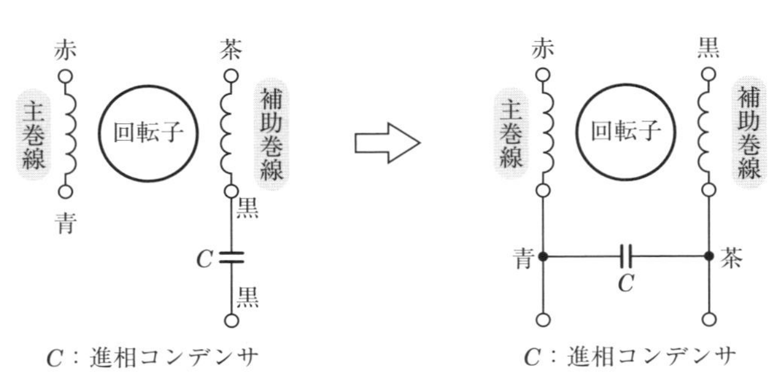

図 7.32 単相誘導モータの結線を代用リバーシブルモータの結線に変更

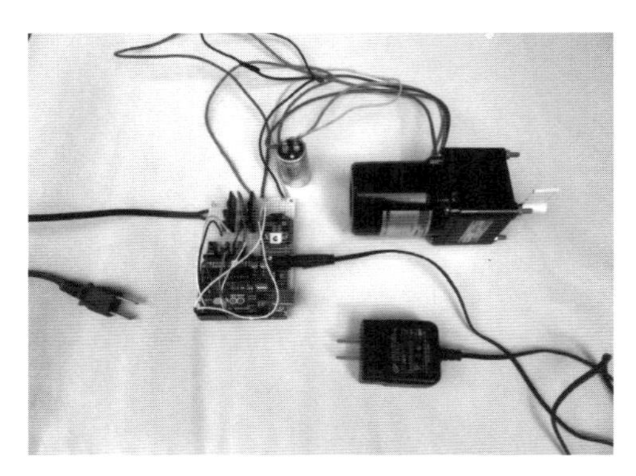

図 7.33 XBeeによるリバーシブルモータの正転・逆転回路の外観

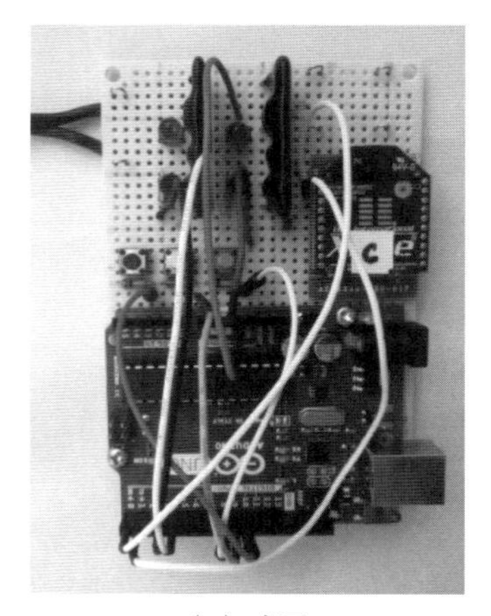

（a）表面

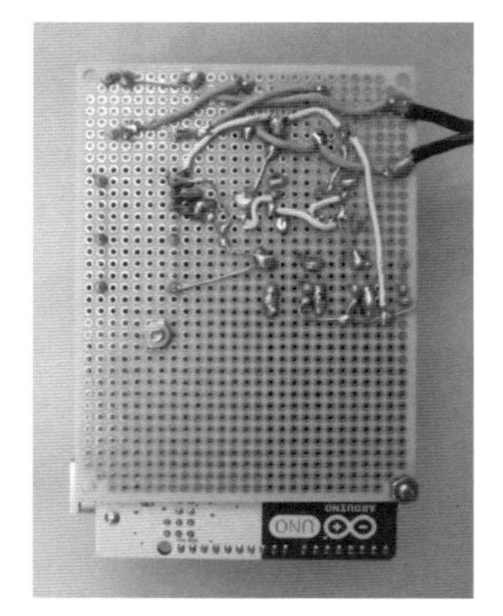

（b）裏面

図 7.34 回路基板の外観

ここで，XBee によるリバーシブルモータの正転・逆転回路の動作を見てみよう。

◆ 回路の動作

① XBee 送信回路（XBee Ⓡ）からのデジタル値を XBee（XBee Ⓒ）受信回路で受信する。

② 受信したデジタル値をプログラムが正転と判断したら，1 秒後に Arduino のピン 3 に“HIGH”，ピン 4 に“LOW”を出力する。

③ トランジスタ Tr_1 のベース B にベース電流 I_B が流れ，Tr_1 は ON になる。

④ SSR_1 の AC 間は導通し，単相誘導モータは正転する。このとき，進相用コンデンサは補助巻線と直列接続され，単相誘導モータ本来のトルクでモータは回転する。

⑤ 受信したデジタル値をプログラムが逆転と判断したら，1 秒後に Arduino のピン 3 に“LOW”，ピン 4 に“HIGH”を出力する。

⑥ トランジスタ Tr_2 のベース B にベース電流 I_B が流れ，Tr_2 は ON になる。

⑦ SSR_2 の AC 間は導通し，単相誘導モータは逆転する。このとき，進相用コンデンサは主巻線と直列接続され，単相誘導モータのトルクは小さくなる。リバーシブルモータであれば，正転・逆転時のトルクは同じである。

⑧ 受信したデジタル値をプログラムが停止と判断したら，ピン 3 およびピン 4 に“LOW”を出力する。単相誘導モータは停止する。

⑨ ここまで，XBee 送受信回路によるリバーシブルモータの正転・逆転回路を見てきたが，この回路には，Arduino のピン 8，9，10 に押しボタンスイッチ PBS_1 ～ PBS_3 が接続している。PBS_1 の ON で正転，PBS_2 の ON で逆転，PBS_3 の ON で停止する。

図 7.35 は，回路基板の実体配線図である。

[1] XBee 送信回路

XBee 送信回路は 7.6 節で使った図 7.15 と同じである。送受信に使う XBee の設定は，7.7 節と同じになる。

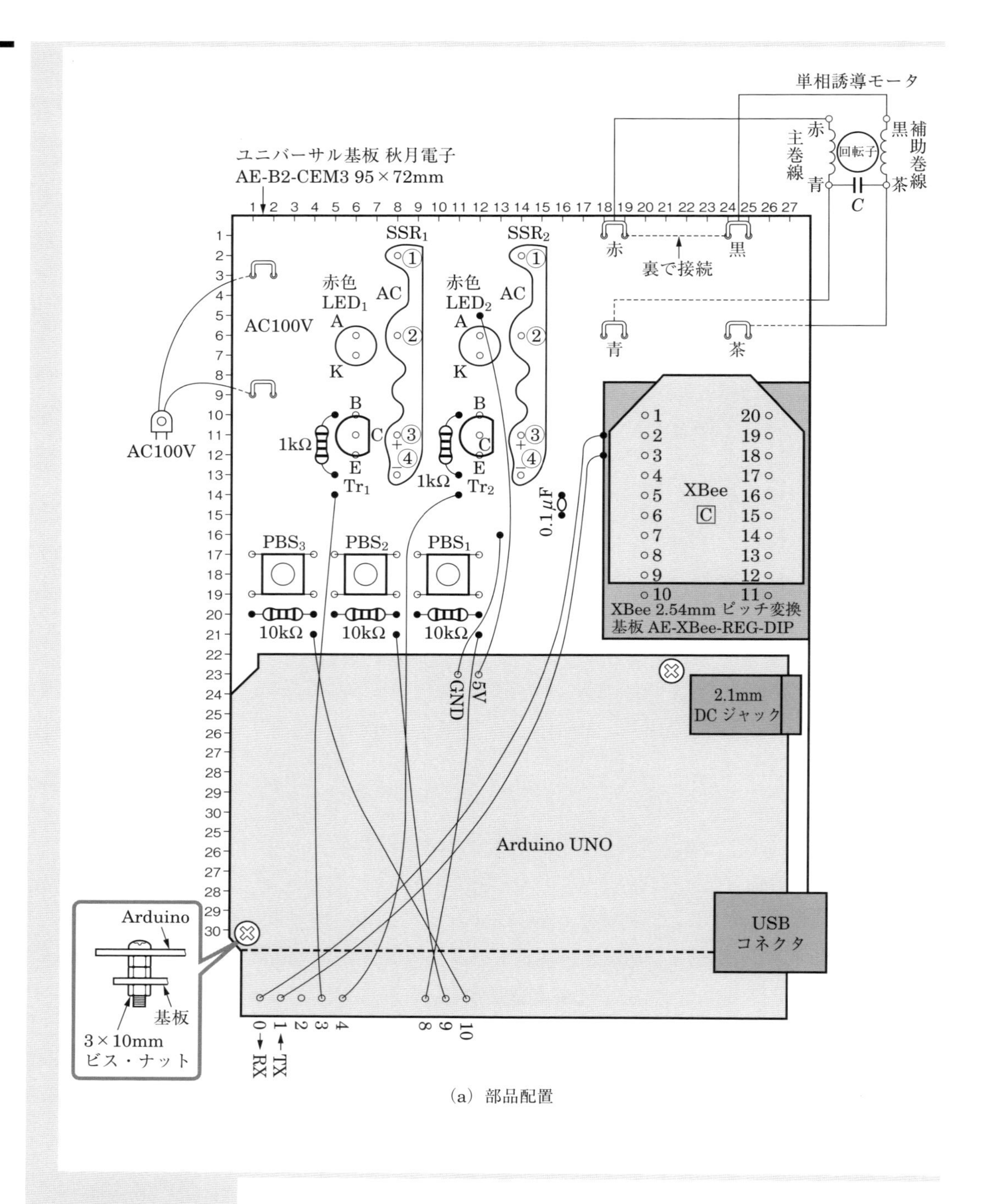
単相誘導モータ
赤
主巻線
青
回転子
黒
補助巻線
茶
C
ユニバーサル基板 秋月電子
AE-B2-CEM3 95×72mm
SSR1
SSR2
赤
黒
裏で接続
赤色
LED1
赤色
LED2
AC
AC100V
A
K
青
茶
B
C
E
1kΩ
Tr1
Tr2
0.1μF
XBee
XBee 2.54mm ピッチ変換
基板 AE-XBee-REG-DIP
PBS3
PBS2
PBS1
10kΩ
GND
5V
2.1mm
DC ジャック
Arduino UNO
USB
コネクタ
Arduino
基板
3×10mm
ビス・ナット
RX
TX

(a) 部品配置

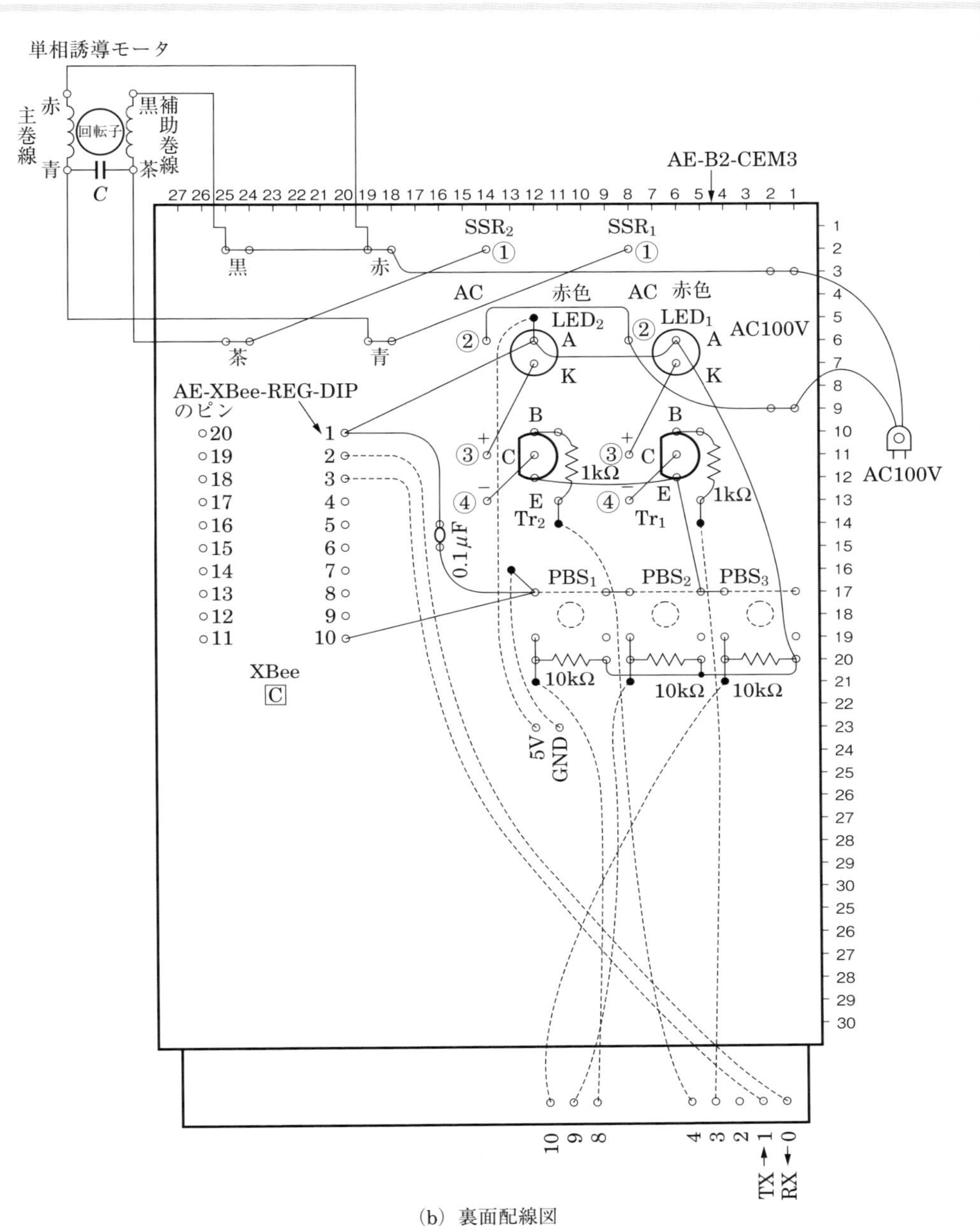

（b） 裏面配線図

図 7.35 回路基板の実体配線図

7.12 プログラムの作成

プログラムは，7.8 節 プログラムの作成で表示した［プログラム 7-2］とまったく同じである。

表 7.4 リバーシブルモータの正転・逆転回路部品リスト

● XBee 送信機

表 7.3 単相誘導モータの正転・逆転回路の部品リストと同じ

● Arduino UNO と制御回路基板

部品	型番等	規格等	個数	備　考	参考価格
Arduino UNO	Arduino UNO R3		1	秋月電子	2940 円
XBee（シリーズ 2）	XBee ZB 2mW PCB アンテナ	秋月電子 XB24-Z7PIT-004	1	秋月電子	2200 円
XBee 2.54mm ピッチ変換基板	AE-XBee-REG-DIP	3.3V 電圧レギュレータ内蔵	1	秋月電子	300 円
ユニバーサル基板	AE-B2-CEM3	95 × 27mm	1	秋月電子	100 円
SSR	P5C-202L	ジェルシステム製	2	ゼロクロス回路内蔵ならばほかの SSR 代用可	520 円
トランジスタ	2SC1815		2	秋月電子（20 個入）	100 円
LED		赤色 ϕ 5mm	2	秋月電子（10 個入）	120 円
抵抗	10kΩ	1/4W	3	秋月電子（100 個入）	100 円
	1kΩ		2		
積層セラミックコンデンサ	0.1μF	50V	1	ノイズ除去用（10 本）	100 円
タクトスイッチ			3	秋月電子	10 円
ビス・ナット		3 × 10mm	2	ナット計 4 個	
AC プラグコード			1	秋月電子	140 円
その他	ジャンパー線，リード線，すずメッキ線				

●単相誘導モータ

部品	型番	規格等	個数	備　考	指定価格
単相誘導モータ	IH6PF6N	6W, 0.3A, 1.2μF	1	6W 程度の同等品可	6000 円程

索引

■ 英数字

■ あ　行

■ か　行

■ さ　行

■ た 行

■ な 行

■ は 行

■ ま 行

■ や 行

■ ら 行

【著者紹介】

鈴木美朗志（すずき・みおし）

学歴　関東学院大学工学部第二部電気工学科卒業（1969 年）
　　　日本大学大学院理工学研究科電気工学専攻修士課程修了（1978 年）
職歴　横須賀市立横須賀総合高等学校（2003 年校名変更）定時制教諭（1990 ～ 2009 年）
　　　横浜システム工学院専門学校モバイル・ロボット科非常勤講師（2007 年～）
著書　『Arduino でロボット工作をたのしもう！』秀和システム，2014 年
　　　『たのしくできる PIC12F 実用回路』東京電機大学出版局，2013 年
　　　『たのしくできる Arduino 実用回路』東京電機大学出版局，2012 年
　　　『PIC ではじめる！ RC サーボロボット製作入門』オーム社，2012 年
　　　『ブレッドボードによる電子回路実験』工学社，2011 年
　　　『PIC&C 言語でつくる赤外線リモコン』電波新聞社，2007 年　ほか

XBee による
Arduino 無線ロボット工作

2016 年 2 月20日　第 1 版 1 刷発行　　ISBN 978-4-501-33160-3　C3055

著　者　鈴木美朗志

発行所　学校法人 東京電機大学
　　　　東京電機大学出版局
〒120-8551　東京都足立区千住旭町 5 番
〒101-0047　東京都千代田区内神田 1-14-8
Tel. 03-5280-3433(営業) 03-5280-3422(編集)
Fax.03-5280-3563 振替口座 00160-5-71715
http://www.tdupress.jp/

組版：(有)新生社　印刷：(株)加藤文明社　製本：渡辺製本(株)　装丁：大貫伸樹
落丁・乱丁本はお取り替えいたします。　Printed in Japan

「たのしくできる」シリーズ

たのしくできる
かんたんブレッドボード電子工作

加藤芳夫著　B5判・112頁

小型のブレッドボードを使って電子工作に挑戦！　電子ローソク　温度アラーム　テルミン　クリスマスツリー飾り　ステレオアンプなどを製作

たのしくできる
ブレッドボード電子工作

西田和明 著／サンハヤト ブレッドボード愛好会 協力　B5判・160頁

ハンダコテを使わずにラクラク回路実験！　トランジスタ式導通センサ　光センサ　タッチセンサ　マイク・アンプ　早押しゲーム器　電子ルーレットなどを製作

たのしくできる
Arduino電子工作

牧野浩二著　B5判・160頁

出力処理　入力処理　シリアル通信　表示デバイスを使おう　センサーを使おう　モーターを回そう　楽器を作って演奏しよう　ゲームを作ろう　ロボットを作ろう　Arduinoを使いつくそう

たのしくできる
Arduino電子制御
Processingでパソコンと連携

牧野浩二著　B5判・264頁

データロガー　スカッシュゲーム　バランスゲーム　電光掲示板　レーダー　赤いものを追いかけるロボット　どこでも太鼓　OpenCV　Kinect　Leap Motion

たのしくできる
Arduino実用回路

鈴木美朗志 著　B5判・120頁

距離の測定　圧力レベル表示器　緊急電源停止回路　温度計　DCモータの正転・逆転・停止・速度制御　RCサーボの制御回路　曲の演奏　ライントレーサ　二足歩行ロボット

たのしくできる
PIC12F実用回路

鈴木美朗志 著　B5判・136頁

LED点灯回路　PWM制御回路　センサ回路（照度センサ・測距モジュール・圧電振動ジャイロ）　アクチュエータ回路　赤外線リモコンとロボット製作

PIC16トレーナによる
マイコンプログラミング実習

田中博・芹井滋喜 著　B5判・148頁

PICマイコンと開発環境　I/Oポートの入力・出力　割り込み　周波数と音　表示器　A/D変換　シリアル通信　温度センサを使った温度測定

1ランク上の
PICマイコンプログラミング
シミュレータとデバッガの活用法

高田直人 著　B5判・232頁

PICkit3を使ったプログラム開発　A/D変換器　PMWモジュール　赤外線リモコンのアナライザ　エンハンストPMWモードとHブリッジモータドライバ　静電容量式センシング

MPU関連図書（PIC・H8・Z80）

たのしくできる PIC電子工作 －CD-ROM付－

後閑哲也 著　A5判・202頁

PICマイコンを使った電子回路の製作例を紹介する。マイコンはPIC16F84を使用して，アセンブラ言語でプログラミングする。付録にPICライターの製作回路も掲載。

Cによる　PIC活用ブック

高田直人 著　B5判・344頁

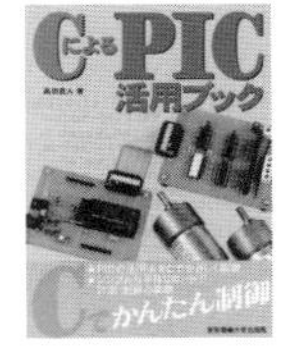

基本から応用的な実験回路とともにCCS社製Cコンパイラを使用したプログラミングを行う。製作やプログラミングのノウハウを多く掲載。A/D変換モジュールを活用した「デジタル電力計」なども製作。

PICアセンブラ入門

浅川毅 著　A5判・184頁

PICマイコンについて，動作原理や2進級の取扱いから各種の命令までを，マイコンのアセンブラプログラミングが初めての人でも理解できるように解説する。

H8アセンブラ入門

浅川毅・堀桂太郎 著　A5判・224頁

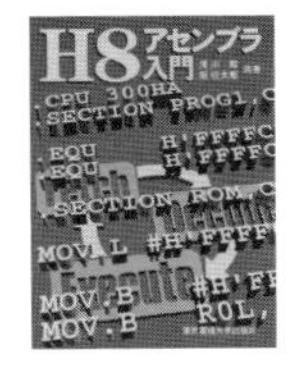

H8マイコンについて，動作原理や2進級の取扱いから各種の命令までを，マイコンのアセンブラプログラミングが初めての人でも理解できるように解説する。

H8マイコン入門

堀桂太郎 著　A5判・212頁

2進数の計算やマイコンの基本概念から簡単なH8のアセンブラプログラムを解説する。H8マイコンの入門者だけでなく，マイコンを初めて扱う初学者でもH8マイコンが理解できるように配慮。

H8ビギナーズガイド

白土義男 著　B5変形判・248頁

秋月電商のAKI-H8/3048ボートとアセンブラによる解説書。入門書として適する内容であるが，上級者の参考書としても活用できる。回路製作やプログラミングのノウハウが満載。

図解 Z80マイコン応用システム入門 第2版（ハード編）

柏谷英一・佐野羊介・中村陽一・若島正敏 著　A5判・308頁

好評の前著を最近の環境に合わせ改訂。マイコンそのものや，関係する周辺機器やソフトウェアに関する記述を現在普及しているものに合わせて大幅に修正を加えた。

図解 Z80マイコン応用システム入門 第2版（ソフト編）

柏谷英一・佐野羊介・中村陽一 著　A5判・256頁

コンピュータに関わる技術の発展には目を見張るものがあり，実際の現場の技術のギャップは，どんどん拡がっていくばかりである。最近の技術を取り入れ，全面的に改訂。

＊定価，図書目録のお問い合わせ・ご要望は出版局までお願いいたします。
URL　http://www.tdupress.jp/

電子回路 関連図書

ディジタルIC回路のすべて

白土義男 著　　B5変形判・308頁

ディジタルICとその基本周辺回路を網羅的に解説する。回路設計のノウハウが随所に記載されており，回路技術者必携の書。

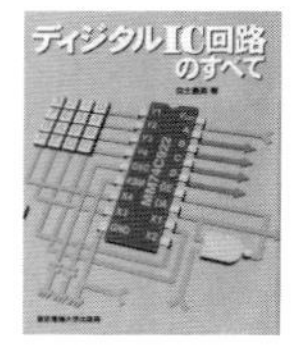

ディジタル／アナログ違いのわかる IC回路セミナー

白土義男 著　　AB判・232頁

ディジタルとアナログで同じ機能の電子回路を作り，実験を通してそれらの働きを観察することで，両者の共通点と相違点を理解する。電子回路の教祖として知られる著者ならではのユニークなアプローチが特徴。

ポイントスタディ 新版 ディジタルICの基礎

白土義男 著　　AB判・208頁

ディジタルICを学ぶ学生や技術者の入門書。2色刷で，左ページに解説，右ページに図を配置し，見開き2頁で1つのテーマが理解できるように工夫した。

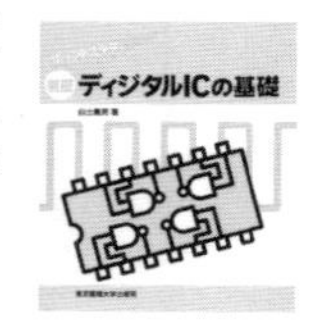

ポイントスタディ 新版 アナログICの基礎

白土義男 著　　AB判・192頁

アナログICを学ぶ人のための入門書。アナログ回路には回路設計のノウハウがあり，著者独自の工夫がすべて実測データとともに詳しく解説されている。

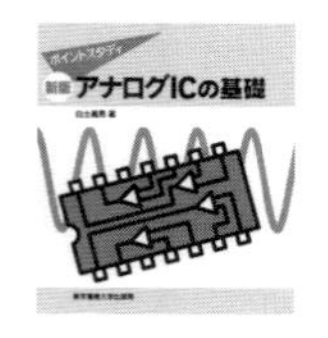

はじめてのVHDL

坂巻佳壽美 著　　A5判・196頁

VHDLは電子システムの回路を記述するための言語である。具体的な回路作りを通して，VHDLによる回路記述の知識が身に付くよう構成。実例をもとに解説をしているので，効果的にVHDLが学べる。

よくわかる メカトロニクス

見崎正行·小峯龍男 著　A5判・196頁

電子分野と機械分野の技術を融合したメカトロニクス。これらの概略と具体例を図面を多く取り入れて入門者向けにやさしく解説。

ディジタル電子回路の基礎

堀桂太郎 著　　A5判・176頁

ディジタル電子回路について網羅的に解説する。高専や大学のテキストに適する。姉妹書の「アナログ電子回路の基礎」により，電子回路の基礎事項を学習できる。

アナログ電子回路の基礎

堀桂太郎 著　　A5判・168頁

アナログ電子回路について網羅的に解説する。高専や大学のテキストに適する。姉妹書の「ディジタル電子回路の基礎」により，電子回路の基礎事項を学習できる。

＊定価，図書目録のお問い合わせ・ご要望は出版局までお願いいたします。
URL　http://www.tdupress.jp/